高职高专食品类专业规划教材

编审委员会

教育部高职高专规划教材

肉制品加工技术

展跃平　主编　　杨士章　主审

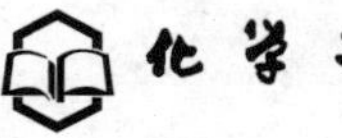

化学工业出版社

·北　京·

本教材对肉制品加工技术进行全面而系统的介绍，体现以职业岗位为导向、以知识和技术应用能力培养为重点的高职教材特色。教材对肉制品加工的技术工艺流程、技术要领和产品质量控制等作重点介绍。为便于实践教学，本教材以接近于生产实际的实训实例作为学生技能训练的指导。

本教材包括绪论、技术介绍、实训指导、附录四部分。其中技术介绍共分十一章，主要内容有畜禽的屠宰加工技术、肉的构成及其特性、肉的保鲜技术、肉制品加工常用辅料、腌腊肉制品加工技术、油炸肉制品加工技术、酱卤肉制品加工技术、熏烤肉制品加工技术、肉干制品加工技术、灌肠肉制品加工技术、罐头肉制品加工技术；实训指导共精选了十个典型产品进行加工训练；附录收集了5个2005年颁布的肉制品加工的有关国家标准。

本教材不仅可供高职高专食品加工专业的教师和学生使用，也可作为肉制品加工行业技术人员学习时参考。

图书在版编目（CIP）数据

肉制品加工技术/展跃平主编．—北京：化学工业出版社，2006.5

教育部高职高专规划教材

ISBN 978-7-5025-8642-3

Ⅰ.肉…　Ⅱ.展…　Ⅲ.肉制品-食品加工-高等学校：技术学院-教材　Ⅳ.TS251.5

中国版本图书馆CIP数据核字（2006）第043060号

责任编辑：张双进　　　　装帧设计：九九设计工作室

责任校对：顾淑云

出版发行：化学工业出版社（北京市东城区青年湖南街13号　邮政编码100011）

印　　刷：北京云浩印刷有限责任公司

装　　订：三河市宇新装订厂

787mm×1092mm　1/16　印张14½　字数347千字　　2010年7月北京第1版第3次印刷

购书咨询：010-64518888（传真：010-64519686）　售后服务：010-64518899

网　　址：http://www.cip.com.cn

凡购买本书，如有缺损质量问题，本社销售中心负责调换。

定　价：23.00元

出版说明

高职高专教材建设工作是整个高职高专教学工作中的重要组成部分。改革开放以来，在各级教育行政部门、有关学校和出版社的共同努力下，各地先后出版了一些高职高专教育教材。但从整体上看，具有高职高专教育特色的教材极其匮乏，不少院校尚在借用本科或中专教材，教材建设落后于高职高专教育的发展需要。为此，1999年教育部组织制定了《高职高专教育专门课课程基本要求》（以下简称《基本要求》）和《高职高专教育专业人才培养目标及规格》（以下简称《培养规格》），通过推荐、招标及遴选，组织了一批学术水平高、教学经验丰富、实践能力强的教师，成立了“教育部高职高专规划教材”编写队伍，并在有关出版社的积极配合下，推出一批“教育部高职高专规划教材”。

“教育部高职高专规划教材”计划出版500种，用5年左右时间完成。这500种教材中，专门课（专业基础课、专业理论与专业能力课）教材将占很高的比例。专门课教材建设在很大程度上影响着高职高专教学质量。专门课教材是按照《培养规格》的要求，在对有关专业的人才培养模式和教学内容体系改革进行充分调查研究和论证的基础上，充分汲取高职、高专和成人高等学校在探索培养技术应用型专门人才方面取得的成功经验和教学成果编写而成的。这套教材充分体现了高等职业教育的应用特色和能力本位，调整了新世纪人才必须具备的文化基础和技术基础，突出了人才的创新素质和创新能力的培养。在有关课程开发委员会组织下，专门课教材建设得到了举办高职高专教育的广大院校的积极支持。我们计划先用2～3年的时间，在继承原有高职高专和成人高等学校教材建设成果的基础上，充分汲取近几年来各类学校在探索培养技术应用型专门人才方面取得的成功经验，解决新形势下高职高专教育教材的有无问题；然后再用2～3年的时间，在《新世纪高职高专教育人才培养模式和教学内容体系改革与建设项目计划》立项研究的基础上，通过研究、改革和建设，推出一大批教育部高职高专规划教材，从而形成优化配套的高职高专教育教材体系。

本套教材适用于各级各类举办高职高专教育的院校使用。希望各用书学校积极选用这批经过系统论证、严格审查、正式出版的规划教材，并组织本校教师以对事业的责任感对教材教学开展研究工作，不断推动规划教材建设工作的发展与提高。

教育部高等教育司

前　　言

本教材是根据教育部《关于加强高职高专人才培养工作的意见》、《关于加强高职高专教育教材建设的若干意见》，按照化学工业出版社组织召开的“食品类专业高职高专教材建设”会议要求；从中国高职高专教育本质及特征的实际出发，借鉴国外高职教育对人才培养目标的控制、改进和实施等过程，以理论与实践相结合、引导思维、启发创新为原则编写。

本教材根据肉制品加工技术的理论体系和实践操作技能的要求，体现以职业岗位为导向、以知识和技术应用能力培养为重点的高职教材特色。教材编写过程中强调基本原理和基本操作技术，对各种技术的理论根源、理论之间的对比不作探讨，而对各种技术的工艺流程、技术要领和产品质量控制等作重点介绍。为便于实践教学，本教材以接近于生产实际的实训实例作为学生技能实训的指导，可以根据实际情况选择使用。

本教材包括绪论、技术介绍、实训指导、附录四部分。其中技术介绍共分十一章，主要内容有畜禽的屠宰加工技术、肉的构成及其特性、肉的保鲜技术、肉制品加工常用辅料、腌腊肉制品加工技术、油炸肉制品加工技术、酱卤肉制品加工技术、熏烤肉制品加工技术、肉干制品加工技术、灌肠肉制品加工技术、罐头肉制品加工技术；实训指导共精选了十个典型产品进行加工训练；附录收集了五个 2005 年颁布的肉制品加工的有关国家标准。

本教材由展跃平主编，杨士章主审。绪论、第一章、第二章、第三章、实训指导、附录由江苏畜牧兽医职业技术学院展跃平编写；第四章、第五章、第十章由吕梁高等专科学校冯彩平编写；第六章、第七章、第八章由内蒙古商贸职业学院高秀兰编写；第九章、第十一章由吉林粮食专科学校杨柳编写。

在本教材的编写和出版，得到化学工业出版社的关心和支持，同时各编者所在单位的领导和同仁在各方面给予了很大的帮助，在此一并致以衷心感谢！

本教材供食品加工类专业的师生使用，也可作为肉类食品加工行业技术人员学习参考。

由于我们水平有限，经验不足，加之时间比较仓促，书中缺点和不足在所难免，恳请读者批评指正。

编　者

2006 年 4 月

目　录

绪　论

一、肉制品加工的概念及内容

1. 概念

肉制品加工是指运用物理或化学的方法，配以适当的辅料和添加剂，对原料肉进行工艺处理的过程。这个过程所得的产品称为肉制品。

肉制品加工的意义如下。

① 杀灭沾染于原料肉上的各种微生物，以保证食用的安全。

② 破坏或抑制酶类的活性，以延长制品的储存期。

③ 改善风味，改进组织结构，以提高制品的色、香、味。

④ 增加营养成分，弥补原料肉某些营养缺陷，以提高制品的营养价值。

⑤ 方便食用，促进消费，增加生产。

2. 肉制品加工的主要内容

① 畜禽的屠宰加工。

② 肉的构成及其特性。

③ 肉的保鲜技术。

④ 肉制品加工常用辅料。

⑤ 腌腊肉制品的加工。

⑥ 油炸肉制品的加工。

⑦ 酱卤肉制品的加工。

⑧ 熏烤肉制品的加工。

⑨ 干肉制品的加工。

⑩ 灌肠肉制品的加工。

⑪ 罐头肉制品的加工。

二、肉制品的分类

肉制品种类繁多，风味各异，且新产品还在不断涌现。迄今，世界上还没有一个普遍公认的肉制品分类方法。

1. 中国分类标准

中国 1992 年提出了肉制品分类标准，将肉制品分为腌腊、酱卤、熏烧烤、干制、油炸、香肠、火腿、罐头和其他共九大门类，如表 0-1 所示。

表 0-1　中国肉制品分类

序号	门　类	类
1	腌腊肉制品	咸肉类，腊肉类，酱(封)肉类，风干肉类
2	酱卤肉制品	白煮肉类，酱卤肉类，糟肉类
3	熏烧烤肉制品	熏烤肉类，烧烤肉类

续表

序号	门　类	类
4	干肉制品	肉松类,肉干类,肉脯类
5	油炸肉制品	油炸肉类
6	香肠制品	中国香肠类,发酵香肠类,熏煮香肠类,肉粉肠类,其他肠类
7	火腿制品	中国火腿类,发酵火腿类,熏煮火腿类,压缩火腿类
8	罐头肉制品	肉罐头类
9	其他肉制品	肉糕类,肉冻类

2. 中国肉制品申证单元

根据国家质量监督检验检疫总局 2003 年 7 月发布并实施的《肉制品生产许可证审查细则》，肉制品的生产许可证申证单元分为 4 个，即腌腊肉制品、酱卤肉制品、熏烧烤肉制品、熏煮香肠火腿制品（见表 0-2）。

表 0-2　中国肉制品申证单元

单　元	类
腌腊肉制品	咸肉类,腊肉类,中国腊肠类,中国火腿类
酱卤肉制品	白煮肉类,酱卤肉类,肉松类,肉干类
熏烧烤肉制品	熏烤肉类,烧烤肉类,肉脯类
熏煮香肠火腿制品	熏煮肠类,熏煮火腿类

3. 国外肉制品分类

大部分先进工业国家，出于生产统计等方面的需要，按其本国情况做了一些粗略的分类。有些作为标准公布，例如，日本 JAS 标准将肉制品分为培根、火腿、压缩火腿、香肠和混合制品五类；美国有人将肉制品分为香肠、午餐肉和肉冻类产品、煮火腿和罐头肉三大类，其中香肠又分为生鲜香肠、干和半干香肠、其他等六类；德国将肉制品分为香肠和腌制品两大门类，香肠又分生香肠、蒸煮香肠和熟香肠三类，腌制品分生腌制品和熟腌制品两类。

三、肉制品加工技术的发展历程

中华民族的祖先，在漫长的历史岁月里，在与大自然的斗争过程中，逐渐懂得了用火熟食、制作陶器、用盐调味才进入了文明的熟食时代。随着社会生产力的发展，肉制品加工技术也不断发展。

《周礼》作为叙述周朝典章制度的一部政典，书中也谈到了宫廷食物制作的庞大服务机构，注意食物味性和时令的配合，重视原料的鉴别和冷藏等内容，对以后的肉制品加工技术有着重要的启迪作用。

在春秋战国时代，饮食营养方面的知识已经相当丰富。孔子提出：食不厌精，脍不厌细。不吃腐败变质的食品，肉食不能多于主食，干肉可充饥缴纳学费。庄子的“庖丁解牛”一文，极其生动的描述，可以反应出当时屠宰技术的进步和熟练已经达到炉火纯青的程度。

北魏贾思勰的《齐民要术》，论述了不少肉制品技法和搜集了众多的美味食品配方，它开创了食品加工技术研究的先河，堪称是一部世界上保存下来的最早的食品制作全书。

宋、辽、金、元时代，因为各民族的大融合，南北肉制品技术得到交流，从而推动了肉制品技术的发展。这一时期，在调味技术和制作方法上都总结了不少经验，如“烤鸭”、“烤全羊”等烧烤技术，涮兔肉的涮食方法及腊肉、金华火腿等。

明清时期的肉制品，集中国几千年制作技艺发展成果，形成了独具风格的中国肉制品的特点。即刀工细、火候适、造型美、色泽艳、味道鲜、美味浓、品类多。这个时期，不论是制作原料的数量和质量，还是制作方法的种类，技法都达到了历史上的高峰。袁枚的《随园食单》就是食品加工制作鼎盛时期的经验总结。

中华民国时期，中国民族资产阶级从国外引进食品加工技术，生产一些调味料，如味精、鱼露、咖喱、黄油、香精以及人工合成色素，逐步用于肉制品生产中。肉制品生产中的机械设备条件也相应的得到提高，出现了构造简单的绞肉机、烟熏炉、灌肠机等。这一时期，肉制品工业发展极为缓慢，大都是家庭加工或手工作坊的生产。

新中国建立后，中国开始了肉制品加工的研究，设计并制造了许多肉类加工机械，建成了中国第一批肉联厂，制定了一批肉与肉制品的卫生标准；收集、整理了一些民间技艺，出版了一批肉制品加工方面的书籍；培养了不少肉制品加工和卫生检疫方面的人才。这些为中国肉类工业的快速发展及科技进步奠定了一定的基础。总之，新中国成立以来，中国的肉制品加工，从手工作坊式的生产逐步发展到工业化、科学化、现代化的规模生产。

四、中国肉制品加工现状

1. 中国肉类生产和肉制品消费的基本情况

中国是世界上最大的肉类生产国。2004 年，全国肉类（猪、牛、羊、禽及杂畜肉）总产量 7244.8×10^4t，比上年增量 311.8×10^4t，增长 4.5%；然而，全国熟肉制品产量只有 670×10^4t，占肉类总量的比重还不到 10%，远低于同期发达国家水平。

肉制品加工领域的利润率主要取决于规模和管理以及产品档次。2004 年肉类行业的资金利润水平，最高的为大型企业的 11.95%，其次是小型企业的 9.31%，最低的是中型企业 6.5%。中国肉类协会通过对企业资产规模、技术装备、主营业务量、产值、销售、利税、出口创汇等数据的调查，产生了 2005 年度的中国肉类食品行业 50 强企业。50 强企业数量虽然只占全国同类企业的 3%，但是却占据了行业规模以上企业资产总额的 71%，销售收入和利润的比例分别达到 69%和 98%。

中国是肉类生产大国，也是肉类消费大国。中国肉类消费量很大，占全球总消费量的 15%。几乎接近欧洲水平。2005 年，中国内地肉类消费量突破 6000×10^4t，人均肉类占有量达到 58kg，高于世界 40kg 的水平。目前中国人均肉类消费量处在世界人均消费量的第 40 位。但国内肉类人均消费城乡差距很大，城市居民人均年消费量达 22～25kg，而农民仅为 13～15kg。

2. 中国肉制品生产加工中存在的主要问题

中国肉制品的加工能力远比不上西方发达国家。其产品大多都是些初加工产品，而精深加工肉制品却很少，这主要是中国的肉制品在生产加工环节中存在一些问题，制约着中国肉制品的发展。

（1）加工水平低、品种不丰富

中国畜禽肉类的消费主要以原料或初级产品销售为主，加工转化率目前只有 3%～4%（年人均不到 2kg）远远低于发达国家 30%～40%（有的高达 70%）的水平。中国肉制品品种仅有 500 多种，80%的熟肉制品为手工作坊产品，高新技术在肉制品加工业中应用还十分薄弱。其中高温肉制品和发酵肉制品量极低，中低档产品多，高档产品少，许多传统风味的名、优、特品种并未得到发掘、整理和推广。

(2) 质量不高，食用和携带不方便

由于目前肉制品加工厂的管理体制、质量监督机制、生产企业的产品标准不够完善，以及生产企业的质量意识、技术革新水平、加工工艺、建筑设备和原辅料新鲜卫生程度、防腐剂、包装材料、产品护色等方面存在的问题，使肉制品的质量较差，货架期短。同时，中国肉制品中，可直接用于烹调的半成品占的比例很小，规格少，消费者购买后食用和携带都不方便。

(3) 国际竞争力弱

2004 年全国肉类总产量 7200 多万吨，而这一年中国肉类出口仅为 105×10^4t，有些肉类产品进口甚至超过了出口。造成这种产量巨大而出口量却很小局面的原因，主要是中国在肉制品加工技术法规和标准方面与国际间存在着很大差距，如下所述。

① 畜禽肉农药、兽药残留限量标准体系不健全；

② 动物检疫检验标准体系不健全；

③ 缺少畜禽产品加工过程管理标准；

④ 肉类技术法规少，技术水平低，终端产品标准少；

⑤ 技术法规和标准界限不清，内容分散，协调性差；

⑥ 国家标准采用国际标准的成分少；

⑦ 没有形成肉品安全的法规体系。

五、中国肉制品发展趋势

据有关部门预测，到 2010 年中国人口将达到 14 亿，全国人均收入将在现有的水平上提高一倍，肉类消费每年平均递增 3%～5%。肉制品产量将增加一倍，肉制品的生产与消费将有良好的发展势态。

1. 开发中式肉制品

在引进西式肉制品加工技术与设备的同时，引进新的科学理念、新的方法。利用现代科技理论和西式肉制品的加工技术发掘和精选中国传统风味肉制品自身的内涵，并与之进行“整和”、“交联”，着手中式肉制品的加工工艺和设备的开发，使其在营养成分、包装及货架期等方面体现时代气息，并适合大规模工业化生产，把产品推向国际市场。

2. 发展低温肉制品

高温加热产品货架期较长，可以在常温下存放半年之久，故可不依赖冷链储藏、运输和销售。但经高温加热后的产品其风味、口感、营养等品质方面下降较多。而低温肉制品是改变传统的蒸煮加工方式将精肉经过软化处理后，在 75～90℃低温下蒸煮，基本保留了肉类蛋白质、氨基酸、维生素、矿物质等营养成分以及肉类完整的纤维组织，肉质细嫩，口感好。这种低温肉制品虽然在中国起步较晚，但其作为一种技术含量很高的营养食品，在中国有着广阔的市场前景。

3. 发展禽肉制品

由于家禽的饲养周期短、饲料转换率高、禽肉又是一种蛋白质含量高、脂肪含量低的肉类，加工（剥离分布在皮下的脂肪）可制成几乎不含脂肪的肉制品，不仅能满足大众的需求，而且也能满足特殊人群（冠心病人或老年人）的需求。大力发展禽肉制品不仅能满足人们的需要，而且也能极大促进畜禽业的发展。

4. 发展保健肉制品

随着社会的发展，人们越来越认识到饮食与健康的关系密切，拥有健康是人类永恒的追求。人们在吃饱吃好的同时，努力追求具有高品质和功能性兼备的食品。功能性肉制品（如低脂低胆固醇肉制品、低钠盐肉制品、低硝酸盐肉制品、含膳食纤维肉制品、复合功能肉制品）具有调节人体生理机能，又具有营养功能和感观功能，能满足特殊人群的需要，轻松享受美味与健康。

5. 加强技术标准和质量保障体系建立

没有完善的技术标准和质量保障体系是中国肉制品质量不稳定和难以进行标准化生产的重要原因。因此中国肉制品的加工必须借鉴国内外同类企业所采用的技术标准和质量保障体系，如 ISO 9000、GMP、SSOP、TQM、HACCP 等体系，制定出适合中国肉制品加工的系列标准和规范，这是实现标准化生产的前提，也是中国肉制品走向国际的通行证。

总之，随着社会生产力的不断发展和人民生活水平的提高，肉制品加工技术面临着新的挑战，无论在产品结构、生产规模、生产工艺、技术装备、产品质量等方面，都有很多问题亟待解决。但是只要我们共同努力，肉制品加工技术将快速发展，肉制品市场将日益丰富多彩。

第一章 畜禽屠宰分割技术

【学习目标】

1. 畜禽屠宰加工的程序及技术要领。
2. 掌握及畜禽肉的分割分级技术。

第一节 屠宰加工卫生管理

一、宰前检疫

宰前检疫是对待宰畜禽进行的临床健康检查，评价其产品是否适合人类消费的过程。它的实施不但有利于加工出高质量畜禽肉产品，更重要的是能及时发现病畜禽，防止疫情扩散，保证产品的卫生质量。

1. 宰前检疫的程序

（1）入厂（场）验收

① 验讫证件，了解疫情。当商品畜禽运到屠宰加工企业后，在未卸下车、船之前，兽医检疫人员应先向押运人员索取畜禽产地动物防疫监督机构签发的检疫证明，了解产地有无疫情。

② 视检畜（禽）群，病健分群。检疫人员亲自到车船仔细察看畜禽群，核对畜禽的种类和头数。如发现数目不符或见到死畜禽和症状明显的畜禽时，必须认真查明原因。如果发现有疫情或有疫情可疑时，不得卸载，立即将该批畜禽转入隔离圈（栏）内，进行仔细的检查和必要的实验室诊断，确诊后根据疾病的性质按有关规定处理。经上述查验认可的商品畜禽，准予卸载。

③ 逐头检温，剔除病畜。供给进入预检圈（栏）的畜群充足饮水，待安静休息 4h 后逐头检温。将体温异常的病畜移入隔离圈（栏）。经检查确认健康的屠畜则赶入饲养圈。

④ 个别诊断，按章处理。隔离出来的病畜禽或可疑病畜禽，经适当休息后，进行仔细的临床检查，必要时辅以实验室诊断。确诊后按章处理。

（2）住场查圈

入场验收合格的畜禽，在宰前饲养管理期间，兽医人员应经常深入圈（栏），对畜禽群进行静态、动态和饮食状态等的观察，以便及时发现漏检的或新发病的畜禽，做出相应的处理。

（3）送宰检查

进入宰前饲养管理场的健康畜禽，经过 2d 左右的休息管理后，即可送去屠宰。为了最大限度地控制病畜禽，在送宰之前需再进行详细的外貌检查，没发现病畜禽或可疑病畜禽时，可开具送宰证明。

2. 宰前检疫的方法

宰前检疫多采用群体检查和个体检查相结合的办法。

（1）群体检查

群体检查是将来自同一地区或同批的畜禽作为一组，或以圈、笼、箱划群进行检查；检查时可按静态、动态、饮食状态三个环节进行，对发现的异常个体标上记号。

① 静态检查。检疫人员深入到圈舍，在不惊扰畜禽使其保持自然安静的情况下，观察其精神状态、睡卧姿势、呼吸和反刍状态，注意有无咳嗽、气喘、战栗、呻吟、流涎、嗜睡和孤立一隅等反常现象。

② 动态检查。静态检查后，可将畜禽哄起，观察其活动姿势，注意有无跛行、后腿麻痹、打晃踉跄、屈背弓腰和离群掉队等现象。

③ 饮食状态检查。在畜禽进食时，观察其采食和饮水状态，注意有无停食、不饮、少食、不反刍和想食又不能吞咽等异常状态。

（2）个体检查

个体检查是对在群体检查中被剔除的病畜禽和可疑病畜禽集中进行较详细的临床检查。个体检查的方法可归纳为看、听、摸、检四大要领。

① 看。主要是观察畜禽的精神、被毛和皮肤、运步姿态、呼吸动作、可视黏膜、排泄物等是否正常。

② 听。主要是听畜禽的叫声、呼吸音、心音、胃肠音等是否正常。

③ 摸。主要是触摸耳和角根大概判定其体温的高低；摸体表皮肤注意胸前、颌下、腹下、四肢、阴鞘及会阴部等处有无肿胀、疹块或结节；摸体表淋巴结主要是检查淋巴结的大小、形状、硬度、温度、敏感性及活动性；摸胸廓和腹部触摸时注意有无敏感或压痛。

④ 检。重点是检测体温。对可疑有人畜共患病的病畜还需要根据病畜临床症状，有针对性地进行血、尿常规检查，以及必要的病理组织学和病原学等实验室检查。

3. 宰前检疫后的处理

经过宰前检疫的畜禽，根据其健康状况及疾病的性质和程度，进行以下处理。

（1）准宰

凡是健康、符合卫生质量和商品规格的畜禽，准予屠宰。

（2）急宰

确诊为有无碍肉食卫生的普通病患畜禽，以及一般性传染病而有死亡危险的畜禽，可随即签发急宰证明书，送往急宰。

（3）缓宰

确认为一般性传染病和普通病，且有治愈希望者，或患有疑似传染病而未确诊的屠畜应予以缓宰。

（4）禁宰

凡是患有危害性大而且目前防治困难的疫病，或急性烈性传染病，或重要的人兽共患病，以及国外有而国内无或国内已经消灭的疫病的患畜禽严禁屠宰。

宰前检疫的结果及处理情况应做记录留档。发现新的传染病特别是烈性传染病时，检疫人员必须及时向当地和产地兽医防检机构报告疫情，以便及时采取防治措施。

二、宰前管理

1. 宰前休息

宰前适当休息可消除应激反应，恢复肌肉中的糖原含量，排出体内过多的代谢产物，减少动物体内淤血现象，有利于放血，并可提高肉的品质和耐储性。宰前休息时间一般为24～48h。

2. 宰前禁食

在宰前12～24h停止供给待屠宰畜禽饲料。这样既可避免饲料浪费，又有利于屠宰加工，同时还能提高肉的品质。宰前停饲时间，猪为12h，牛羊为24h，兔在20h内，鸡鸭为12～24h，鹅为8～16h。停饲时间不宜过长，以免引起骚动。停饲期间必须保证充分的饮水，使畜体进行正常的生理机能活动。但在宰前2～4h应停止给水，以防止屠宰畜禽倒挂放血时胃内容物从食道流出及摘取内脏的困难。

3. 宰前淋浴

用20℃温水喷淋畜体2～3min，以清洗体表污物。淋浴可降低体温，抑制兴奋，促使外周毛细血管收缩，提高放血质量。

三、宰后检验

宰后检验是应用兽医病理学和实验诊断学知识，对屠体实行的卫生质量的检验。其主要目的在于发现患有疫病或有害于公共卫生的其他疾病的胴体、脏器及组织，继而依照有关的规定对这些有害的动物产品和废弃物进行无害化处理，以确保食用安全。

1. 宰后检验的基本方法

宰后检验以感官检验为主，必要时辅之以实验室的病理学、微生物学、寄生虫学和理化学检验，以便对宰后检验中所发现的病害肉做出准确诊断，并做出相应的卫生处理。宰后感官检验方法如下。

(1) 视检

视检是用肉眼观察胴体的皮肤、肌肉、胸腹膜、脂肪、骨骼、关节、天然孔及各种脏器的色泽、形状、大小、组织状态等是否正常，为进一步的剖检提供依据。

(2) 触检

触检主要是采用手或刀具触摸和触压的方法，来判定组织、器官的弹性和软硬度是否正常，并且可以发现位于被检组织或器官深部的结节性病变。

(3) 剖检

剖检是借助于检验刀具，剖开被检组织和器官，检查其深层组织的结构和组织状态，发现组织和器官内部的病变。这对淋巴结、肌肉、脂肪、脏器和所有病变组织的检查，探明病变的性质和程度是非常重要的。

(4) 嗅检

嗅检是利用检验人员的嗅觉探察动物的组织和脏器有无异常气味，以判定肉品卫生质量。有些疾病的动物肉，其组织和器官无明显可见或特征的病理学变化，必须依靠嗅其气味来判定卫生质量。如屠畜生前患尿毒症，肌肉组织就带有尿味；农药中毒、药物中毒或药物治疗后不久屠宰的动物肉品，则带有特殊的气味或药味。这些异常气味，只有依靠嗅觉才能做出正确的判断。

2. 宰后检验技术

① 兽医卫检人员必须熟悉动物解剖学、兽医病理学、动物传染病学和寄生虫病学等方面的知识，并熟练掌握宰后检验的技能，具有及时识别和判定屠畜禽组织和器官病理变化之能力。

② 为了保证在流水作业的屠宰加工条件下，迅速、准确地对屠畜禽的健康状态做出判定，兽医卫检人员必须按规定检查最能反映机体病理变化的器官和组织，并遵循一定的方式、方法和程序进行检验，养成良好的工作习惯，避免漏检。

③ 为确保肉品的卫生质量和商品价值，剖检只能在一定的部位切开，切口深浅应适度，切忌乱划或拉锯式切割。肌肉应顺肌纤维方向切割，非必要不得横断，以免造成哆开性切口，招致细菌和蝇蛆的污染；检验带皮猪肉的淋巴结时，应尽可能从剖开面检查，以免皮肤切口太多，损伤商品外观。

④ 对每一屠畜的胴体、内脏、头、皮张在分开检验时要编上同一号码，以便查对，避免在检出病变的脏器时找不到相应的胴体或在检出病变的胴体后找不到相应的脏器，使无害化处理难以进行。采用“同步检验”可解决这些问题。

⑤ 当切开脏器和组织的病变部位时，应防止病变组织污染产品、地面、设备和检验人员的手。

⑥ 每位检验人员均应配备两套检验刀和钩，以便污染后替换，被污染的器械应立即消毒。同时卫检人员应搞好个人防护，穿戴清洁的工作服、鞋帽、围裙和手套上岗，工作期间不得到处走动。

3. 宰后检验的处理

胴体和脏器经过兽医卫生检验后，根据鉴定的结果进行相应处理。其原则是既要确保人体健康，又要尽量减少经济损失。通常有以下几种处理方式。

（1）适于食用

品质良好，符合国家卫生标准的胴体和脏器，盖以兽医验讫印戳，可不受任何限制新鲜出厂（场）。

（2）有条件的食用

凡患有一般性传染病、轻症寄生虫病和病理损伤的胴体和脏器，根据 GB 16548—1996 进行高温处理后，使其传染性、毒性消失或寄生虫全部死亡者，可以有条件地食用。认为经过无害化处理后可供食用的胴体和脏器，盖以高温或食用油或复制的印戳。

（3）非食用

凡患有严重传染病、寄生虫病、中毒和严重病理损伤的胴体和脏器，不能在无害化处理后食用，应根据 GB 16548—1996 进行化制。不适于食用的胴体和脏器，盖以非食用的印戳。

（4）销毁

凡患有重要人兽共患病或危害性大的畜禽传染病的动物尸体、宰后胴体和脏器，必须在严格的监督下根据 GB 16548—1996 进行销毁。评价为应销毁的胴体和脏器，盖以销毁的印戳。

对于屠宰检验合格的动物产品，除在胴体上加盖验讫印章或验讫标志外，运输或销售前，尚需出具动物产品检疫合格证明。

第二节　猪的屠宰分割技术

一、屠宰技术

根据国家标准《生猪屠宰操作规程》（GB/T 17236—1998）规定，从致昏开始，猪的全部屠宰过程不得超过 45min。从放血到摘取内脏，不得超过 30min，从编号到复检、加盖检验印章，不得超过 15min。

1. 淋浴

淋浴水温在夏季以 20℃为宜，冬季以 25℃为宜，温度不宜过低或过高，否则，反而可给肉的质量带来不良影响；水流不应过急，应从不同角度、不同方向设置喷头，以保证体表冲洗完全；淋浴时间以能使猪体表面污物洗净为度，不宜过长。

2. 致昏

应用物理的（如机械的、电击的）或化学的（吸入 CO_2）方法，使猪在宰杀前短时间内处于昏迷状态，谓之致昏，也叫击晕。致昏的目的是使屠畜失去知觉，减少痛苦和挣扎。致昏的方法有许多种，选用时以操作简便、安全，既符合卫生要求，又保证肉品质量为原则。常用的方法有以下几种。

(1) 电麻法

电麻法是目前广泛使用的一种致昏法。电麻时电流通过屠畜脑部造成实验性癫痫状态，屠畜心跳加剧，故能得到良好的放血效果。

电麻时使用的电麻器，有人工控制电麻器和自动控制电麻器两种类型。为了使导电良好，有的电麻器需蘸取盐水。不论哪种电麻器，均应掌握好电流、电压、频率及作用部位和时间的长短。电麻过深会引起屠畜心脏麻痹，造成死亡或放血不全；电麻不足则达不到麻痹知觉神经的目的，会引起屠畜剧烈挣扎。

猪用人工电麻器的电压一般为 70～90V，电流为 0.5～1.0A，电麻时间 1～3s，盐水含量 5%。自动电麻器电压不超过 90V，电流应不大于 1.5A，电麻时间 1～2s。

(2) 二氧化碳麻醉法

此法是使屠畜通过含有 65%～75%CO_2（由干冰发生）的密闭室或隧道，经 15s。CO_2 麻醉使猪在安静状态下，不知不觉的进入昏迷，因此肌糖原消耗少，可使屠畜完全失去知觉，达到麻醉维持 2～3min 的目的。

本法的优点是操作安全，生产效率高；呼吸维持较久，心跳不受影响，放血良好；宰后肉的 pH 较电麻法低而稳定，利于肉的保存；肌肉、器官出血少。缺点是工作人员不能进入麻醉室，CO_2 浓度过高时也能使屠畜死亡。

3. 刺杀放血

将致昏后的猪后腿吊在滑轮上经滑车吊至悬空轨道，运至放血处进行刺杀放血。在致昏后应立即放血（不得超过 30s），以免引起肌肉出血。放血方法有以下几种。

(1) 切断颈部血管法

切断颈动脉和颈静脉是目前广泛采用的比较理想的一种放血方法，既能保证放血良好，操作起来又简便、安全。宰杀时操作人员手抓住猪前脚，另一手握刀，刀尖向上，刀锋向前，对准第一肋骨咽喉正中偏右 0.5～1cm 处向心脏方向刺入，再侧刀下拖切断颈动脉和颈静脉，不得刺破心脏。刺杀放血刀口长度约 5cm，沥血时间不得少于 5min。

(2) 空心刀放血法

所用工具是一种具有抽气装置的特制“空心刀”。放血时，将刀插入事先在颈部沿气管做好的皮肤切口，经过第一对肋骨中间直向心脏插入，血液即通过刀刃孔隙、刀柄腔道沿橡皮管流入容器内。用空心刀放血可以获得可供食用或医疗用的血液，从而提高其利用价值。空心刀放血虽刺伤心脏，但因有真空抽气装置，故放血仍良好。

4. 脱毛或剥皮

（1）浸烫脱毛

① 浸烫。放血后的猪体经沥血后，由悬空轨道上卸入烫毛池内进行浸烫，使毛孔扩张便于煺毛。浸烫水温应根据猪的品种、年龄大小和不同季节而定。控制水温在60～63℃，浸烫时间为3～6min。不得使猪体沉底、烫老。浸烫水至少每班更换一次。如果采用连续进水、出水的方式烫毛，更符合卫生要求。

② 脱毛。脱毛分机械脱毛和手工脱毛。

a. 机械脱毛。多为滚筒式脱毛机。脱毛机与浸烫池相连，猪浸烫完毕即由捞耙或传送带自动送进脱毛机，机内喷淋水温应掌握在30℃左右，要求不断肋骨，不伤皮下脂肪。每台机器每次可放入3～4头，每小时可脱毛200头左右，脱下的毛及皮屑通过孔道运出车间。脱毛后的猪体自动放入清水池内清洗。同时由人工将未脱净的部位如耳根、大腿内侧及其他未脱掉的毛刮去。

b. 人工脱毛。小型肉联厂和屠宰场无脱毛机设备时，可进行人工脱毛。先用卷铁刮去耳和尾部毛，再刮头和四肢的毛，然后刮背部和腹部的毛。各地刮法不尽一致，以方便、刮净为宜。

除浸烫脱毛外，还有采用吊挂烫毛隧道的，即从刺杀放血到烫毛都吊挂进行，猪体不脱钩。目前采用的有竖式热水喷淋、蒸汽烫洗和蒸汽热水脱毛处理三种方式。烫毛时使吊挂状态的屠体进入隧道，以62～63℃热水喷淋或蒸汽烫洗达到烫毛的目的。既保证屠体干净，又免除脱钩操作的麻烦，从而提高了流水线的速度。

（2）剥皮

剥皮有机械剥皮和人工剥皮。

① 机械剥皮。按剥皮机性能，预剥一面或二面，确定预剥面积。剥皮按以下程序操作。

挑腹皮：从颈部起沿腹部正中线切开皮层至肛门处；

剥前腿：挑开前腿腿裆皮，剥至脖头骨脑顶处；

剥后腿：挑开后腿腿裆皮，剥至肛门两侧；

剥臀皮：先从后臀部皮层尖端处割开一小块皮，用手拉紧，顺序下刀，再将两侧臀部皮和尾根皮剥下；

剥腹皮：左右两侧分别剥；剥右侧时，一手拉紧、拉平后裆肚皮，按顺序剥下后腿皮、腹皮和前腿皮；剥左侧时，一手拉紧脖头皮，按顺序剥下脖头皮、前腿皮、腹皮和后腿皮；

夹皮：将预剥开的大面猪皮拉平、崩紧，放入剥皮机卡口、夹紧；

开剥皮机：水冲淋与剥皮同步进行，按皮层厚度掌握进刀深度，不得划破皮面，少带肥膘。

② 人工剥皮。将屠体放在操作台上，按顺序挑腹皮、剥臀皮、剥腹皮、剥脊背皮。剥皮时不得划破皮面，少带肥膘。

在整个剥皮操作过程中，应防止污物、毛皮、脏手及工作服沾污胴体。

5. 开膛及净膛

（1）雕圈

刀刺入肛门外围，雕成圆圈，掏开大肠头垂直放入骨盆内。应使雕圈少带肉，肠头脱离括约肌，不得割破直肠。

（2）挑胸、剖腹

自放血口沿胸部正中挑开胸骨，沿腹部正中线自上而下剖腹，将生殖器从脂肪中拉出，连同输尿管全部割除，不得刺伤内脏。放血口、挑胸口、剖腹口应连成一线，不得出现三角肉。

（3）拉直肠、割膀胱

一手抓住直肠，另一手持刀，将肠系膜及韧带割断，再将膀胱和输尿管割除，不得刺破直肠。

（4）取肠、胃（肚）

一手抓住肠系膜及胃部大弯头处，另一手持刀在靠近肾脏处将系膜组织和肠、胃共同割离猪体，并割断韧带及食道，不得刺破肠、胃、胆囊。

（5）取心、肝、肺

一手抓住肝，另一手持刀，割开两边膈膜，取横膈膜肌脚备检。左手顺势将肝下揿，右手持刀将连接胸腔和颈部的韧带割断，并割断食管和气管，取出心、肝、肺，不得使其破损。

（6）冲洗胸、腹腔

取出内脏后，应及时用足够压力的净水冲洗胸腔和腹腔，洗净腔内淤血、浮毛、污物，并摘除两侧肾上腺。

6. 去头蹄、劈半

（1）去头蹄

从寰枕关节处卸下猪头；从腕关节处去掉前蹄；从跗关节处去掉后蹄；从尾根部平切去尾。操作中注意切口整齐，避免出现骨屑。

（2）劈半

劈半就是沿脊柱将胴体劈成两半。可采用手工劈半或电锯劈半。由于猪皮下脂肪较厚，手工劈半或手工电锯劈半时应“描脊”，即先沿脊柱切开皮肤及皮下软组织，然后再用刀或锯将脊柱对称地劈为两半。采用桥式电锯劈半时，应使轨道、锯片、引进槽成直线，不得锯偏。

劈半后的片猪肉还应立即摘除肾脏（腰子），撕断腹腔板油，冲洗血污、浮毛、锯肉末。

7. 胴体整修、复验

整修就是清除胴体表面的各种污物，修割掉胴体上的病变组织、损伤组织及游离物组织，摘除有碍食肉卫生的组织器官，以及对胴体不平整的切面进行必要的修削整形，使胴体具有完好的商品形象。修整分湿修和干修。

（1）湿修

湿修时，使用有一定压力的净水冲刷胴体，将附着在胴体表面的浮毛、血、粪等污物尽量冲洗干净，特别应注意颈端部和已劈开的脊柱。严禁用抹布擦洗胴体，因为它是许多胴体被同类污染物污染的来源，尤其是易被微生物污染而使胴体的卫生质量下降。

（2）干修

干修时，将附于胴体表面的碎屑和余水除去，整修腹部，修割乳头、放血刀口、割除槽头、护心油、暗伤、脓疮、伤斑和遗漏病变腺体。

修整好的胴体要达到无血、无粪、无毛、无污物。修割下来的肉块和废弃物，分别收集于容器内，严禁乱扔。整修后的片猪肉应进行复验，合格后加盖检验印章，计量分级。

8. 整理副产品

（1）分离心、肝、肺

切除肝膈韧带和肺门结缔组织、摘除胆囊时，不得使其损伤、不得残留；猪心上不得带护心油、横膈膜；猪肝上不得带水泡；猪肺上允许保留 5cm 肺管。

（2）分离脾、胃（肚）

将胃底端脂肪割除，切断与十二指肠连接处和肝胃韧带。剥开网油，从网膜上割除脾脏，少带油脂。翻胃清洗时，一手抓住胃尖冲洗胃部污物，用刀在胃大弯处戳开约 10cm 小口，再用洗胃机或长流水将胃翻转冲洗干净。

（3）扯大肠

摆正大肠，从结肠末端将花油撕至离盲肠与小肠连接处约 15～20cm，割断，打结。不得使盲肠破损，残留油脂过多。翻洗大肠时，一手抓住肠的一端，另一手自上而下挤出粪污，并将肠子翻出一小部分，用一手二指撑开肠口，另一手向大肠内灌水，使肠水下坠，自动翻转。经清洗、整理的大肠不得带粪污，不得断肠。

（4）扯小肠

将小肠从割离胃的断面拉出，一手抓住花油，另一手将小肠末梢挂于操作台边，自上而下排除粪污，操作时不得扯断、扯乱。扯出的小肠应及时采用机械或人工方法清除肠内污物。

（5）摘胰脏

从肠系膜中将胰脏摘下，胰脏上应少带油脂。

9. 皮张、鬃毛整理

（1）皮张整理

刮去血污及皮肌、脂肪后，及时送往皮张加工车间（厂）做进一步加工，不得堆放或日晒，以免变质或老化。

（2）鬃毛的整理

猪鬃即猪的颈部和脊背部的刚毛。猪鬃刚韧而富于弹性，具有天然的鳞片状纤维，能吸附油漆，为工业和军需用刷主要的原料。搞好猪鬃的整理，做到无肉皮、无灰渣，初步捆把，以利于进一步分类加工。

猪屠宰加工示意见图 1-1。

二、猪肉的分割加工

猪肉的分割加工是指屠宰后经过兽医卫生检验合格的胴体，按不同部位肉的组织结构切割成不同的肉块，经修整、冷却、包装等工序的加工过程。

分割猪肉的加工工艺大体可分为鲜肉的初步冷却、三段锯分、小块分割、剔骨、修整、快速冷却、包装、冻结。

1. 初步冷却

将屠宰后的热鲜肉直接从滑道输送到分割肉的预冷间，用吊顶式冷风机使库内空气温度保持在 0℃，冷却 3h 左右，使肉的中心温度降至 20℃左右，平均温度为 10℃左右。

2. 三段锯分

预冷后的半胴体，用传动装置送至分割机，将胴体分切成三段，即颈肩部、胸腰部、后臀大腿部。

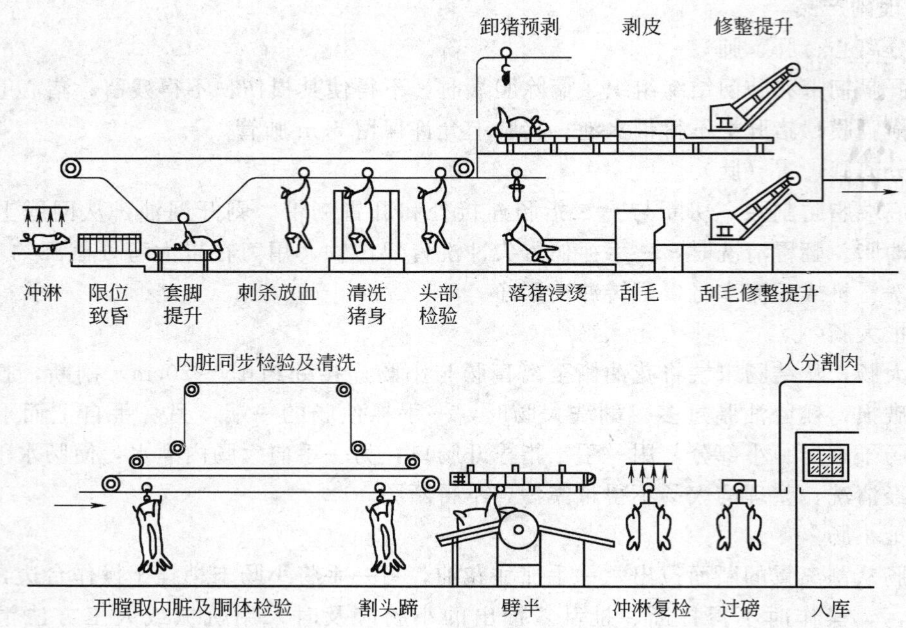

图 1-1　猪屠宰加工示意

3. 小块分割

胴体锯分后由滑板溜至分割间进行小块分割。其切割的部位如下。

第 1 刀，从第 5、6 根肋骨中间斩下的颈、肩、前腿部位为颈肩肌肉和前腿肌肉的原料。

第 2 刀，从腰椎与荐椎连接处斩下后的后腿部位为后腿肌肉原料。

第 3 刀，在脊椎骨下肋条 4～6cm 处平行斩下的脊背部为大排肌肉原料。

第 4 刀，割下大排下部和后部的腹部，带全部夹层肌肉，前端为肋排（即硬肋）肌肉原料，后端为小排（即软肋）肉原料。

4. 剔骨

将分割后的肉体，由滚动滑板输送到分割间操作台中央的自动传送带上进行剔骨，猪肉分割示意见图 1-2。

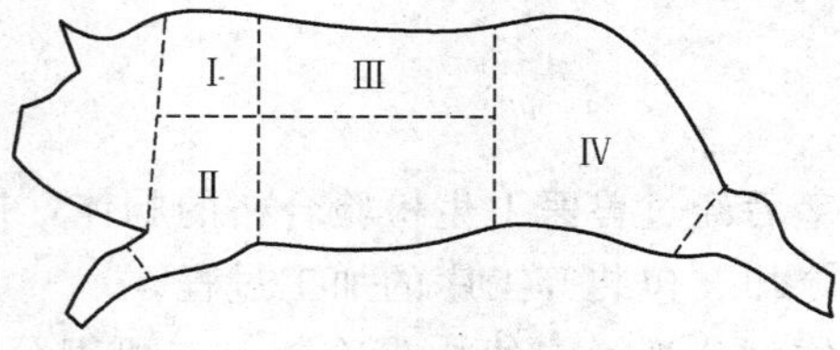

图 1-2　猪肉分割示意

（1）挖颈背

将颈背部位和前腿部的整块肉平放在操作台上，用刀从颈背肌肉处与脂肪处割开，再从第 4 根肋骨下开割，将肩胛骨内侧和颈背部的肌肉分割开，即为颈背肌肉（Ⅰ号肉）。

（2）剔前腿骨

先剔肩胛骨（包括其软骨，应注意从肩胛骨和臂骨连接处割开），后剔臂骨以及桡骨、尺骨，所得肉即为前腿肌肉（Ⅱ号肉）。剔前腿骨时应注意从肌肉之间有肌膜处和靠骨骼处分开，刀尖要紧贴骨膜，以防止肌肉破坏，保持肌肉完整。

（3）剔大排

将刀沿脊椎骨的脊突和横突剔下脊椎骨，即为大排肌肉（Ⅲ号肉），大排肌肉上的腱膜允许存在，大排肌肉前端贴腱膜上的肌肉允许存在。

（4）剔后腿骨

先剔除髋骨，再剔荐骨（第7腰椎和荐椎、尾椎），最后剔股骨和小腿骨，即为后腿肌肉（Ⅳ号肉）。着刀要从骨肉之间的肌膜处和靠髂骨处剔开，以防止肌肉的外观受到破坏。

5. 修整

在剔骨的同时进行修整，要求刀法平直、整齐，不要损坏四个部分的肌肉，保持肌膜、腱膜完整和商品美观。肌肉表面的脂肪要全部修净。不同的肌肉间（表面部分）和剔骨后暴露出的部分脂肪、筋腱、硬软骨和带骨刺的骨膜都要修净。

6. 快速冷却

快速冷却亦称二次冷却。把修整好的分割肉肌膜面向下平摊在镀锌铁盘内，不要挤压，然后放在搁架的冷却间冷却。冷却间的温度为－1℃，待经2h使肉温降至4～6℃，然后迅速转入包装间包装。

7. 包装

包装间的温度控制在0～4℃，肉应随到随包，不得在包装间停留积压。包装顺序是先包Ⅲ号肉，再包Ⅰ号内、Ⅱ号肉，最后包Ⅳ号肉。一般采用瓦楞纸箱包装，瓦楞纸箱规格为625mm×415mm×120mm。内垫一层厚为0.05mm的聚乙烯薄膜，每箱净重25kg（冻结后的净重）。每箱允许有一块补秤小块肉。箱底必须封牢。箱外用塑料带三道式“十十”字形扎捆牢固。每箱的两侧，必须标明各种肉的名称、质量、等级、企业名称、生产日期、储存条件。

8. 冻结

采用快速冻结。库温为－30℃，风速为3m/s，一般经48～72h，肉的深层温度可达－15～－20℃，冻结即告完成。

三、猪肉的分级

1. 鲜冻片猪肉分级（摘自GB 9959.1—2001）

鲜冻片猪肉分为一级、二级和三级。分级以鲜片猪肉的第六、第七肋骨中间平行至第六胸椎棘突前下方，除皮后的脂肪层厚度为准。一级猪肉除规定脂肪层厚度外，还有质量要求。分级规格见表1-1。

表1-1　鲜冻片猪肉分级表

项　目		一　级	二　级	三　级
脂肪层厚度/cm		≤2.0	1.0～2.5	<1.0 >2.5
片肉质量/kg	带皮 无皮	≥23 ≥21	不限	不限

2. 分部位分割肉分级（摘自GB 9959.3—88）

分部位分割肉按冻结后肉表层脂肪厚度分为三等级，即：一级、二级、三级。分级的规格见表1-2。

表 1-2 分部位分割肉分级表

项目		等级		
		一级	二级	三级
表层脂肪最大厚度/cm	去骨前腿肉	≤2.0	2.0～2.6	>2.6
	去骨后腿肉	≤2.0	2.0～2.6	>2.6
	大排	≤2.0	2.0～2.6	>2.6
	带骨方肉	≤2.0	2.0～2.6	>2.6

第三节 牛的屠宰分割技术

一、屠宰技术

1. 致昏

（1）刺昏法

用匕首迅速、准确地刺入牛的枕骨与第一颈椎之间，破坏延脑和脊髓的联系，造成瘫痪。既防止屠畜挣扎难于刺杀放血，又减轻刺杀放血时屠畜的痛感。本法的优点是操作简便，易于掌握。缺点是刺得过深时，伤及呼吸中枢或血管运动中枢，可使呼吸立即停止或血压下降，影响放血效果，有时出现早死。

（2）电麻法

牛用单接触杆式电麻器，一般电压不超过200V，电流强度为1～1.5A，电麻时间为7～30s；双接触杆式电麻器的电压一般为70V，电流强度为0.5～1.4A，电麻时间为2～3s。

2. 刺杀放血

牛被击昏后，应立即进行宰杀放血。宰杀方法有倒挂宰杀和地滚式宰杀两种。

（1）倒挂式宰杀法

用钢绳系牢处于昏迷状态牛的右后脚，用提升机提起并转挂到轨道滑轮钩上，滑轮沿轨道前进，将牛运往放血池，进行戳刀放血。在距离胸骨前15～20cm的颈部，以大约15°角斜刺20～30cm深，切断颈部大血管，并将刀口扩大，立即将刀抽出，使血尽快流出。戳刀时力求稳妥、准确、迅速。

（2）地滚式宰杀法

先选好位置，4个人配合，用绳把牛绊倒，顺势把牛头扭向牛背，捆牢四蹄，松开牛头，即行下刀。放血后，要待牛完全失去知觉才可剥皮。

3. 剥皮、去内脏

（1）倒挂式宰杀法的剥皮、去内脏

① 割牛头、剥头皮。牛被宰杀放净血后，将牛头从颈椎第一关节前割下。有的地方先剥头皮，后割牛头。剥头皮时，从牛角根到牛嘴角为一直线，用刀挑开，把皮剥下。同时割下牛耳，取出牛舌，保留唇、鼻。然后，由卫生检验人员对其进行检验。

② 剥前蹄、截前蹄。沿蹄甲下方中线把皮挑开，然后分左右把蹄皮剥离（不割掉）。最后从蹄骨上关节处把牛蹄截下。

③ 剥后蹄、截后蹄。在高轨操作台上的工人同时剥、截后蹄，剥蹄方法同前蹄，但应

使蹄骨上部胫骨端的大筋露出，以便着钩吊挂。

④ 做脘口、剥臀皮。由两人操作，先从剥开的后蹄皮继续深入到臀部两侧及腋下附近，将皮剥离，然后用刀把脘口（直肠）周围的肌肉划开，使脘口缩入腔内。

⑤ 剥腹、胸、肩部皮。腹、胸、肩各部都由两人分左右操作。先从腹部中线把皮挑开，顺序把皮剥离。至此，已完成除腰背部以外的剥皮工作。若是公牛，还要将其生殖器（牛鞭）割下。

⑥ 机器拉皮。牛的四肢、臀部、胸、腹、前颈等部位的皮剥完后，将吊挂的牛体顺轨道推到拉皮机前，牛背向机器，将两只前肘交叉叠好，以钢丝绳套紧，绳的另一端扣在桩脚的铁齿上。再将剥好的两只前腿皮用链条一端拴牢，另一端挂在拉皮机的挂钩上，开动机器，牛皮受到向上的拉力，就被慢慢拉下。拉皮时，操作人员应以刀相辅，做到皮张完整，无破裂，皮上不带膘肉。

⑦ 摘取内脏。摘取内脏包括剥离食道、气管、锯胸骨、开腔（剖腹）等工序。沿颈部中线用刀划开，将食管和气管剥离，用电锯由胸骨正中锯开。出腔时将腹部纵向剖开，取出肚（胃）、肠、脾、食管、膀胱、脘口等，再划开横膈肌，取出心脏、肝脏、胆囊、肺脏和气管。摘取内脏时，要注意下刀轻巧，不能划破肠、肛、膀胱、胆囊，以免污染肉体。对取出的脏器，要由卫生检验人员检验。

⑧ 取肾脏、截牛尾。肾脏在牛的腔内腰部，被脂肪包裹，划开脏器膜即可取下。截牛尾时，由于牛尾巴已在拉皮时一起拉下，只需在尾根部关节用刀截下即可。

（2）地滚式宰杀法的剥皮、去内脏

剥皮时，先将放血刀口扩大到两耳根附近，并把牛摆成仰卧姿势，先剥四蹄，再从胸、腹中线用刀把牛皮挑开，由左侧开始，剥至牛背，翻转牛体，再剥右侧。同时剥离食道、气管，最后开腔摘取内脏。

4. 劈半、修整

劈半是用电锯沿后部盆骨正中把牛体从盆骨、腰椎、胸椎、颈椎正中锯成左右两片。牛胴体较大，一般再分别从腰部第 12～13 肋骨之间横向截断，使整个牛体被分成四大部分，即四分体。

修整一般在劈半后进行，主要是把肉体上的毛、血、零星皮块、粪便等污物和肉上的伤痕、斑点、脓疡及放血刀口周围的血污修割干净。然后对整个牛体进行全面刷洗。

5. 牛下水整理

牛下水称牛杂碎，有的地方称“下货”或牛杂。下水除头、蹄外，还包括心脏、肝脏、肺脏、肚（胃）、肾脏、肠等。有人把头肉、心脏、肝脏、肾脏归为一类，叫硬货；肠、肚、肺脏、脾脏为一类，叫软货。

（1）牛头

牛头有两种整理方法，一种是鲜剔，一种是熟拆。鲜剔，是把宰后的牛头，剔去骨骼，取出头部的肌肉。其中包括里外嘴巴肉、耳根肉、脑后肉、舌下肌肉等。同时修割取下腮腺（俗称花胰子）和颌下腺体（俗称脑胰）。熟拆，是先把剥完皮的牛头颅骨（即脑盖骨，包括双角）砍开，取出牛脑，再顺面部中线劈成两半，并把上颌骨用斧头砸碎，便于拆取眼睛。刷洗后放锅里煮到五成熟，即可拆骨取肉。熟拆头肉，不带牛舌，可带牛眼及上颌的口腔肌肉（即上堂肌肉，也叫翘舌），同时把有关腺体割去。熟拆肉，由于肉已煮成半熟，因此，吃法上有一定的局限。

（2）牛尾

牛尾约有 9～12 个骨节，根部肉多而肥，梢部肉少而瘦，根部两侧肉内外都附着脂肪层，肌肉丰满。整理牛尾时，要把根部底面的疏松组织修割干净。

（3）牛肚

牛胃共分四个部分，即瘤胃、网胃、瓣胃和皱胃。通常将瘤胃和网胃合称为肚。在整理牛肚时，必须把肚毛刮净。方法是，把牛肚在 60～65℃的热水中浸烫，烫到能用手抹下肚毛时，即可取出，然后，铺在案板上，用钝刀将肚毛刮掉，再用清水洗净，最后把肚面的脂肪用刀割取或用手撕下。

（4）牛百叶

即牛的瓣胃，呈扁圆形，内壁由层层排列的大小叶瓣所组成。整理百叶时，将每个叶瓣用水冲洗干净，然后撕下表面的脂肪。

（5）牛三袋葫芦

即牛的皱胃，它由大、中、小三个袋状物所组成，故称“三袋葫芦”。整理时，要把三袋用力划开，刮去胃黏膜，冲洗干净，同时，还要去掉外表面的脂肪。

（6）牛脘口

即牛的直肠，形状圆直，表面有很多脂肪包裹，内壁为粉红色的皱形黏膜。截取后，全段长 20～25cm，用刀割开，纵面宽 5～8cm，厚约 1cm。整理时要反复冲洗干净，去净表面脂肪。

（7）牛肥肠

即是除了直肠和小肠以外的肠。肥肠在脂肪和很多系膜的维护下，盘旋呈圆形，故又称“盘肠”。整理时，要先顺着盘旋的方向，用手把脂肪撕下，然后用较细的圆头刀把肠体顺序剖开洗净。如遇有脂肪稀薄的肥肠，可以直接剖开冲洗，不必摘取脂肪。

（8）肺脏

牛肺脏位于胸腔，分左右两叶，膨大而轻。整理时要把气管剖开洗净，摘除和心脏连接处污染的杂物。

（9）心、肝、脾、肾等脏器

整理时只需修割病变部位和清净血污即可。

6. 皮张整理

对刚刚剥下的生皮要抽出尾巴，刮去血污及皮肌、脂肪，及时送往皮张加工车间做进一步加工，不得堆放或日晒，以免变质或老化。

牛屠宰加工示意见图 1-3。

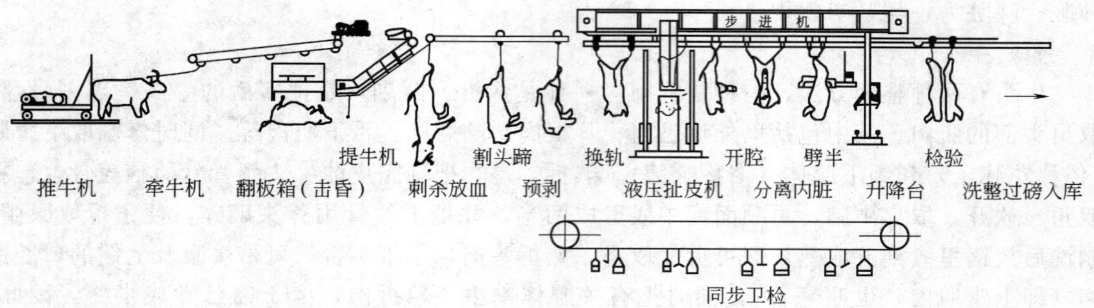

图 1-3　牛屠宰加工示意

二、牛肉的分割

分割牛肉是指将鲜四分体带骨牛肉，经剔骨、按部位分割而成的肉块。

1. 鲜、冻分割牛肉（摘自 GB/T 17238—1998）

（1）分割的规格

① 后小腿肉（牛展）。从牛后膝关节至跟腱处割下的净肉，包括腓肠肌、趾伸肌和趾伸屈肌（图 1-4 标注 1）。

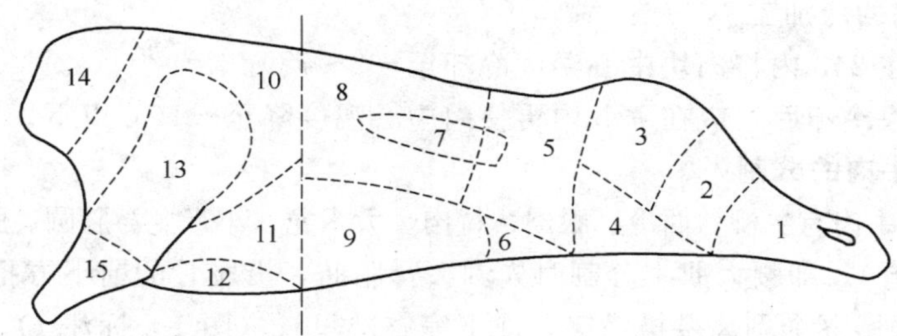

图 1-4　四分体带骨牛肉分割示意图

1—后小腿肉；2—股内肉；3—臀部肉；4—膝圆肉；5—短腰肉；6—三角肉；7—里脊肉；8—腰部肉；9—腹部肉；10—背部肉；11—肋条肉；12—胸部肉；13—肩部肉；14—颈部肉；15—前小腿肉

② 股内肉（针扒）。沿缝匠肌前缘连接间膜处割下的净肉，包括股弯肌（股薄肌）、缝匠肌和半膜肌（图 1-4 标注 2）。

③ 臀部肉（烩牛扒）。沿半腱肌上端至髋骨结节处，与脊椎平直割下的下部净肉，包括半腱肌和股二头肌（图 1-4 标注 3）。

④ 膝圆肉（和尚头）。沿股四头肌与半腱肌连接间膜处割下的股四头肌净肉（图 1-4 标注 4）。

⑤ 短腰肉（尾龙扒）。沿半腱肌上端至髋骨结节处，与脊椎平直割下的上部净肉，包括臀中肌、半腱肌和股二头肌（图 1-4 标注 5）。

⑥ 小腹肉（三角肉、三角肌、股阔肌、膜胀肌）。割下膝圆肉露出的三角形净肉（图 1-4 标注 6）。

⑦ 里脊肉（牛柳）。从腰内侧割下的带里脊头的完整净肉（图 1-4 标注 7）。

⑧ 腰部肉（西冷）。从第 5～6 腰椎处切断，沿腰背侧肌下端割下的净肉（图 1-4 标注 8）。

⑨ 腹部肉（牛腩）。从前 13 肋骨断体处，沿股四头肌肉前缘割下的全部腹部净肉（图 1-4 标注 9）。

⑩ 背部肉。沿脊背骨两侧割下的净肉，包括颈背棘肌、半棘肌和背最长肌（图 1-4 标注 10）。

⑪ 肋条肉。从肋提肌和肋间内外割下的净肉（图 1-4 标注 11）。

⑫ 胸部肉（牛胸）。从胸骨、软骨、剑骨和胸部内套条割下的净肉（图 1-4 标注 12）。

⑬ 肩部肉。从肩胛骨两侧割下的净肉，包括岗上肌和岗下骨（图 1-4 标注 13）。

⑭ 颈部肉。从颈骨两侧割下的净肉（图 1-4 标注 14）。

⑮ 前小腿肉（牛展）。取自牛前腿肘关节至腕关节处割下的净肉，包括腕桡侧伸肌（图 1-4 标注 15）。

⑯ 皮下脂肪。去皮后留在瘦肉上的油脂。

(2) 分割要求

按图 1-4 所示分割鲜四分体带骨牛肉。

① 冷分割。用四分体牛肉冷却后进行剔骨分割。

② 热分割。屠宰活牛与热分割连续进行，从活牛放血到分割完毕进入冷却间，应控制在 1.5～2h，分割间温度不得超高 20℃。

③ 整修。平直持刀，保持肉膜、肉块完整。肉块上不得带伤斑、血点、血污、碎骨、软骨、病变淋巴结、脓疱、浮毛或其他杂质。

(3) 分割牛肉的冷加工

① 冷却。应在 24h 内将肉块中心温度冷却至－2～7℃。

② 冻结。肉块冷却后，应在 72h 内再使肉中心温度降至－15℃以下。

2. 优质高档牛肉的分割

优质高档分割牛肉有牛柳、西冷、眼肉、臀肉、大米龙、小米龙、膝圆、腰肉、腱子肉等。

① 牛柳（里脊）。即腰大肌。分割时先剥去肾脂肪，沿耻骨的前下方把里脊头剔除，然后由里脊头向里脊尾逐个剥离腰椎横突，取下完整的里脊（图 1-5 标注 1）。

② 西冷（外脊）。主要是背最长肌、眼肌。分割时先沿最后腰椎切下，再沿眼肌腹壁一侧（离眼肌 5～8cm 向前）用切割锯切下，在第 9～10 胸肋处切断胸椎，逐个把胸、腰椎剥离，即得西冷（图 1-5 标注 2）。

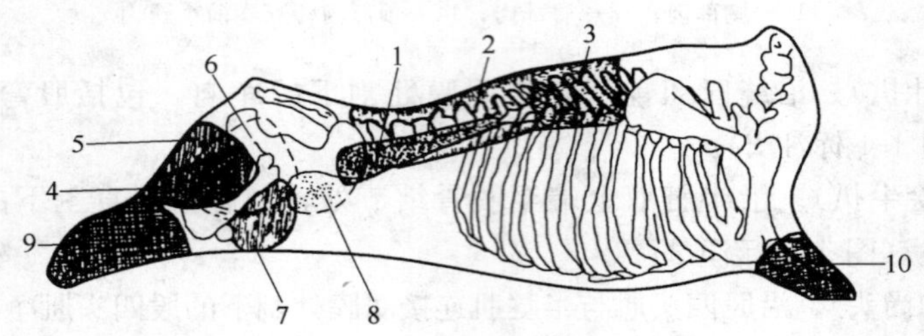

图 1-5 优级牛肉分割示意图

1—牛柳；2—西冷；3—眼肉；4—小米龙；5—大米龙；6—臀肉；7—膝圆；8—腰肉；9—后腱子肉；10—前腱子肉

③ 眼肉。主要包括背阔肌、肋最长肌、肋间肌。眼肉的一端与外脊相连，另一端在 5～6 胸椎处。剥离胸椎，抽取筋腱，在眼肌腹侧距 8～10cm 处切下（图 1-5 标注 3）。

④ 小米龙。主要是半腱肌肤，位于臀部。当牛后腱子被取下后，小米龙肉块处于最明显的位置。分割时可按小米龙肉块的自然走向剥离为完整的一块肉（图 1-5 标注 4）。

⑤ 大米龙。主要是股二头肌。大米龙与小米龙紧相连，剥离小米龙后，大米龙就完全暴露。顺着该肉块自然走向剥离，便可得一块完整的四方形肉块，即为大米龙（图 1-5 标注 5）。

⑥ 臀肉。主要包括半膜肌、内收肌、股薄肌等。把小米龙、大米龙剥离之后，便可见到一块肉，随着此肉块的边缘分割，即可得到臀肉（图 1-5 标注 6）。也可沿着被锯开的骨盆外缘，再沿本肉块边缘分割。

⑦ 膝圆（和尚头）。主要是股四头肌。当大米龙、小米龙和臀肉取下后，能见到一块长圆形肉块。沿此肉块周边（自然走向）分割，很容易得到一块完整的膝圆肉（图 1-5 标注 7）。

⑧ 腰肉。主要是臀中肌、臀深肌、股阔筋膜张肌。在取出小米龙、大米龙、臀肉和膝圆肉后，剩下的一块肉便是腰肉（图 1-5 标注 8）。

⑨ 腱子肉（牛展）。腱子肉也即前、后小腿肉。前牛腱是取自肘关节至腕关节处的精肉（图 1-5 标注 10）；后牛腱是取自膝关节至跟腱腕处的精肉（图 1-5 标注 9）。

三、牛肉的分级

1. 带骨牛肉分级（摘自 GB 9960—1988）

① 按加工质量四分体带骨牛肉分为三等级，即：一级肉、二级肉、三级肉。

一级肉，劈半位置正确，均匀整齐，露出骨髓，体表保持完整。

二级肉，劈半位置正确，劈面整齐（颈椎除外），每块四分体修割部位不超过三处（每处面积不超过 $80cm^2$）。

三级肉，劈半两分体上，不得超过四节整脊椎骨（颈椎除外），每块四分体上修割的面积不得超过 1/5。

② 按肉质及重量四分体带骨牛肉也分为三等级，即：一级、二级、三级。分级规格见表 1-3。

表 1-3 鲜、冻四分体带骨牛肉分级表

项目	一级	二级	三级
外观及肉质	肌肉发达。全身骨骼不突出。皮下脂肪由肩胛至坐骨结节布满整个胴体。在股骨部允许有不显著的肌膜露出。四分体肌肉断面上大理石纹状较佳	肌肉发育良好。骨骼无明显突出。皮下脂肪由肩胛至坐骨结节布满整个胴体。在股骨及肋骨部允许肌膜露出。四分体肌肉断面上大理石纹状良好	肌肉发育一般。脊椎骨尖、坐骨及髋骨结节突出，由第八肋骨至坐骨结节布满薄层皮下脂肪。允许有较大面积肌膜露出。四分体肌肉断面上大理石纹状少
四分体质量/kg	≥40	≥30	≥25

2. 鲜、冻分割牛肉感官分级（摘自 GB/T 17238—1998）

鲜、冻分割牛肉感官分级见表 1-4。

表 1-4 鲜、冻分割牛肉感官分级表

项目	一级品	二级品	三级品
色泽 气味	瘦肉呈均匀的鲜红色或深红色，具有牛肉正常气味，无异味	有光泽。脂肪呈乳白色或微黄色	
组织状态	瘦肉切面纹理清晰，皮下脂肪适度、均匀；形态丰满，肉质紧密，有弹性	瘦肉切面纹理较清晰，皮下脂肪较适度，形态较丰满，肉质较紧密，略有弹性	瘦肉切面有纹理，皮下脂肪尚适度；形态完整，肉质尚紧密，弹性差
黏性	表面湿润，不粘手	表面略湿润，不粘手	表面略有风干，不粘手；切面湿润，不粘手
煮沸后肉汤	基本澄清透明，脂肪团聚于液面	具有牛肉汤应有的鲜味	略混浊，脂肪呈小滴浮于液面，肉汤鲜味不明显

注：各部位冻分割牛肉的感官，指解冻后的要求。

第四节 羊的屠宰分割技术

一、屠宰技术

1. 淋浴

一般在屠宰车间前部设淋浴器，冲洗羊体表面污物。冬季水温接近羊的体温，夏季不低于 20℃。

2. 击晕

羊的麻电器与猪的手持式麻电器相似，前端形如镰刀状为鼻电极，后端为脑电极。麻电时，手持麻电器将前端扣在羊的鼻唇部，后端按在耳眼之间的延脑区即可。手工屠宰法不进行击晕过程，而是提升吊挂后直接刺杀。

3. 宰杀放血

屠宰时将羊固定在宰羊的槽形凳上，或者固定在距地面 30cm 的木板或石板上，宰羊者左手把住羊嘴唇向后拉直，右手持尖刀，刀刃朝向颈椎沿下颌角附近刺透颈部，刀刃向颈椎剖去，以割断颈动脉，将羊后躯稍稍抬高，并轻压胸腔，使血尽量排尽。

现代化屠宰方法将羊只挂到吊轨上，利用大砍刀在靠近颈前部横刀切断三管（食管、气管和血管），俗称大抹脖，缺点是食管和气管内容物或黏液容易流出，污染肉体和血液。

4. 去头、蹄

去头是从枕髁和第一颈椎间（枕环关节）切断；去蹄是前肢从腕关节处切断，后肢是从跗关节处切断。

5. 剥皮

羊头蹄去掉后，趁热剥皮。将腹皮沿正中线剥开及沿四肢内侧将四肢皮剥开，然后用手工或机械将背部皮从尾根部向前扯开与肉尸分离。

（1）手工剥皮

手工剥皮有两种方法：一是拳剥法，先将头、腿皮用刀割开，然后一手拉紧皮边，一手握拳捶肉，边捶边拉，很快把皮剥完；另一种方法是将羊体悬挂于木架上，先用刀剥开头部和四肢皮肤，然后将羊皮从头部向下拉至角、耳处至颈、胸，退下前腿皮，再继续拉拆至后躯，退下后腿皮，抽掉尾骨。

（2）机械剥皮

机械剥皮分立式和卧式两种。使用剥皮机之前应先行手工预剥。

立式剥皮操作方法：预剥完的羊体运行至剥皮机旁，操作人员一手用铁链将尾皮套住（山羊套两腿皮），另一手将铁环挂在运行的剥皮机挂钩上，随着剥皮机转动，将羊皮徐徐拽下。

卧式剥皮操作方法：预剥完的羊体运至剥皮机旁，将预剥的皮用压皮装置压住，再将套着羊体两前腿的链钩挂在运转的拉链上，拉皮链运转而将皮剥下。

6. 开膛

（1）剖腹取内脏

将屠体倒挂起来，用刀割开颈部肌肉分离气管和食管，并将食管打结，以防在剖腹时胃内容物流出。然后用刀经腹中线剖开腹腔。左手伸进骨盆腔拉动直肠，右手用刀沿肛门周围一圈环切，并将直肠端打结后顺势取下膀胱。然后取出靠近胸腔的脾脏，找到食管并打结后将胃肠全部取出。再用刀砍开胸骨，取出心、肝、肺和气管。

（2）劈半

劈半前，先将背部用刀从上到下分开，称作描脊或划背。然后用电锯或砍刀沿脊柱正中将胴体劈为两半。

7. 胴体整理

切除头、蹄取出内脏的全胴体，应保留带骨的尾、胸腺、横膈肌、肾脏和肾脏周围的脂肪（板油）和骨盆中的脂肪，公羊应保留睾丸。然后对胴体进行检查，修刮残毛、血污、淤斑及伤痕等，保证胴体整洁卫生，符合商品要求。

8. 检验、盖印、称重、出厂

在整个屠宰加工过程中，要进行宰后兽医检验，分设头部、内脏、胴体等不同检验点，经检验确认合格者，盖以“兽医验讫”的合格印章并开具检验合格证。然后经过电子秤称重、入库、冷藏或出厂。

羊屠宰加工示意见图 1-6。

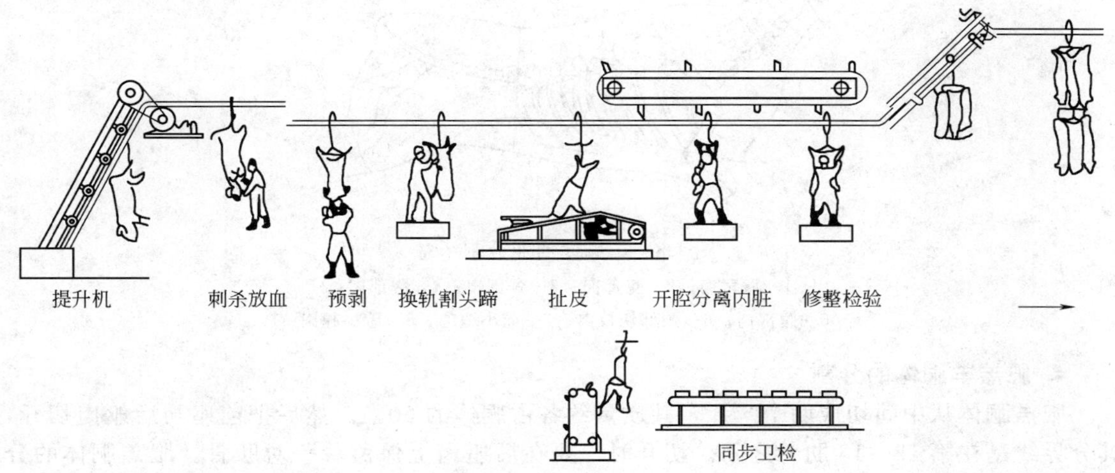

图 1-6　羊屠宰加工示意

二、羊肉的分割

目前，羊胴体的切块分割法有两段切块、五段切块、六段切块和八段切块等四种，其中以五段切块和八段切块最为实用。

1. 两段切块

分割方法：切割分界线是在第 12～13 对肋骨之间，在后躯段保留一对肋骨，将胴体分切成前躯和后躯两部分。

2. 五段切块

分割方法。将羊的胴体切成肩颈肉、肋肉、腰肉后、腿肉和胸下肉五个部分（见图 1-7)。

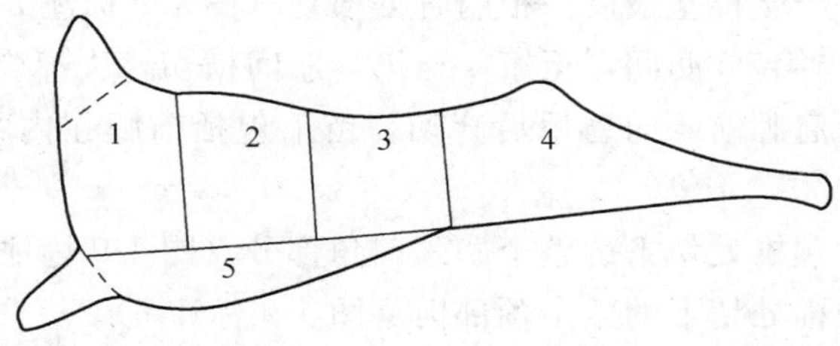

图 1-7　羊胴体的五块剖分

1—肩颈肉；2—肋肉；3—腰肉；4—后腿肉；5—胸下肉

① 肩颈肉。由肩胛骨前缘至第四、五肋骨垂直切下的部分。

② 肋肉。由第四、五肋骨间至最后一对肋骨间垂直切下的部分。

③ 腰肉。由最后一对肋骨间，腰椎与荐椎间垂直切下的部分。

④ 后腿肉。由腰椎与荐椎间垂直切下的后腿部分。

⑤ 胸下肉。沿肩端胸骨水平方向切割下的胴体下部肉，还包括腹下肉无肋骨部分和前腿腕骨以上部分。

3. 八段切块

分割方法：按图 1-8 所示将胴体切成肩背部、腰腿（臀）部、颈部、胸部、下腹部、颈端部、前（小）腿和后（小）腿八个部分。

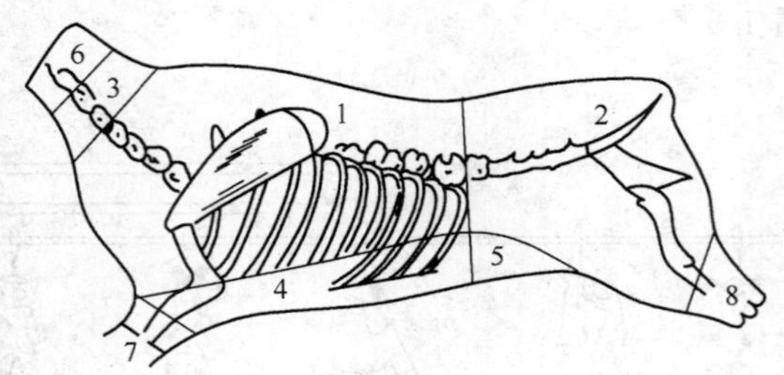

图 1-8　羊胴体商业分割示意

1—肩背肉；2—臀部肉；3—颈部肉；4—胸部肉；
5—腹部肉；6—颈部切口肉；7—前小腿肉；8—后小腿肉

4. 肥羔羊胴体的分割

肥羔胴体从中间切成两个半片，其质量约各占胴体的 50%。然后把前躯与后躯肉切开，其分界线是在第 12～13 肋骨之间。切开时，要在后躯肉上保留着一对肋骨。肥羔胴体的分割如图 1-9 所示。

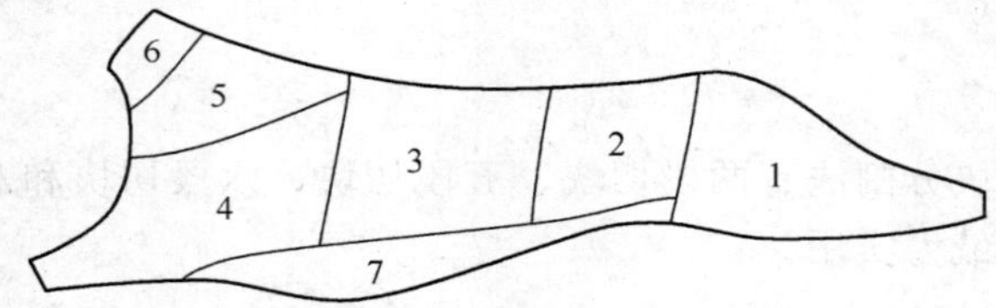

图 1-9　肥羔胴体分割示意

1—后腿肉；2—腰肉；3—肋肉；4—肩肉
5—肋颈肉；6—颈肉；7—腹肉

① 后腿肉。是从最后腰椎横切下的后面一块肉（图 1-9 标注 1）。

② 腰肉。从最后一个腰椎至最后一根肋骨处横切（图 1-9 标注 2）。

③ 肋肉。为第 12 与第 13 肋间，至第 4 与第 5 肋间横切，去掉腹肉（图 1-9 标注 3）。

④ 肩肉。从肩端沿肩胛前缘向鬐甲后直切，留下包括前腿在内并去掉腹肉的肩胛肉全部（图 1-9 标注 4）。

⑤ 肋颈肉。自最后颈椎处切下的整个肋颈三角部分（图 1-9 标注 5）。

⑥ 颈肉。为最后颈椎处切下的整个颈部肉（图 1-9 标注 6）。

⑦ 腹肉。又称边缘肉。从前腿腑下起沿肋软骨向后直至后腿横切处直线切下，包括胸骨在内的整个下腹边缘部分（图 1-9 标注 7）。

三、羊肉的分级

1. 鲜、冻胴体羊肉分级标准（摘自 GB 9961—2001）

鲜、冻胴体羊肉分级规格见表 1-5。

表 1-5　鲜、冻胴体羊肉分级表

项　目	一　级	二　级	三　级
外观及肉质	肌肉丰满。骨骼不突出(小尾羊肩隆部之脊椎骨尖稍突出)。皮下脂肪布满全身(山羊的皮下脂肪层较薄),臀部脂肪丰满	肌肉发育良好。除肩隆部及颈部脊椎骨尖稍突出外,其他部位骨骼均不突出。皮下脂肪布满全身(山羊的为腰背部),肩、颈部脂肪层较薄	肌肉发育一般。骨骼稍显突出,胴体表面带有薄层脂肪。肩部、颈部、荐部及臀部肌膜露出
胴体质量/kg	绵羊≥15 山羊≥12	绵羊≥12 山羊≥10	绵羊≥7 山羊≥5

2. 胴体五段十块商业分级标准

一级：后腿肉（占 30.65%）和腰肉（占 17.64%），两部位合占胴体总质量的 48.29%。

二级：肋肉（占 15.38%）和肩颈肉（占 27.78%），两部位合占胴体总质量的 43.16%。

三级：腹下肉占胴体质量的 8.55%。

3. 胴体八段十六块商业分级标准：

一级：肩背部（约占 35.0%）和腰腿部（约占 40.0%），两部位合占胴体质量的 75%。

二级：颈部（约占 4.0%）、胸部（约占 10.0%）、腹部（约占 3.0%）和颈端部（约占 1.5%），四部位合占胴体质量的 18.5%。

三级：前小腿（约占 4.0%）和后小腿（约占 2.5%），两部位合占胴体质量的 6.5%。

第五节　兔的屠宰分割技术

一、屠宰技术

1. 致昏

致昏的方法，目前兔肉加工企业已广泛采用电麻法。电麻器有转盘式或长柄钳子式。一般采用电压 70V、电流 0.75A、电麻时间 2～4s。通电部位为两侧耳根稍后电麻不得过深，否则会造成放血不良，使兔肉质量降低。

2. 放血

现代化兔肉加工企业多采用机械转盘刀割头放血，这种方法可减轻劳动强度，提高工效，并防止兔毛飞扬，兔血四溅。有的兔肉加工企业采用将兔体倒挂后切断颈部动、静脉血管放血法，这也是一种比较好的方法。沥血时间不得少于 2min，以保证放血充分。

3. 剥皮

兔在剥皮前需用冷水湿袒，以免兔毛飞扬。但不要喷湿挂钩和被固定的兔爪，以免污染胴体。宰杀速度要与剥皮速度相协调，宰杀后应尽快剥皮，剥皮过晚不但不易剥离，而且容易撕破皮肤或皮张带肉。作到手不粘肉，肉不粘毛。剥皮过程中，接触毛皮的手和工具，未经消毒或冲洗不得接触肉体。

(1) 手工剥皮

从左后肢跗关节处平行挑开至右后肢跗关节处，不要挑破腿部肌肉。再从跗关节处挑破

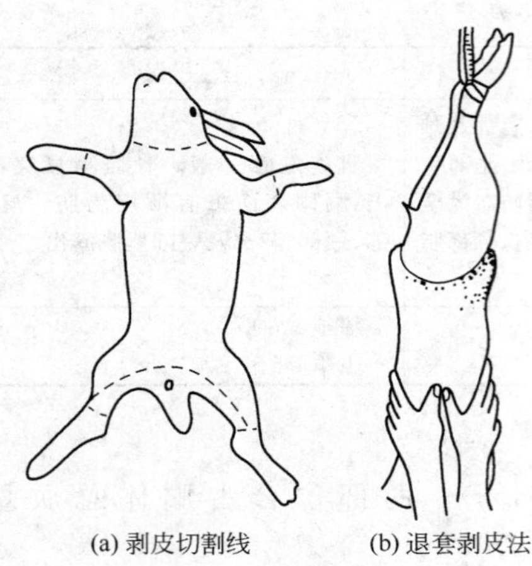

图 1-10　兔的剥皮方法

腿皮，剥至尾根处，用力不要太猛，防止撕破腿部肌肉。从跗关节上方 1～1.5cm 处截断左、右肢上的皮，再割断腹部皮下腺体和结缔组织，将皮扒至前肢处。剥离前肢腿皮，从腕关节稍上方 1cm 处截断前肢。剥离头皮后，从第一颈椎处去头，从第二尾椎处去尾。

（2）机械剥皮

现代化兔肉加工企业多采用机械剥皮。有些厂家则采用半机械化剥皮，即先用手工操作，将已宰杀的兔体后脚挂在铁钩上，从后肢膝关节处平行挑开，剥至尾根部，再双手紧握兔皮的腹背部剥至前腿处（防止挑破腿部肌肉和撕裂胸腹部肌肉），然后把尾部的皮夹入剥皮机进行剥离。

兔的剥皮方法见图 1-10。

4. 截肢、去尾

在腕关节稍上方截断前肢，从跗关节稍上方截断后肢，从第一尾椎处去掉兔尾。这一工序有些厂家采用机械进行，既长短一致，又没有碎骨，也不粘飞毛。手工操作时应注意四肢都截整齐，切忌长短不一。

5. 开膛与净膛

开膛力求深浅适度，避免割破胃、肠而造成胴体污染。用刀自骨盆腔开始，从腹线正中剖开腹腔，取下大小肠和膀胱。在取大肠时，应以手指按住腹壁及肾脏，以免脂肪与肾脏连同大小肠一并扯下。然后再割开横膈膜，以手指伸入胸腔抓住气管，将心、肺、肝、胃取出。

6. 胴体的修整

（1）擦血

用洁净海绵或毛巾擦去颈部血水，用 T 形擦血架擦去体腔内残留的血水。有条件的厂家用真空泵吸出血水最为理想，可避免胴体受到污染。

（2）修割

家兔的胴体一般只干修不湿修，否则体表难以形成肉膜，不耐保藏。修整加工时胴体应单层摆放，不得积压，最多不得超过 2 层。

① 修除残余内脏、生殖器官、耻骨附近的腺体和结缔组织；修除血脖肉、胸腺和胸腹腔内的大血管；修除体表各部位明显的结缔组织；从骨盆处挤出后腿大血管内残存血水。

② 修割背部、臀部及腿部外侧等主要部位的外伤，但不得超过两处，每处面积不超过 $1cm^2$。其他部位外伤也应修割掉，其面积可适当放宽。

③ 修割暴露在胴体表面的脂肪，特别是背部的两条脂肪，以防储存过程中脂肪氧化变质。

二、兔肉的分割

1. 分割

① 前腿肉：在胸腰椎间切断，沿脊椎骨中线切开分成两半，去骨。

② 背腰肉：从第 10～11 肋骨间向后至腰荐椎处切下，去骨。

③ 后腿肉：切去背腰后，沿脊椎中线切开分成两只，去骨。

去骨后按质量整形。

2. 去骨

去骨也叫剔骨。兔肉在拆骨前应先过称，以便计算出肉率。大多利用不能做带骨兔肉的胴体进行拆骨。拆骨前先拉出肾脏。

① 拆前肢骨。先将肋骨上的肌肉划下，再拆肩胛骨，前臂骨及肱骨。

② 拆后肢骨。先拆下骨盆，再拆股骨和胫骨、腓骨。

③ 拆脊椎骨。自后而前将脊椎骨拆下。脊椎骨、小骨突的凹部肌肉应用尖刀剔除，并拆下里脊肉和颈脊顶部的肌肉，除颈椎下部略带肉外，脊椎骨及肋骨上应做到不带肌肉。

操作时，要使拆的平面骨上和圆骨上不带肉，拆下的兔肉上不带骨及骨屑，每只兔肉连成一整块，尽量减少碎肉，将脱落的碎肉包入整肉内。拆骨时下刀要轻、快、准，不留小骨架、骨渣、碎骨（特别是脊椎上的碎骨）、软骨及伤斑。拆骨刀尖一般保持 0.5cm。一旦发现断刀尖事故，应立即停止拆骨，直到找到刀尖为止。

三、兔肉的分级

根据 GB/T 17239—1998，兔肉按加工工艺分为六类：带骨鲜兔肉、带骨冻兔肉、去骨鲜兔肉、去骨冻兔肉、分割鲜兔肉、分割冻兔肉。带骨鲜、冻兔肉按“克数/每只”分为三级，其余类别不分级。

一级品，大于 1000；

二级品，701～1000；

三级品，500～700。

第六节　家禽屠宰分割技术

一、屠宰技术

1. 致昏

致昏方法很多，但目前多采用电麻致昏法。常用的有以下三种。

(1) 电麻钳

电麻钳呈“Y”形，在叉的两边各有一电极。当电麻钳接触家禽头部时，电流即通过大脑而达到致昏的目的。

(2) 电麻板

电麻板的构成是在悬空轨道的一段（该段轨道与前后轨道断离）接有一电板，而在该段轨道的下方，设有一瓦棱状导电板。当家禽倒挂在轨道上传送，其喙或头部触及导电板时，即可形成通路，从而达到致昏目的。

以上两种电麻方法多采用单相交流电，在 0.65～1.0A，80～105V 的条件下，电麻时间为 2～4s。

(3) 电晕槽

水槽中设有 1 个沉浸式的电棒，屠宰线的脚扣上设有另 1 个电棒，屠禽上架后当头经过下面的水槽时，电流即通过整只禽体使其昏迷。

电晕条件：电压 35～50V，电流 0.5A 以下；时间（禽只通过电晕槽时间）：鸡为 8s 以下，鸭为 10s 左右。电晕时间要适当，以在 60s 内能自动苏醒为宜，电晕后马上将禽从挂钩上取下。过大的电压、电流会引起锁骨断裂，心脏破坏，心脏停止跳动，放血不良等。

2. 刺杀与放血

家禽的刺杀，要求保证放血充分的前提下，尽可能地保持胴体完整，减少放血处的污染，以利于保藏。常用的刺杀放血方法有如下几种。

(1) 颈动脉颅面分支放血法

该方法是在家禽左耳垂的后方切断颈动脉颅面分支，其切口在鸡约为 1.5cm，鸭鹅约 2.5cm，沥血时间应在 2min 以上。本法操作简便，放血充分，也便于机械化操作，而且开口较小，能保证胴体较好的完整性，污染面也不大，故目前大多采用这种放血方法。

(2) 口腔放血法

用一手打开口腔，另一手持一细长尖刀，在上腭裂后约第二颈椎处，切断任意一侧颈总静脉与桥静脉连接处。抽刀时，顺势将刀刺入上腭裂至延脑，以促使家禽死亡，并可使竖毛肌松弛而有利于脱毛。用本法给鸭放血时，应将鸭舌扭转拉出口腔，夹于口角，以利血流畅通并避免呛血。沥血时间应在 3min 以上。本法放血效果良好，能保证胴体外表的完整。但是操作较复杂，不易掌握，稍有不慎，易造成放血不良，有时也容易造成口腔及颅腔的污染，不利于禽肉的保藏。

(3) 三管切断法

在禽的喉部，横切一刀，在切断动、静脉的同时，也切断了气管与食管，即所谓的三管切断法。本法操作简便，放血较快，但因切口过大，不但有碍商品外观，而且容易造成污染，影响产品的耐藏性。

3. 烺毛

目前机械化屠宰加工肉用仔鸡时，浸烫水温为（60±1）℃，而农民散养的土种鸡月龄较大，浸烫水温为 61～63℃，鸭、鹅的浸烫水温为 62～65℃。浸烫水温必须严格控制，水温过高会烫破皮肤，使脂肪熔化，水温过低则羽毛不易脱离。浸烫时间一般控制在 1～2min 之间，主要根据家禽的品种、年龄和季节而定。机械烺毛后尚需用人工将残毛（尤其是小毛）拔除干净。

4. 净膛

按去除内脏的程度不同，有三种净膛形式。

(1) 全净膛

从胸骨末端至肛门中线切开腹壁或从右胸下肋骨处开口，除肺和肾脏保留外，将其余脏器全部取出，同时去除嗉囊。

(2) 半净膛

由肛门周围分离泄殖腔，并于扩大的开口处将全部肠管拉出，其他脏器仍留于体腔内。

(3) 不净膛

即脱毛后的光禽不做任何净膛处理，全部脏器都保留在体腔内。

5. 胴体修整

(1) 湿修

湿修时，最好使用有一定压力的净水冲刷，将附着在胴体表面的羽毛、血、粪等污物尽量冲洗干净。全自动生产线是用洗禽机进行清洗，清洗效果很好。半自动生产线是将净膛后的胴体放在清水池中清洗，采用这种湿修方法时，要注意勤换池水，以免造成胴体被水中的微生物污染。

(2) 干修

干修就是用刀、剪将胴体上的病变组织、机械损伤组织、游离的脂肪等割掉，并将残毛拔掉，最后用剪刀从跗关节处将后肢剪下。修整好的胴体要达到无血、无粪、无羽毛、无污物、无病变组织和损伤组织。外观要平整，具有良好的商品外观。

6. 内脏整理

摘出的内脏经检验后，立即送往内脏整理间进行整理加工，不得积压。如果为全净膛，分离出心和肝脏，收集在专门的容器内。分离出肌胃，在专门的地点剖开，清除掉内容物，撕掉角质膜，将肌胃与角质膜分开收集。腺胃和肠收集在一起。

7. 羽毛整理

浸烫煺下的羽毛，应及时收集，在专门场地上摊开晾晒，不得堆积。待晾晒干后送做进一步加工。

二、禽肉的分割

(一) 鸡肉的分割

首先在冷却间将白条鸡冷却至4℃左右，然后进行分割加工。

1. 分割方法

鸡的分割加工有手工分割和机械分割两种方法。

(1) 手工分割

① 腿部分割。将全净膛鸡放于平台上，鸡头位于操作者前方，腹部向上。两手将左右大腿向两侧整理少许，左手持住左侧腿以稳住鸡体再用刀分割，将左腿和右腿腹股沟的皮肉割开。用两手把左右腿向脊背拽去，然后侧放于平台，使左腿向上，用刀割断股骨与骨盆之间的韧带，再顺序将连接骨盆的肌肉切开。用左手将鸡体调转方向，腹部向上，鸡头向操作者，用刀切开骨盆肌肉接近尾部3cm左右，将刀旋转至背中线，划开皮下层至第七根肋骨为止。左手持鸡腿，用刀口后部切压闭孔（为髂骨、耻骨、坐骨三骨连接处形成的孔）。左手用力将鸡腿向后拉开即完成一腿。调动鸡体，使腹部向右，余腿向上，用刀切开骨盆肌肉直至闭孔，再用刀口后部切压闭孔，左手将鸡腿向后拉开，即完成。

② 胸部分割。鸡头位于操作者前方，左侧向上。以颈的前面正中线，从咽颌到最后颈椎切开左边颈皮，再切开左肩胛骨。同样切开右颈皮和右肩胛骨。左手握住鸡颈骨，右手食指从第一胸椎向内插入，然后两手用力向相反方向拉开。

③ 全翅分割。从臂骨与乌喙骨连接处紧靠肩胛骨下刀，割断筋腱，不得划破骨关节面。

④ 鸡爪分割：用刀或剪从跗关节处切断。

⑤ 大腿去骨分割。鸡头位于操作者前方，分左右腿操作。左腿去骨时，以左手握住小腿端部，内侧向上，上腿部少许斜向操作者，右手持刀，用刀口前端从小腿顶端顺胫骨和股骨内侧划开皮和肌肉。左手持鸡腿横向，切开两骨相连的韧带为适，切勿切开内侧皮肉和韧带下皮肉。用刀剔开股骨部肌肉中的股骨，用刀口后部、从胫骨下部肌肉，然后再从斩断胫骨处切断。操作右腿时，调转方向，工序同上。

⑥ 鸡胸去骨分割。首先完成腿分割，鸡头位于操作者前方，右侧向上，腹部向左，先

处理右胸。在颈的前面正中线，从咽颌到最后颈椎切开右边颈皮，用刀切开乌喙骨和臂骨的筋骨 2cm 左右。用刀尖顺肩胛骨内侧划开，再用刀口后部从乌喙骨和臂骨的筋骨处切开肉至锁骨。左手持翅，拇指插入刀口内部，右手持鸡颈用力拉开。用刀尖轻轻剔开锁骨里脊肉，再用手轻轻撕下，使里脊肉成树叶状。左胸处理是调转方向，操作同上。再从咽喉挑断颈皮，顺序向下，留下食道和气管，切勿挑破嗉皮。最后左手拇指插入锁骨中间的腹内，右手持颈骨用力拉下前胸骨。

(2) 机械分割

采用防护电动环形刀将鸡对着齿旁的刀片，一次性将鸡分成两半、5 块、7 块、8 块或 9 块。5 块切割机把鸡切为 2 条腿、2 块胸、1 块腰背，不带背的腿和胸是最受欢迎的零售规格；7 块分割有 2 块胸肉、2 条腿、2 只翅和小胸肉；8 块切割有 2 只翅、2 条大腿、2 条小腿、2 块鸡胸；9 块切割时要在锁骨与胸骨间做一水平切割，两块带锁骨胸肉重量几乎相同，这种规格最受欢迎。

2. 内销分割鸡的加工规格（摘自 GB/T 13880—1997）

① 1/2 无骨胸肉。从胸骨（又称龙骨）纵线一分为二的胸肉，并带有大于胸肉的皮的部分。

② 小胸肉。也称胸里肌，附在锁骨和乌喙骨之间的肌肉。

③ 鸡腿。含有整个胫骨（小腿骨）和股骨在内的皮、肉部分。

④ 鸡翅。含有三道关节（肩关节、肘关节、腕关节）的全翅部分。

⑤ 鸡爪。跗关节以下部分。

⑥ 鸡肫。肌胃。即修剪去腺胃及肠管和表面脂肪，并去掉内容物和黄色角质层（鸡内金）的肌肉部分。

⑦ 鸡副产品。鸡肫、鸡架、鸡头、鸡脖、鸡肝、鸡心等。

3. 出口分割鸡的加工规格（摘自 NY/T 330—1997）

① 腿。在腹股沟用刀将皮划开，将大腿向背侧方向掰开，于髋关节处脱开，割断关节的四周肌肉和筋腱，使腿型完整，边缘整齐，腿皮覆盖良好，皮下肉不得脱离。

② 胸肉。紧贴胸骨两侧用刀划开，切断肩关节，紧握翅根连同胸肉向尾部方向撕下，剪下翅。修净多余的脂肪、肌膜，使胸皮肉相称、无淤血、无熟烫。

③ 全翅。从臂骨与乌喙骨吻合处紧靠肩胛骨下刀，割断筋腱，不得划破骨关节面和伤残里脊。

④ 胸里肌。沿锁骨和乌喙骨两侧取下胸里肌，保证条形完整，无破碎。

⑤ 去骨腿肉。从胫骨到股骨内侧用刀划开，切断膝关节，剔除股骨、胫骨和腓骨，修割多余的皮、软骨、伤痕，皮肉大小相称，腿形完整。

（二）鹅、鸭肉分割

鹅的个体较大，可以分割为头、颈、爪、胸、腿等八件，躯干部分分四块（1 号胸肉、2 号胸肉、3 号腿肉、4 号腿肉）。而鸭的个体相对较小，可以分割为头、颈、爪、胸、腿等六件，躯干部分分为两块（1 号鸭肉、2 号鸭肉）。

分割步骤：第一刀从跗关节取下左爪；第二刀从跗关节取下右爪；第三刀从下颌后颈椎处平直斩下头，带舌；第四刀从第十五颈椎（前后可相差一个颈椎）间斩下颈部，去掉皮下的食管、气管及淋巴；第五刀沿胸骨脊左侧由后向前平移开膛，摘下全部内脏，用干净毛巾擦去腹水、血污；第六刀沿脊椎骨的左侧（从颈部直到尾部）将躯体分为两半。第七刀（指鹅）从胸骨端剑状软骨至髋关节前缘的连线将左右分开，然后分成四块（即 1 号胸肉、2 号胸肉、3 号腿肉、4 号腿肉）。

三、禽肉的分级

1. 鸡肉分级

一级肉：肌肉发育良好，胸骨尖不显著，除腿、翅外，有厚度均匀的皮下脂肪层布满全身，尾部肥满。

二级肉：肌肉发育完整，胸骨尖稍显著，除腿部、两肋外，脂肪层布满全身。

三级肉：肌肉不很发达，胸骨尖显著，尾部有脂肪层。

2. 鹅肉和鸭肉分级

一级肉：肌肉发育良好，胸骨尖不显著，除腿和翅外，皮下脂肪布满全体，尾部脂肪显著。

二级肉：肌肉发育完整，胸骨尖稍显，除腿、翅和胸部外，皮下脂肪布满全体。

三级肉：肌肉不甚发达，胸骨尖露出，尾部的皮下脂肪不显著。

3. 出口肉禽的规格等级

出口的肉禽，应当在双方协商原则的基础上，讨论具体的规格要求，卖方应尽量按买方的要求加工，并提供样品。具体要求，应当在产销供货合同中注明，禽加工单位应当按合同的要求生产，使产品符合合同规定的规格等级。

（1）冻净膛鸡

冻净膛肉用鸡：去毛、头、脚及肠，带翅，留肺及肾。

特级：每只净重不低于 1200g；　　大级：每只净重不低于 1000g；

中级：每只净重不低于 800g；　　小级：每只净重不低于 600g；

小小级：每只净重不低于 400g。

（2）冻分割鸡肉

① 冻鸡翅。大级：每翅净重 50g 以上；小级：每翅净重 50g 以下。

② 冻鸡胸。大级：每块净重约 250g 以上；中级：每块净重约 200g 以上；
小级：每块净重约 20g 以下。

③ 冻鸡全腿。大级：每只净重约 220g 以上；中级：每只净重约 180g 以上；
小级：每只净重约 180g 以下。

（3）冻北京填鸭

带头、翅、掌及内脏。去毛、头及颈部稍带毛根，但不甚显著，鸭体洁净，无血污。

一级品：肌肉发育良好。除腿、翅及其周围外，皮下脂肪布满全身，每只宰后净重不低于 2kg。

二级品：肌肉发育完整，除腿、翅及其周围外，皮下脂肪布满全身，每只宰后净重不低于 1.75kg。

复习思考题

1. 畜禽宰前休息、停饲如何实施？
2. 畜禽宰后检验处理方式有哪几种？
3. 畜禽宰前电击昏有何好处？

4. 猪屠宰过程主要包括哪些工序？
5. 禽的屠宰过程主要包括哪些工序？
6. 试述猪胴体的分割方法。
7. 试述牛胴体的分割方法。
8. 试述肥羔羊胴体的分割方法。

第二章　肉的构成及其特性

【学习目标】

1. 了解肉的食用品质的变化及评定方法。

2. 掌握肌肉宰后变化的过程。

第一节　肉的组织结构及化学组成

肉是指畜禽经屠宰后除去毛（皮）、头、蹄、尾、血液、内脏后的胴体，俗称白条肉。它包括肌肉组织、脂肪组织、结缔组织和骨组织。肉的化学组成主要包括有水分、蛋白质、脂类、碳水化合物、含氮浸出物及少量的矿物质和维生素等。在肉品生产中，把刚宰后不久的肉称为“鲜肉”；经过一段时间的冷处理，使肉保持低温而不冻结的肉称为“冷却肉”；经低温冻结后的肉则称为“冷冻肉”；按不同部位分割包装的肉称为“分割肉”。

一、组织结构

1. 肌肉组织

肌肉组织可分为横纹肌、心肌、平滑肌三种。胴体上的肌肉组织是横纹肌，也称为骨骼肌，俗称“瘦肉”或“精肉”。骨骼肌占胴体50%～60%，具有较高的食用价值和商品价值，是构成肉的主要组成部分。

（1）肌肉组织的宏观结构

肌肉是由许多肌纤维和少量结缔组织、脂肪组织、腱、血管、神经、淋巴等组成。从组织学看，肌肉组织是由丝状的肌纤维集合而成，每50～150根肌纤维由一层薄膜所包围形成初级肌束。再由数十个初级肌束集结并被稍厚的膜所包围，形成次级肌束。由数个次级肌束集结，外表包着较厚膜，构成了肌肉。

（2）肌肉组织的微观结构

构成肌肉的基本单位是肌纤维，也叫肌纤维细胞，是属于细长的多核的纤维细胞，长度由数毫米到20cm，直径只有10～100μm。在显微镜下可以看到肌纤维细胞沿细胞纵轴平行的、有规则排列的明暗条纹，所以称横纹肌，其肌纤维是由肌原纤维、肌浆、细胞核和肌鞘构成。肌原纤维是构成肌纤维的主要组成部分，直径为0.5～3.0μm。肌肉的收缩和伸长就是由肌原纤维的收缩和伸长所致。肌原纤维具有和肌纤维相同的横纹，横纹的结构是按一定周期重复，周期的一个单位叫肌节。肌节是肌肉收缩和舒张的最基本的功能单位，静止时的肌节长度约为2.3μm。肌节两端是细线状的暗线称为Z线，中间宽约1.5μm的暗带或称A带，A带和Z线之间是宽约为0.4μm的明带或称I带。在A带中央还有宽约0.4μm的稍明的H区。形成了肌原纤维上的明暗相间的现象（见图2-1)。肌浆是充满于肌原纤维之间的胶体溶液，呈红色，含有大量的肌溶蛋白质和参与糖代谢的多种酶类。此外，尚含有肌红蛋

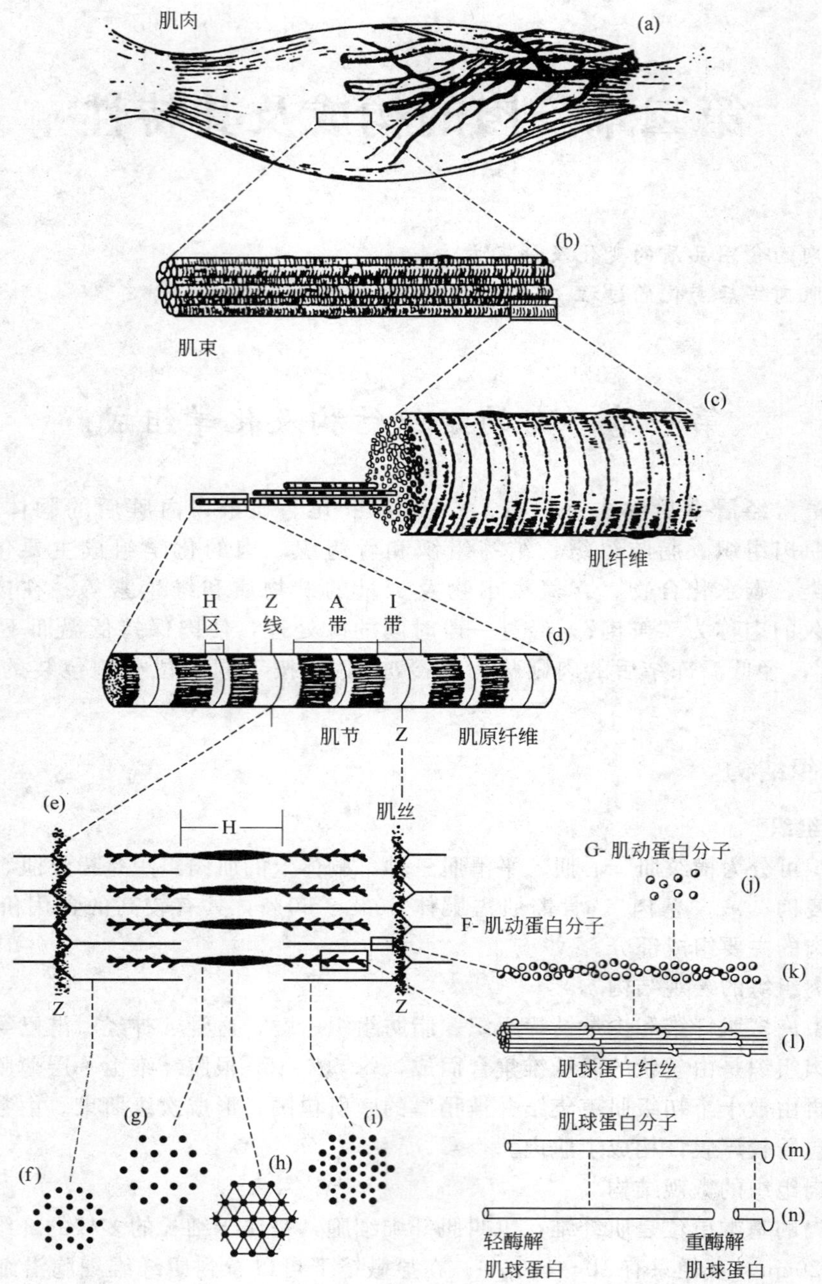

图 2-1 肌肉的构造

白。由于肌肉的功能不同，在肌浆中肌红蛋白的数量不同，这就使不同部位的肌肉颜色深浅不一。

2. 脂肪组织

脂肪组织是畜禽胴体中仅次于肌肉组织的第二个重要组成部分，对改善肉质、提高风味有重要作用。脂肪的构造单位是脂肪细胞，脂肪细胞单个或成群地借助于疏松结缔组织连在一起。动物脂肪细胞直径 30～120μm，最大可达 250μm。脂肪主要分布在皮下、肠系膜、网膜、肾周围、坐骨结节等部位。在不同动物体内脂肪的分布及含量变动较大，猪脂多蓄积在皮下、体腔、大网膜周围及肌肉间；羊脂多蓄积在尾根、肋间；牛脂蓄积在肌束间、皮下；鸡脂蓄积在皮下、体腔、卵巢及肌胃周围。脂肪蓄积在肌束间使肉呈大理石状，肉质较好。脂肪组织中脂肪约占87%～92%，水分占6%～10%，蛋白质1.3%～1.8%。另外还有少量的酶、色素及维生素等。

3. 结缔组织

结缔组织是构成肌腱、筋膜、韧带及肌肉内外膜、血管、淋巴结的主要成分，分布于体内各部，起到支持和连接器官组织的作用，使肉保持一定硬度且具有弹性。结缔组织是由细胞、纤维和无定形基质组成，一般占肌肉组织的9.0%～13.0%，其含量和肉的嫩度有密切的关系。纤维分为胶原纤维、弹力纤维和网状纤维。结缔组织属于硬性非全价蛋白质，营养价值低。结缔组织含量的多少直接影响肉的质量和商品价格。

4. 骨组织

骨由骨膜、骨质及骨髓构成（见图2-2）。骨组织是肉的次要成分，食用价值和商品价值较低。胴体因带骨又称为带骨肉，剔骨后的肉称其为净肉。成年动物骨骼的含量比较稳定，变动幅度较小。猪骨约占胴体的5%～9%，牛骨占胴体的15%～20%，羊骨占胴体的8%～17%，鸡骨占胴体的8%～17%，兔骨占胴体的12%～15%。骨中水分约占40%～50%，胶原约20%～30%，无机质占20%。将骨骼粉碎可以制成骨粉，作为饲料添加剂。此外，还可熬出骨油和骨胶。利用超微粒粉碎机制成骨泥，是肉制品的良好添加剂，也可用作其他食品钙和磷的强化。

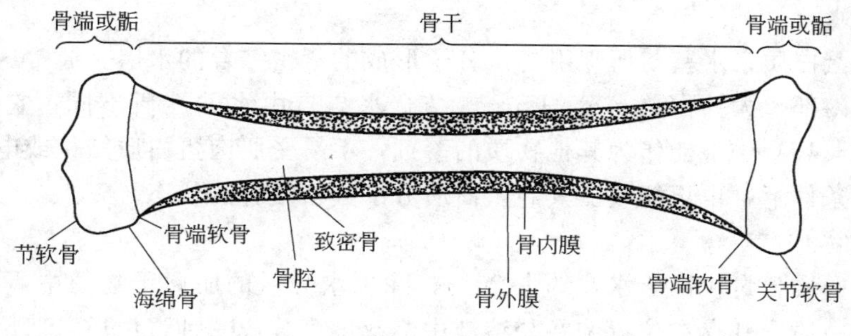

图2-2　骨骼示意

二、肉的化学组成

肉与其他食品一样，是由许多不同的化学物质所组成，这些化学物质大多是人体所必需的营养成分，特别是肉中的蛋白质，更是人们饮食中高质量蛋白质的主要来源。联合国粮农组织（FAD）所列食物成分表中几种常见动物肉的化学组成见表2-1。

1. 水分

水是肉中含最多的组分，不同组织水分含量差异很大，其中肌肉含水量为70%～80%，皮肤为60%～70%，骨骼为12%～15%。畜禽越肥，水分的含量越少，老年动物比幼年动物含量少。肉中水分含量多少及存在状态影响肉及肉制品的组织状态、加工品质、储藏性，甚至风味。

肉中水分并非像纯水那样以游离状态存在，其存在形式大致可分为自由水、不易流动水、结合水三种。

表 2-1　几种常见动物肉的化学组成（去骨可食部分）

名　称	水/%	蛋白质/%	脂肪/%	碳水化合物/%	灰分/%	热量/(J/kg)
牛肉	72.91	20.07	6.48	0.25	0.92	6196.5
羊肉	75.17	16.35	7.98	0.31	1.19	5903.5
肥猪肉	47.40	14.54	37.34	—	0.72	13753.6
瘦猪肉	72.55	20.08	6.63	—	1.10	4877.6
马肉	75.9	20.10	2.20	1.88	0.95	4312.4
鹿肉	78.00	19.50	2.50	—	1.20	5367.5
兔肉	73.47	24.25	1.91	0.16	1.52	4898.6
鸡肉	71.80	19.50	7.80	0.42	0.96	6364
鸭肉	71.24	23.73	2.65	2.33	1.19	5107.9
骆驼肉	76.14	20.75	2.21	—	0.90	3098.2
鹅肉	77.0	10.8	11.2			6029

（1）自由水

指存在于细胞外间隙中能够自由流动的水，它们不依电荷基而定位排序，仅靠毛细管作用力而保持。自由水约占总水分量的15%。

（2）不易流动水

指存在于纤丝、肌原纤维及肌细胞膜之间的一部分水分。肉中的水分大部分以这种形式存在，约占总水分的80%。这些水分能溶解盐及溶质，并可在－1.5～0℃下结冰。不易流动水易受蛋白质结构和电荷变化的影响，肉的保水性能主要取决于此类水的保持能力。

（3）结合水

是由肌肉蛋白质亲水基与所吸引的水分子形成的紧密结合的水层。通常这部分水分分布在肌肉的细胞内部，大约占总水分的5%。结合水与自由水的性质不同，它的蒸气压极度低，冰点约为－40℃，不能作为其他物质的溶剂，不易受肌肉蛋白质结构或电荷的影响，甚至在施加外力条件下，也不能改变其与蛋白质分子紧密结合的状态。

2. 蛋白质

肌肉中蛋白质含量仅次于水，约占20%，除去水分后的肌肉干物质中蛋白质占80%左右。肌肉中蛋白质依其存在位置和在盐溶液中溶解度可分成三种蛋白质：肌原纤维蛋白、肌浆蛋白、结缔组织蛋白（见表2-2）。

表 2-2　动物骨骼肌中不同种类蛋白质的含量

蛋白种类	哺乳动物	禽　类	鱼　类
肌原纤维蛋白/%	49～55	60～65	65～75
肌浆蛋白/%	30～43	30～34	20～30
结缔组织蛋白/%	10～17	5～7	1～3

（1）肌原纤维蛋白质

肌原纤维是肌肉收缩的单位，由丝状的蛋白质凝胶所构成。肌原纤维蛋白质的含量随肌肉活动而增加，并因静止或萎缩而减少。而且，肌原纤维中的蛋白质与肉的某些重要品质特性（如嫩度）密切相关。肌原纤维蛋白质占肌肉蛋白质总量的40%～60%，它主要包括肌球蛋白、肌动蛋白、肌动球蛋白和2～3种调节性结构蛋白质。

（2）肌浆蛋白质

肌浆是浸透于肌原纤维内外的液体，含有机物与无机物，通常将磨碎的肌肉压榨便可挤出。肌浆中的蛋白质一般占肉中蛋白质含量的20%～30%，它包括肌溶蛋白、肌红蛋白、肌粒蛋白等。这些蛋白质易溶于水或低离子强度的中性盐溶液，是肉中最易提取的蛋白质。故称之为肌肉的可溶性蛋白质。

（3）结缔组织蛋白

结缔组织蛋白亦称基质蛋白质或间质蛋白质，是指肌肉组织磨碎之后在高浓度的中性溶液中充分抽提之后的残渣部分，占肉中蛋白质含量的10%。结缔组织蛋白是构成肌内膜、肌束膜和腱的主要成分，包括胶原蛋白、弹性蛋白、网状蛋白及黏蛋白等，存在于结缔组织的纤维及基质中，它们均属于硬蛋白类。

3. 脂肪

动物的脂肪可分为蓄积脂肪和组织脂肪两大类。蓄积脂肪包括皮下脂肪、肾周围脂肪、大网膜脂肪及肌肉块间的脂肪等；组织脂肪为肌肉组织内、脏器内的脂肪。动物性脂肪主要成分是甘油三酯（三脂肪酸甘油酯），约占90%，还有少量的磷脂和固醇脂。组成肉类脂肪的脂肪酸有20多种。其中饱和脂肪酸以硬脂酸和软脂酸居多；不饱和脂肪酸以油酸居多，其次是亚油酸；磷脂以及胆固醇所构成的脂肪酸酯类是能量来源之一。不同动物脂肪的脂肪酸组成不一致，相对来说鸡脂肪和猪脂肪含不饱和脂肪酸较多；牛脂肪和羊脂肪中含饱和脂肪酸较多。脂肪对肉的食用品质影响甚大，肌肉内脂肪的多少直接影响肉的多汁性和嫩度，它对肉制品质量、颜色、气味具有重要作用。

4. 浸出物

浸出物是指除蛋白质、盐类、维生素外能溶于水的可浸出性物质，包括含氮浸出物和无氮浸出物。

（1）含氮浸出物

含氮浸出物为非蛋白质的含氮物质，如游离氨基酸、磷酸肌酸、核苷酸及肌苷、尿素等。这些物质是肉的滋味的主要来源。

（2）无氮浸出物

无氮浸出物为不含氮的可浸出的有机化合物，包括糖类化合物和有机酸。糖类化合物主要有糖原、麦芽糖、葡萄糖、核糖、糊精；有机酸主要是乳酸及少量的甲酸、乙酸、丁酸、延胡索酸等。肌糖原含量的多少对肉的pH、保水性、颜色等均有影响，并且影响肉的储藏性。

5. 矿物质

肉中所含矿物质是指肉中无机物，含量占1.5%左右。其种类主要有钠、钾、钙、铁、氯、磷、硫等无机物，尚含有微量的锰、铜、锌、镍等。这些无机盐在肉中有的以游离状态存在，如镁离子、钙离子；有的以螯合状态存在，如肌红蛋白中含铁；几种动物肉中主要矿物质含量见表2-3。

表 2-3　几种动物肉中主要矿物质含量（100g生肉）

肉　类	钾/mg	钠/mg	镁/mg	钙/mg	磷/mg	硫/mg	氯/mg	铁/mg
牛肉	338	84	24	12	495	575	76	4.3
猪肉	169	42	12	6	247	288	38	2.1
兔肉	479	67	48	26	579	498	51	8
鸡肉	560	128	61	15	580	292	60	13

6. 维生素

肉中维生素主要有维生素 A、维生素 B_1、维生素 B_2、维生素 PP、叶酸、维生素 C、维生素 D 等。其中脂溶性维生素较少，但水溶性 B 族维生素含量丰富。猪肉中维生素 B_1 的含量比其他肉类要多得多，而牛肉中叶酸的含量则又比猪肉和羊肉高。几种动物肉中主要维生素含量见表 2-4。

表 2-4 几种动物肉中主要维生素含量

肉 类	维生素 A /IU	维生素 B_1 /mg	维生素 B_2 /mg	维生素 PP /mg	泛酸 /μg	生物素 /μg	叶酸 /mg	维生素 B_6 /mg	维生素 B_{12} /μg	维生素 D /IU
牛肉	微量	0.07	0.20	5.0	0.4	3.0	10.0	0.3	2.0	微量
小牛肉	微量	0.10	0.25	7.0	0.6	5.0	5.0	0.3		微量
猪肉	微量	1.0	0.20	5.0	0.6	4.0	3.0	0.5	2.0	微量
羊肉	微量	0.15	0.25	5.0	0.5	3.0	3.0	0.4	2.0	微量

第二节 肉的食用品质及其他性状

肉的食用品质及其他性状主要指肉的色泽、气味、嫩度、保水性、pH、容重、比热容、冰点等。这些性状在肉的储藏及加工中直接影响肉品的质量。

一、肉的色泽

肉的色泽主要依据肌肉与脂肪组织的颜色来决定，肉的色泽会因动物的种类、性别、年龄、肥度、宰前状态等不同而有所差异。肉的色泽对肉的营养价值并无多大影响，但在某种程度上影响食欲和商品价值。如果是疾病或微生物引起的色泽变化则影响肉的卫生质量。

1. 色泽的构成

肉的颜色本质上是由肌红蛋白（Mb）和血红蛋白（Hb）产生的。肌红蛋白为肉自身的色素蛋白，肉色的深浅与其含量多少有关。血红蛋白存在于血液中，对肉颜色的影响视放血程度而定。在肉中血液残留多则血红蛋白含量亦多，肉色深。放血充分肉色正常，放血不充分或不放血（冷宰）的肉色深且暗。肌红蛋白本身为紫红色，与氧结合可生成氧合肌红蛋白，为鲜红色，是新鲜肉的象征；肌红蛋白和氧合肌红蛋白均可以被氧化生成高铁肌红蛋白，呈褐色，使肉色变暗；肌红蛋白与亚硝酸盐反应可生成亚硝基肌红蛋白，呈亮红色，是腌肉加热后的典型色泽。

肌红蛋白、氧合肌红蛋白和高铁肌红蛋白之间的转化见图 2-3。

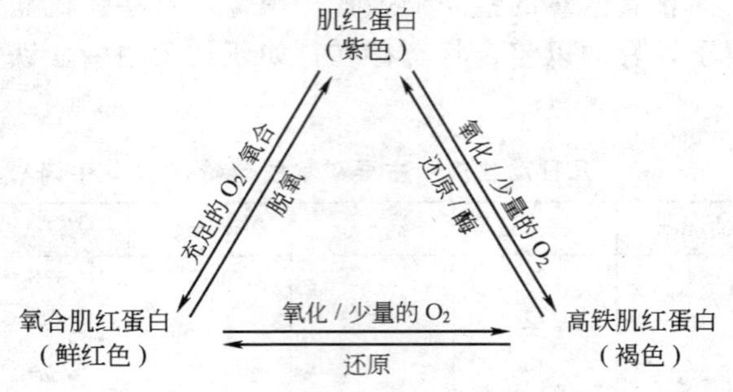

图 2-3 肌红蛋白、氧合肌红蛋白和高铁肌红蛋白之间的转化

2. 色泽的变化

影响肌肉色泽变化的因素除了与肌红蛋白含量有关外，还与环境中的氧含量、湿度、温度、pH、微生物有关。

(1) 氧含量

环境中氧的含量决定了肌红蛋白是形成氧合肌红蛋白还是高铁肌红蛋白，从而直接影响到肉的颜色。

(2) 湿度

环境中湿度大，则氧化得慢，因在肉表面有水汽层，影响氧的扩散。如果湿度低并空气流速快，则加速高铁肌红蛋白的形成，使肉色变褐快。如牛肉在8℃冷藏时，相对湿度为70%，2d变褐；相对湿度为100%，4d变褐。

(3) 温度

环境温度高促进氧化，温度低则氧化缓慢。如牛肉3～5℃储藏9d变褐，0℃时储藏18d才变褐。因此，为了防止肉变褐氧化，尽可能在低温下储藏。

(4) pH

动物在宰前糖原消耗过多，尸僵后肉的极限pH高，易出现生理异常肉。如牛易出现DFD肉，这种肉颜色较正常肉深暗。而猪则易引起PSE肉，使肉色变得苍白。

(5) 微生物

肉储藏时受微生物污染后，因微生物分解蛋白质使肉色污浊；被霉菌污染的肉表面形成白色、红色、绿色、黑色等色斑或发出荧光。

3. 色泽异常肉的特征

色泽异常肉的出现主要是病理因素（如黄疸、白肌病）、腐败变质、冻结、色素代谢障碍等因素造成。

(1) 黄脂肉

黄脂俗称黄膘，其特征为皮下或腹腔脂肪组织发黄，质地变硬，稍呈浑浊，其他组织不发黄。一般认为是由于长期饲喂黄色玉米、鱼粉、蚕蛹粕、鱼肝油下脚料、南瓜、胡萝卜等有黄色的饲料和动物机体内的色素代谢机能失调而引起的。黄脂肉有放置越久颜色越淡的特点。

(2) 黄疸肉

黄疸是由于动物机体发生溶血性疾病或某些中毒和传染病，导致胆汁排泄发生障碍，致使大量胆红素进入血液、组织液，将全身各组织染成黄色的结果。其特征是不仅皮下和腹腔脂肪组织呈现黄色，而且皮肤、黏膜、结膜、关节滑液囊液、组织液、血管内膜、肌腱，甚至实质器官，均呈现程度不同的黄色，尤其是皮肤、关节滑液囊液、血管内膜和肌腱的黄染明显，在黄疸与黄脂的鉴别上具有重要意义。黄疸肉有放置越久颜色越黄的特点。

(3) 红膘肉

红膘是指粉红色的皮下脂肪。它是由于皮下脂肪的毛细血管充血、出血或血红素浸润而引起的。一般认为与感染急性猪丹毒，猪肺疫和猪副伤寒，或者背部皮肤受到冷、热等机械性刺激有关。急性猪丹毒和猪肺疫病例，除皮下脂肪发红外，皮肤也同时呈现红色。

(4) 白肌肉

亦称PSE肉（Pale，soft，Exudative Porcine Musculure）。PSE肉以猪肉最为常见，其

特征为：肉色淡白、质地松软、有汁液渗出。PSE 猪肉的发生主要是由于宰前运输、拥挤以及捆绑等刺激因素，引起猪产生应激反应，表现为肌肉强直，机体缺氧，肌糖原酵解过多。PSE 肉除表现苍白、质软、液体渗出外，还表现折光性强，透明度高，严重者甚至透明变性、坏死。肌肉缺乏脂肪组织，肌组织结合不良，严重者如烂肉样，手指易插入，缺乏弹性和黏滞性，明显水肿，肌膜常见有小出血点，淋巴结肿大、出血。

(5) 白肌病肉

白肌病的特征是心肌和骨骼肌发生变性和坏死，病变常发生于负重较大的肌肉。发生病变的骨骼肌呈白色条纹或斑块，严重的整个肌肉呈弥漫性黄白色，切面干燥，似鱼肉样外观，常呈左右两侧肌肉对称性损害。白肌病发生的原因，一般认为是饲料中缺乏维生素 E 或硒而引起的一种营养性代谢病。

(6) DFD (Dark，Firm，Dry Musculure) 肉

DFD 肉常见于牛肉。其特征表现为：肌肉的颜色异常深，呈暗红色，质地硬实，切面干燥；这种肉的持水能力较强，切割时无汁液渗出。由于 DFD 肉 pH 接近中性，保水力较强，适宜细菌的生长繁殖，不利于保存。DFD 肉发生原因主要是牲畜在屠宰前所受的应激强度较小而时间较长，肌糖原的消耗多，而肌肉产生的乳酸少，且被呼吸性碱中毒时产生的碱所中和所致。

二、肉的风味

肉的风味指的是生鲜肉的气味和加热后肉制品的香气和滋味。生肉一般只有咸味、金属味和血腥味。当肉加热后，前体物质反应生成各种呈味物质，赋予肉以滋味和芳香味。

1. 风味的构成

肉的风味由肉的滋味和香味组合而成。滋味的呈味物质是非挥发性的，主要靠人的舌面味蕾（味觉器官）感觉，经神经传导到大脑反应出味感；香味的呈味物质主要是挥发性的芳香物质，主要靠人的嗅觉细胞感受，经神经传导到大脑产生芳香感觉。如果是异味物，则会产生厌恶感和臭味的感觉。风味物质都是肉中固有成分经过复杂的生物化学变化，产生各种有机化合物所致。其特点是成分复杂多样，含量甚微，用一般方法很难测定，除少数成分外，多数无营养价值，不稳定，加热易破坏和挥发。

(1) 滋味物质

从表 2-5 可看出肉中的一些非挥发性物质与肉滋味的关系，其中甜味来自葡萄糖、核糖和果糖等；咸味来自一系列无机盐和谷氨酸盐及天门冬氨酸盐；酸味来自乳酸和谷氨酸等；苦味来自一些游离氨基酸和肽类，鲜味来自谷氨酸钠（MSG）以及核苷酸（IMP）等。另外 MSG、IMP 和一些肽类除给肉以鲜味外，同时还有增强以上四种基本味的作用。

表 2-5　肉的滋味物质

滋味	化合物
甜	葡萄糖、果糖、核糖、甘氨酸、丝氨酸、苏氨酸、赖氨酸、脯氨酸、羟脯氨酸
咸	无机盐、谷氨酸钠、天冬氨酸钠
酸	天冬氨酸、谷氨酸、组氨酸、天冬酰胺、琥珀酸、乳酸、二氢吡咯羧酸、磷酸
苦	肌酸、肌酐酸、次黄嘌呤、鹅肌肽、肌肽、其他肽类、组氨酸、精氨酸、蛋氨酸、缬氨酸、亮氨酸、异亮氨酸、苯丙氨酸、色氨酸、酪氨酸
鲜	MSG、5′-IMP、5′-GMP，其他肽类

(2) 芳香物质

生肉不具备芳香性，烹调加热后一些芳香前体物质经脂肪氧化、美拉德反应以及硫胺素降解产生挥发性物质，赋予熟肉芳香性。据测定，芳香物质的 90%来自于脂质反应，其次是美拉德反应，硫胺素降解产生的风味物质比例最小。虽然后两者反应所产生的风味物质在数量上不到 10%，但并不能低估它们对肉风味的影响，因为肉风味主要取决于最后阶段的风味物质，另外对芳香的感觉并不绝对与数量呈正相关。

2. 风味的产生途径

肉风味物质的特性、来源及产生途径见表 2-6

表 2-6　肉风味物质的特性、来源及产生途径

化合物	特性	来源	产生途径
羰基化合物(醛、酮)	脂溶　挥发性	鸡肉和羊肉的特有香味、水煮猪肉、浅烤猪肉	脂肪氧化、美拉德反应
含氧杂环化合物(呋喃和呋喃类)	水溶　挥发性	煮猪肉、煮牛肉、炸鸡、烤鸡、烤牛肉	V_{B_1} 和 V_C 与碳水化合物的热降解、美拉德反应
含氮杂环化合物(吡嗪、吡啶、吡咯)	水溶　挥发性	浅烤猪肉、炸鸡、高压煮牛肉、煮猪肝	美拉德反应、游离氨基酸和核苷酸加热形成
含氧、氮杂环化合物(噻唑、恶唑)	水溶　挥发性	浅烤猪肉、煮猪肉、炸鸡、烤鸡、腌火腿	氨基酸和硫化氢的分解
含硫化合物(硫醇、噻吩、少量 H_2S)	水溶　挥发性	鸡肉基本味、鸡汤、煮牛肉、煮猪肉、烤鸡	含硫氨基酸热降解、美拉德反应
游离氨基酸、单核苷酸(肌苷酸、鸟苷酸)	水溶　挥发性	肉鲜味、风味增强剂	氨基酸衍生物
脂肪酸酯、内酯	脂溶　挥发性	种间特有香味、烤牛肉汁、水煮牛肉	甘油酯和磷脂水解、羟基脂肪酸环化

由表 2-6 中可见，肉风味化合物产生主要是以下四个途径。

(1) 美拉德反应

人们较早就知道将生肉汁加热就可以产生肉香味，通过测定成分的变化发现在加热过程中随着大量的氨基酸和绝大多数还原糖的消失，一些风味物质随之产生，这就是所谓的美拉德反应：氨基酸和还原糖反应生成香味物质。此反应较复杂，步骤很多，在大多数生物化学和食品化学书中均有叙述，此处不再一一列出。

(2) 脂质氧化

脂质氧化是产生风味物质的主要途径，不同种类风味的差异也主要是由于脂质氧化产物不同所致。肉在烹调时的脂肪氧化（加热氧化）原理与常温脂肪氧化相似，但加热氧化由于热能的存在使其产物与常温氧化大不相同。总的来说，常温氧化产生酸败味，而加热氧化产生风味物质。禽肉风味受脂肪氧化产物影响最大，其中最主要的是不饱和醛类物质。纯正的牛肉和猪肉风味来自于瘦肉，受脂肪影响很小。

(3) 硫胺素降解

肉在烹调过程中有大量的物质发生降解，其中硫胺素（维生素 B_1）降解所产生的 H_2S（硫化氢）对肉的风味，尤其是牛肉味的生成至关重要。H_2S 本身是一种呈味物质，更重要的是它可以与呋喃酮等杂环化合物反应生成含硫杂环化合物，赋予肉强烈的香味，其中 2-甲基-3-呋喃硫醇被认为是肉中最重要的芳香物质。

(4) 腌肉风味

亚硝酸盐是腌肉的主要特色成分，它除了具有发色作用外，对腌肉的风味也有重要影响。亚硝酸盐（抗氧化剂）抑制了脂肪的氧化，所以腌肉体现了肉的基本滋味和香味，减少了脂肪氧化所产生的具有种类特色的风味以及过热味（WOF）。

3. 影响风味的因素

对肉的风味能产生影响的因素及其作用列于表 2-7。

表 2-7 影响肉风味的因素

因素	影响
年龄	年龄越大，风味越浓
物种	物种间风味差异很大，主要由脂肪酸组成上差异造成；物种间除风味外还有特征性异味，如羊膻味、猪味、鱼腥味等
性别	未去势公猪，因性激素缘故，有强烈异味，公羊膻腥味较重，牛肉风味受性别影响较小
脂肪	风味的主要来源之一
氧化	氧化加速脂肪产生酸败味，随温度增加而加速
饲料	饲料中鱼粉腥味、豆粕、蚕饼、牧草等味，均可带入肉中
腌制	抑制脂肪氧化，有利于保持肉的原味
细菌繁殖	产生不良气味或腐败味
疾病	屠畜宰前患有某些疾病，可使肉带特殊的气味
药物	屠畜宰前被灌服或注射过具有芳香气味或其他异常气味药物，可使肉带有药物的气味
储藏	肉在不良环境储藏和在带有挥发性物质如葱、鱼、药物等混合储藏，会吸收外来异味

三、肉的嫩度

肉的嫩度是肉的主要食用品质之一，它是消费者评定肉质优劣的最常用的指标。

1. 嫩度的概念

肉的嫩度是指肉在食用时口感的老嫩程度，是对肌肉各种蛋白质结构特性的总体概括。肉的嫩度总结起来包括以下四方面的含义。

① 肉对舌或颊的柔软性。即当舌头与颊接触肉时产生的触觉反应。肉的柔软性变动很大，从软糊糊的感觉到木质化的结实程度。

② 肉对牙齿压力的抵抗性。即牙齿插入肉中所需的力。有些肉硬得难以咬动，而有的柔软得几乎对牙齿无抵抗性。

③ 咬断肌纤维的难易程度。指牙齿切断肌纤维的能力，首先，要咬破肌外膜和肌束，因此，这与结缔组织的含量和性质密切有关。

④ 嚼啐程度。用咀嚼后肉渣剩余的多少以及咀嚼后到下咽时所需的时间来衡量。

2. 影响肌肉嫩度的因素

影响肌肉嫩度的实质主要是结缔组织的含量与性质及肌原纤维蛋白的化学结构状态。它们受一系列的因素影响而变化，从而导致肉嫩度的变化。影响肌肉嫩度的宰前因素也很多，主要因素见表 2-8。

3. 肉的嫩化技术

（1）电刺激

对动物胴体进行电刺激有利于改善肉的嫩度，这主要是因为电刺激引起肌肉痉挛性收缩，导致肌纤维结构破坏，同时电刺激可加速家畜宰后肌肉的代谢速率，使肌肉尸僵发展加快，成熟时间缩短。

表 2-8 影响肉嫩度的主要因素

因 素	影 响
品种	不同品种的畜禽肉在嫩度上有一定差异
年龄	年龄越大,肉亦越老
性别	公畜肉一般较母畜和腌畜肉老
运动	一般运动多的肉较老
肌肉部位	肌肉部位不同,嫩度差异很大,源于其中的结缔组织的量和质不同所致
大理石纹	与肉的嫩度有一定程度的正相关
僵直	动物宰后将发生死后僵直,此时肉的嫩度下降
解冻僵直	导致嫩度下降,损失大量水分
成熟	僵直过后,成熟肉的嫩度得到回复,嫩度改善
电刺激	可改善嫩度
热处理	加热对肌肉嫩度有双重效应,它既可以使肉变嫩,又可使其变硬,这取决于加热的温度和时间

(2) 酶解

利用蛋白酶类可以嫩化肉,常用的酶为植物蛋白酶,主要有木瓜蛋白酶、菠萝蛋白酶和无花果蛋白酶,商业上使用的嫩肉粉多为木瓜蛋白酶。酶对肉的嫩化作用主要是对蛋白质的裂解所致,所以使用时应控制酸的浓度和作用时间,如酶解过度,则食肉会失去应有的质地并产生不良的味道。

(3) 酸渍

将肉在酸性溶液中浸泡可以改善肉的嫩度,据试验,溶液 pH 介于 4.1～4.6 时嫩化效果最佳,用酸性红酒或醋来浸泡肉较为常见,它不但可以改善嫩度,还可以增加肉的风味。

(4) 碱渍

用肉质量的 0.4%～1.2%的碳酸氢钠或碳酸钠溶液对牛肉进行注射或浸泡处理,可以显著提高 pH 和保水能力,肉的嫩度提高。同时降低烹饪损失,改善熟肉制品的色泽。

(5) 加压

给肉施加高压可以破坏肉的肌纤维中亚细胞结构,使大量 Ca^{2+} 释放,同时也释放组织蛋白酶,使得一些结构蛋白质被水解,从而导致肉的嫩化。

4. 嫩度的评定

对肉嫩度的主观评定主要根据其柔软性、易碎性和可咽性来判定。柔软性即舌头和颊接触肉时产生触觉,嫩肉感觉软糊而老肉则有木质化感觉;易碎性,指牙齿咬断肌纤维的难易程度,嫩度很好的肉对牙齿无多大抵抗力,很容易被嚼碎;可咽性可用咀嚼后肉渣剩余的多少及吞咽的容易程度来衡量。

对肉嫩度的客观评定是借助于仪器来衡量切断力、穿透力、咬力、剁碎力、压缩力、弹力和拉力等指标,而最通用的是切断力,又称剪切力。即用一定钝度的刀切断一定粗细的肉所需的力量,单位为 kg。一般来说如剪切力值大于 4kg 的肉就比较老了,难以被消费者接受。剪切力值越大肉就越老,反之则越嫩。

四、肉的保水性

1. 保水性的概念

所谓保水性,是指肌肉在一系列加工处理过程中(例如压榨、加热、切碎、斩拌)能保持自身或所加入水分的能力。肉的保水性是一项重要的肉质性状,这种特性与肉的嫩度、多汁性和加热时的液汁渗出等有关，对肉品加工的质量和产品的数量都有很大影响。

肌肉的水分含量为70%～80%，大部分是游离状态。保水性实质上是肌肉蛋白质形成的网状结构、单位空间及物理状态捕获水分的能力。捕获水量越多，保水性越大。度量肌肉的保水性主要指存在于细胞内、肌原纤维及膜之间的不易流动水，它取决于肌原纤维蛋白质的网状结构及蛋白质所带的静电荷的多少。蛋白质处于膨胀胶体状态时，网状空间大，保水性就高；反之处于紧缩状态时，网状空间小，保水性就低。保水性可以用下列数值来表示：

$$保水性=\frac{含水量-游离水量}{含水量}\times 100\%$$

2. 影响保水性的因素

(1) 动物因素

畜禽种类、年龄、性别、饲养条件、肌肉部位及屠宰前后处理等，对肉保水性都有影响。兔肉的保水性最佳，依次为牛肉、猪肉、鸡肉、马肉。就年龄和性别而论，去势牛＞成年牛＞母牛，幼龄牛＞老龄牛，成年牛随体重增加而保水性降低。试验表明：猪的冈上肌保水性最好，依次是胸锯肌＞腰大肌＞半膜肌＞股二头肌＞臀中肌＞半键肌＞背最长肌。其他骨骼肌较平滑肌为佳，颈肉、头肉比腹部肉、舌肉的保水性好。

(2) 肌肉成熟度

处于尸僵期的肉，当pH降至5.4～5.5，达到了肌原纤维的主要蛋白质肌球蛋白的等电点，即使没有蛋白质的变性，其保水性也会降低。此外，由于ATP的丧失和肌动球蛋白的形成，使肌球蛋白和肌动蛋白间有效空隙大为减少，使其保水性也大为降低。肌浆蛋白质在高温、低pH的作用下沉淀到肌原纤维蛋白质之上，进一步影响了后者的保水性。处于成熟期的肉，僵直逐渐解除，肉的水合性徐徐升高。一种原因是由于蛋白质分子分解成较小的单位，从而引起肌肉纤维渗透压增高所致；另一种原因可能是引起蛋白质净电荷（实效电荷）增加及主要价键分裂的结果。使蛋白质结构疏松，并有助于蛋白质水合离子的形成，因而肉的保水性增加。

(3) pH

pH对保水性的影响实质是蛋白质分子的静电荷效应。对肉来讲，净电荷如果增加，保水性就得以提高；净电荷减少，则保水性降低。当pH在5.0左右时，保水性最低。保水性最低时的pH几乎与肌动球蛋白的等电点一致。如果稍稍改变pH，就可引起保水性的很大变化。当pH＞等电点，可提高系水力；当pH＜等电点时，使系水力下降。任何影响肉pH变化的因素或处理方法均可影响肉的保水性，尤以猪肉为甚。在肉制品加工中常用添加磷酸盐的方法来调节pH至5.8以上，以提高肉的保水性。

(4) 无机盐

一定浓度食盐具有增加肉保水能力的作用。这主要是因为食盐能使肌原纤维发生膨胀。肌原纤维在一定浓度食盐存在下，大量氯离子被束缚在肌原纤维间，增加了负电荷引起的静电斥力，导致肌原纤维膨胀，使保水力增强。另外，食盐腌肉使肉的离子强度增高，肌纤维蛋白质数量增多。在这些纤维状肌肉蛋白质加热变性的情况下，将水分和脂肪包裹起来凝固，使肉的保水性提高。磷酸盐能结合肌肉蛋白质中的Ca^{2+}、Mg^{2+}，使蛋白质的羰基被解离出来，由于羰基间负电荷的相互排斥作用使蛋白质结构松弛，提高了肉的保水性。

(5) 加热

肉加热时保水能力明显降低，加热程度越高保水力下降越明显。这是由于蛋白质的热变性作用，使肌原纤维紧缩，空间变小，不易流动水被挤出。肌球蛋白是决定肉的保水性的重要成分，但肌球蛋白对热不稳定，其凝固温度为42～51℃，在盐溶液中30℃就开始变性。肌球蛋白过早变性会使其保水能力降低。聚磷酸盐对肌球蛋白变性有一定的抑制作用，可使肌肉蛋白质的保水能力稳定。

3. 保水性的测定

（1）加压力称重法

此法通过施加一定的压力测定被压出水分的质量。一般使用35kgf测定肌肉失水率，失水率越高系水力越低，反之则高。具体方法：宰后2h内，取第1～2腰椎背最长肌，切1.0cm厚的薄片，再用直径为2.52cm圆形取样品（面积$5cm^2$）取样，称重，上下各垫18层滤纸或36层卫生纸，然后用允许膨胀压缩仪加压35kgf持续3min，撤除压力后称取肉样重。

$$失水率=\frac{压前肉样重-压后肉样重}{压前肉样重}\times 100\%$$

如需测系水力，需进一步测肌肉含水量。

$$系水力=\frac{肌肉含水量-肉样被压出水量}{肌肉含水量}\times 100\%$$

（2）加压滤纸法

此法测定一定压力下被滤纸吸收的水分。具体方法：将一片6cm×6cm滤纸放在有机玻璃板上，取0.2～0.4g肉样放在滤纸的中央，再用一块有机玻璃板压在上面，施加50kgf压力，5min后，移去上板，用铅笔画出肉样圈和压出水渍圈，用求积仪或其他方法测出肉样和水渍的面积，水渍的面积减去肉样的面积所得的值与失水的多少呈正相关。肉样面积（分子）与水渍面积（分母）的比值代表了肌肉的系水能力，比值越大系水力越高，反之则越低。

（3）离心法

此法将肉样离心，部分水分在离心力的作用下脱离肉样，计量离心前后肉样的质量，可测出失水率。具体方法：精确称取3～4g肉样，高速离心（60000r/min）30min后，用镊子取出肉样，并用吸水纸吸取表面水分后称重，失去的水分为离心前和离心后肉样质量之差。如用低速离心，需要在离心管底部放置一些小的玻璃球，以使离心出的水分与肉样分开，防止离心结束后水分被肉样吸回。

除以上方法外，还可通过测定肉样的滴水损失、熟肉率来反映烹调过程中水分的损失。

五、肉的其他性状

1. 肉的比热容

肉的比热容为1kg肉升降1℃所需的热量。它受肉的含水量和脂肪含量的影响，含水量多比热容大，其冻结或溶化热增高，肉中脂肪含量多则相反。

2. 肉的冰点

肉的冰点是指肉中水分开始结冰的温度，也叫冻结点。它取决于肉中盐类的浓度，浓度越高，冰点越低。纯水的冰点为0℃，肉中含水分70%～80%，并且有各种盐类，因此冰点低于水。一般猪肉、牛肉的冻结点为-1.2～-0.6℃。

3. 肉的热导率

肉的热导率是指肉在一定温度下，每小时每米传导的热量，以kJ计。热导率受肉的组织结构、部位及冻结状态等因素影响，很难准确地测定。肉的热导率大小决定肉冷却、冻结及解冻时温度升降的快慢。肉的热导率随温度下降而增大。因冰的热导率比水大 4 倍，因此，冻肉比鲜肉更易导热。

第三节　肉的宰后变化

刚屠宰后的畜禽肉一般不宜立即食用，因为这时的肉吃起来粗糙，缺乏风味。在一定温度下放置一定的时间，使肉发生一系列的生物化学变化，从而使肉的适口性和风味都得到改善，这时食用是比较科学的。这个过程肌肉发生了僵直、解僵、成熟等变化。若成熟后的肉保藏不当，肉的质量随之下降，在所污染的微生物的作用下还会发生腐败，以致不能食用。

一、肉的僵直

屠宰后的畜禽肉，随着肌糖原酵解和各种生化反应的进行，肌纤维发生强直性收缩，使肌肉失去弹性，变得僵硬，这种状态称为肉的僵直。

1. 僵直机理

动物死亡后，呼吸停止，肌糖原不能完全氧化生成 CO_2 和 H_2O，而是无氧酵解后生成乳酸。在正常有氧条件下，每个葡萄糖单位可氧化生成 36 或 38 个 ATP，而在无氧条件下只能生成 2 个 ATP，因而供给肌肉的 ATP 急剧减少。

由于肌肉中 ATP 的减少，肌纤维的肌质网体崩裂，其内部保存的 Ca^{2+} 释放出来，使肌浆中 Ca^{2+} 的浓度增高，促使粗丝中的肌球蛋白 ATP 酶的活化，加快了 ATP 的分解，因而促使 Mg-ATP 复合体的解离。肌球蛋白纤维粗丝和肌动蛋白纤维细丝结合成肌动球蛋白，但在这种情况下，由于 ATP 的不断减少，反应变为不可逆性，则引起肌纤维永久性的收缩，因而肌肉表现为僵直。

2. 僵直肉的特点

(1) pH 降低

畜禽被屠宰后，中断了肌肉中氧气的供应，因而肌糖原只能进行无氧酵解，酵解产物为乳酸，使肌肉的 pH 下降，趋于酸性。当 pH 下降到一定界限时（pH5.6～6.0），肌糖原酵解酶的活性逐渐失去，而无机磷酸化酶的活性则大大增强，开始促使 ATP 迅速分解，产生磷酸，则使肉的 pH 继续下降至 5.4 左右。肉的 pH 下降对微生物，特别是对细菌的繁殖有抑制作用，使肉的耐藏性提高。从这个意义上来说，宰后肌肉 pH 的下降，对肉的品质保持有十分重要的意义。

(2) 保水性降低

肌肉在僵直阶段，肌糖原分解产生的乳酸和 ATP 分解时释放的磷酸，共同形成肉的酸性介质。这种酸性介质不仅能使最初中性或微碱性的肉出现酸性反应，还显著地影响着肌肉蛋白质的生化性质和胶体结构，从而降低肉的保水性能。在不同的 pH 时，蛋白质对水的亲和力不同。肌肉 pH 为 7 时，其含水量为肌肉本身等容积，pH 为 6 时，含水量为肌肉容积的 50%，pH 为 5 时，含水量为肌肉容积的 25%。

(3) 适口性差

处于僵直期的肉，肌纤维强韧，保水性低，肉质坚硬、干燥、缺乏弹性，嫩度降低。这种肉在加热炖煮时于不易转化成明胶，使肉粗糙硬固，不易咀嚼和消化；肉汤也较浑浊，风味不佳，食用价值及滋味都差。因此，处于僵直期的肉不宜烹调食用。

3. 影响肉僵直的因素

肌肉僵直出现的早晚和持续时间的长短与动物种类、年龄、环境温度、生前状态和屠宰方法有关。不同种类动物从死后到开始僵直的速度，一般来说，鱼类最快，依次为禽类、马、猪、牛。一般动物于死后1～6h开始僵直，到10～20h达最高峰，至24～48h僵直过程结束，肉开始缓慢变软进入成熟阶段。

肌肉僵直所需时间，受多种条件和因素的影响，如肌糖原含量、ATP含量、环境温度、pH等。肌肉僵直的速度与ATP量密切相关，ATP减少的速度越快，僵直的速度亦越快。而肌糖原含量直接影响ATP生成量，对于生前处于患病、饥饿、过度疲劳的动物，宰后肌肉中糖原含量明显减少，则ATP生成量更少，可大大缩短僵直期。环境温度越高，酶活性越强，肉僵直期出现越早，且维持时间短；反之，僵直越慢，持续时间也越长。

二、肉的解僵与成熟

解僵指肌肉在宰后僵直达到最大程度并维持一段时间后，其僵直缓慢解除、肉的质地变软的过程。解僵所需要的时间因动物、肌肉、温度以及其他条件不同而异。在0～4℃的环境温度下，鸡需要3～4h，猪需要2～3d，牛则需要7～10d。

成熟是指尸僵完全的肉在冰点以上温度条件下放置一定时间，使其僵直解除、肌肉变软、系水力和风味得到很大改善的过程。肉的成熟过程实际上包括肉的解僵过程，两者所发生的许多变化是一致的。

1. 成熟机理

（1）肌原纤维小片化

刚屠宰后的肌原纤维和活体肌肉一样，是10～100个肌节相连的长纤维状，而在肉成熟时则断裂为1～4个肌节相连的小片状（见图2-4）。

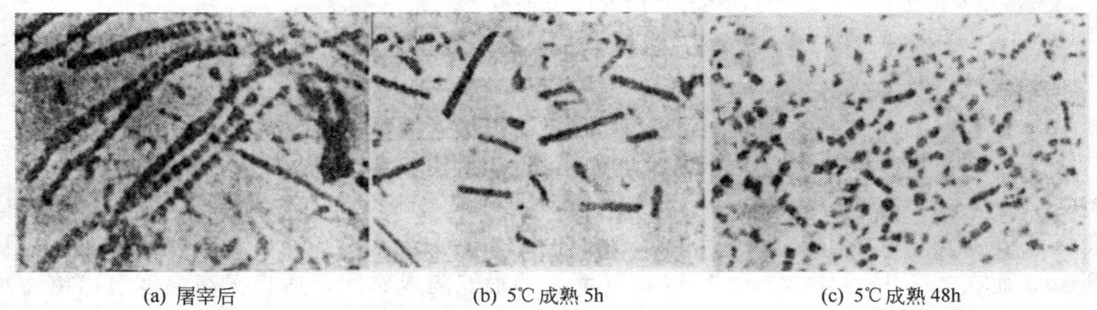

(a) 屠宰后　　(b) 5℃成熟5h　　(c) 5℃成熟48h

图2-4　成熟过程中肌原纤维（鸡胸肉）的小片化

（2）结缔组织的变化

肌肉中结缔组织的含量虽然很低（占总蛋白的5%以下），但是由于其性质稳定、结构特殊，在维持肉的弹性和强度上起着非常重要的作用。在肉的成熟过程中胶原纤维的网状结构逐渐松弛，由规则、致密的结构变成无序、松散的状态［图2-5（a）、（b）］。同时，存在于胶原纤维间以及胶原纤维上的黏多糖被分解，这可能是造成胶原纤维结构变化的主要原因。胶原纤维结构的变化，直接导致了胶原纤维剪切力的下降，从而使整个肌肉的嫩度得以改善。

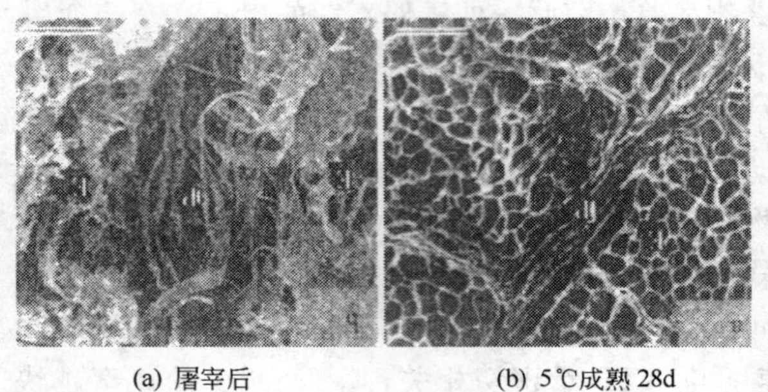

(a) 屠宰后　　(b) 5℃成熟28d

图 2-5　成熟过程中结缔组织结构变化（牛肉）

（3）蛋白质的变化

肉成熟时，肌肉中许多酶类对某些蛋白质有一定的分解作用，从而促使成熟过程中肌肉中盐溶性蛋白质的浸出性增加。伴随肉的成熟，蛋白质在酶的作用下，肽链解离，使游离的氨基增多，肉水合力增强，变得柔嫩多汁。

（4）风味的变化

肉成熟过程中改善肉风味的物质主要有两类，一类是 ATP 的降解物次黄嘌呤核苷酸(IMP)，另一类则是组织蛋白酶类的水解产物——氨基酸。随着成熟，肉中浸出物和游离氨基酸的含量增加，它们都具有增加肉的滋味或有改善肉质香气的作用。

2. 成熟肉的特征

① 胴体或大块肉表面形成一层干燥薄膜，既可防止肉的水分蒸发，减少干耗，又可阻止微生物的侵入。

② 肉的横断面有肉汁渗出，切面湿润。

③ 肌肉柔软，具有一定的弹性。

④ 肉汤澄清透明，脂肪团聚于表面，具有特殊香味。

⑤ 呈酸性反应。

3. 影响肉成熟的因素

（1）温度

温度对嫩化速度影响很大，它们之间成正相关。在 0～40℃范围内，每增加 10℃，嫩化速度提高 2.5 倍。当温度高于 60℃后，由于有关酶类蛋白变性，导致速度迅速下降，所以加热烹调就终断了肉的嫩化过程。据测试，牛肉在 1℃完成 80％的嫩化需 10d，在 10℃缩短到 4d，而在 20℃只需要 1.5d。所以在卫生条件很好的成熟间，适当提高温度可以缩短成熟期。

（2）电刺激

在肌肉僵直发生后进行电刺激可以加速僵直发展，嫩化也随着提前，尽管电刺激不会改变肉的最终嫩化程度，但电刺激可以使嫩化加快，减少成熟所需要的时间，如一般需要成熟 10d 的牛肉，应用电刺激后则只需要 5d。

（3）机械作用

肉成熟时，将跟腱用钩挂起，此时主要是腰大肌受牵引。如果将臀部挂起，不但腰大肌短缩被抑制，而且半腱肌、半膜肌、背最长肌短缩均被抑制，可以得到较好的嫩化效果。

三、肉的腐败

肉的腐败主要是在腐败微生物的作用下，引起蛋白质和其他含氮物质的分解，并形成有毒和不良气味等多种分解产物的化学变化过程。

1. 腐败机理

肉的腐败主要是以蛋白质分解为特征的。肉在成熟阶段的分解产物，为腐败微生物生长、繁殖提供了良好的营养物质，随着时间推移，微生物大量繁殖的结果，必然导致肉更复杂的分解。蛋白质在腐败微生物的蛋白分解酶和肽链内切酶等的作用下，首先分解为多肽，进而形成氨基酸，然后在相应酶的作用下，氨基酸经过脱氨基、脱羧基、氧化还原等作用，进一步分解为各种有机胺类、有机酸以及 CO_2、NH_3、H_2S 等无机物质，肉即表现出腐败特征。蛋白质在微生物作用下分解成蛋白胨和多肽类，两者与水形成黏稠状物而附在肉的表面，加热时进入肉汤，使肉汤变得混浊，可作为鉴别肉新鲜度的指标之一。

肉类腐败变质，除蛋白质的分解而产生恶臭味等变化以外，构成肉类食品的其他化学成分，如脂类、糖类也同时受微生物酶的分解作用，生成各种类型的低级产物。脂类可在酶的影响下分解，如脂肪被水解生成甘油、甘油二酯或甘油一酯以及相应脂肪酸；也会被氧化形成过氧化物，再分解为低分子酸与醇、酯等，过氧化物也可直接分解为羧酸。又如磷脂类被酶解后，形成脂肪酸、甘油、磷酸和胆碱。后者又进一步转化为三甲胺、二甲胺、甲胺、蕈毒碱和神经碱。糖类在相应酶的影响下，被水解后形成醛、酮、羧酸直至二氧化碳和水。

此外，鲜肉在腐败初始阶段，由于肌红蛋白被氧化为变性肌红蛋白，肉色就发黑，如果储存环境比较干燥适宜，变色的表面能形成羊皮纸状薄膜。腐败分解的生成物，如腐胺、硫化氢、吲哚和甲基吲哚都有强烈的令人厌恶的臭气，胺类还具有很大的生理毒性。

2. 腐败肉的特征

① 胴体表面非常干燥或者腻滑发黏。

② 表面呈灰绿色、污灰色、甚至黑色，新切面发黏发湿，呈暗红色、微绿色或灰色。

③ 肉质松软或软糜，指压后的凹陷完全不能恢复。

④ 肉的外表和深层都有显著的腐败气味。

⑤ 呈碱性反应。

⑥ 氨反应呈阳性。

复习思考题

1. 肉的食用品质指标及各自的特征是什么？
2. 色泽异常肉的特征是什么？
3. 肉风味物质产生的主要途径有哪些？
4. 肉的嫩化措施有哪些？
5. 肉的解僵与成熟各自有何特点？
6. 腐败肉的特征是什么？

第三章 肉的保鲜技术

【学习目标】

1. 了解肉的保鲜原理。
2. 掌握低温保鲜技术和肉的新鲜度评定方法。

第一节 肉的低温保鲜技术

一、低温保鲜的基本原理

1. 低温对微生物的作用

在畜禽的屠宰加工过程中，不可避免地会使畜禽肉受到一定数量的微生物（特别是细菌）的污染，这些微生物是引起畜禽肉腐败变质的主要原因。微生物和其他生物一样，只能在一定的温度范围内生长繁殖，这个温度范围的下限温度叫做微生物的零度温度，在这个温度以下微生物就处于被抑制状态，不能再进行生长繁殖了。微生物的零度温度，除嗜冷菌外，一般在0℃左右。常见的腐败菌和病原菌，在10℃以下时，其发育就被显著地抑制了；达到0℃附近，发育就基本停止了；达到冻结状态时，这些细菌就会慢慢地死亡。然而，对嗜冷菌来说，－5℃或－10℃才能达到零度温度。霉菌和酵母菌的零度温度也较低，霉菌的孢子即使在－8℃下也能出芽，酵母菌在－2.3℃时，其孢子也能出芽，有的酵母菌在－9℃亦能缓慢地发育。所以，为保证冷冻肉的安全，一般要将温度降至－10℃以下。

肉在冻结以后，肉内的水分就结成冰晶。在－3.5℃时，肉中水分约有70%结成冰，在－5℃时，有82%的水分结成冰，在－10℃时，约有94%的水分结成冰。在结冰情况下，水分就不能被微生物利用。在肉中水分结成冰的同时，微生物本身的水分也结成了冰，从而夺取了微生物生存和发育所需要的水分，使它们处于被抑制的状态。再者，微生物本身水分结成冰晶后，较大的冰晶还会对菌体内的结构有机械性的破坏作用。

然而，低温对细菌的致死作用是微小的，特别是一些耐低温的细菌，即使冷至－25℃也不会死亡。例如，结核分支杆菌在－10℃的冻肉中可存活2年，沙门菌在－163℃可存活3d。因此，决不能用冷冻作为带菌肉的无害化处理。冻肉解冻以后，存活的细菌又可很快繁殖起来，所以，解冻的肉应该在较低的温度下尽快加工利用。

2. 低温对酶的作用

低温对酶的活性有抑制作用，无论是肉中本身的酶，还是微生物生活过程中产生的酶。酶活性的最适宜温度一般为30～40℃。通常，温度下降10℃，酶活性要减弱1/3～1/2；当温度降至0℃时，酶的活性大部分受到抑制；当接近－20℃时，酶的活性就很弱了。这是低温下能够保藏肉类的又一重要原因。

然而，低温对酶的活性只能是抑制，而不能完全使其停止，只是作用缓慢而已。例如，脂肪酶在－35℃尚不失去活性，糖原酶在相同条件下也有活性作用，甚至达－79℃也不能被破坏。

3. 低温对寄生虫的作用

鲜猪肉、牛肉中常有旋毛虫、绦虫等寄生虫，用冻结的方法可将其杀灭。在使用冻结方法致死寄生虫时，要严格按照有关规程进行。杀死猪肉中旋毛虫的冷冻条件见表3-1。

表3-1　杀死猪肉中旋毛虫的冷冻温度及所需天数

冻结温度/℃	肉的厚度(15cm以内)	肉的厚度(15～68cm)
－15.0	20d	30d
－23.4	10d	20d
－29.0	6d	16d

二、肉的冷却与冷藏

1. 冷却的作用

冷却是指将温热鲜肉深层的温度快速降低到预定的适宜温度而又不使其结冰的过程。降温处理后的肉称为冷却肉。

屠宰加工后的畜禽肉，其温度在30℃以上，这样高的温度和潮湿的肉品，有利于酶的作用和微生物的生长繁殖。因此，应及时进行降温，以防发生自溶和腐败。

冷却可在短期内有效地保持畜禽肉新鲜度，同时也是肉的成熟过程。冷却肉的香味、外观和营养价值都很少变化。所以，冷却是短期储存畜禽肉的有效方法，同时也是采用两步冷冻的第一步。

冷却肉生产的基本原则是：首先是要求原料肉清洁；其次是要尽早和尽快冷却；最后是要在冷链下加工、储存和销售。

2. 冷却条件

(1) 温度

肉的冰点在－1℃左右，冷却终温以0～4℃左右为好。因而冷却间在进肉之前，应使空气温度保持在－4℃左右。在进肉结束之后，即使初始放热快，冷却间温度也不会很快升高，使冷却过程保持在0～4℃左右。对于牛肉、羊肉来说，在肉的pH尚未降到6.0以下时，肉温不得低于10℃，否则会发生冷收缩。

(2) 相对湿度（*Rh*）

冷却间的*Rh*对微生物的生长繁殖和肉的干耗起着十分重要的作用。在整个冷却过程中，水分不断蒸发，总水分蒸发量的50%以上是在冷却初期（最初1/4冷却时间内）完成的。因此在冷却初期，空气与胴体之间温差大，冷却速度快，*Rh*宜在95%以上；之后，宜维持在90%～95%之间；冷却后期*Rh*以维持在90%左右为宜。这种阶段性地选择相对湿度，不仅可缩短冷却时间，减少水分蒸发，抑制微生物大量繁殖，而且可使肉表面形成良好的皮膜，不致产生严重干耗，达到冷却目的。

(3) 空气流速

空气流动速度对干耗和冷却时间也极为重要。为及时把由胴体表面转移到空气中的热量带走，并保持冷却间温度和相对湿度均匀分布，要保持一定速度的空气循环。冷却过程中，空气流速一般应控制在0.5～1m/s，最高不超过2m/s，否则会显著提高肉的干耗。

3. 冷却方法

(1) 畜肉冷却的方法

目前国内外对冷却肉的加工方法主要采用一段冷却法、两段冷却法和超高速冷却法。

① 一段冷却法。在冷却过程中空气温度只有一种，即0℃或略低。国内的冷却方法是：进肉前冷却库温度先降到－1～－3℃，肉进库后开动冷风机，使库温保持在0～3℃，10h后稳定在0℃左右，开始时相对湿度为95%～98%，随着肉温下降和肉中水分蒸发强度的减弱，相对湿度降至90%～92%，空气流速为0.5～1.5m/s。猪胴体和四分体牛胴体约经20h，羊胴体约经12h，大腿最厚部中心温度即可达到0～4℃。

② 两段冷却法。第一阶段，空气的温度相当低，冷却库温度多在－10～－15℃，空气流速为1.5～3m/s，经2～4h后，肉表面温度降至0～－2℃，大腿深部温度在16～20℃左右。第二阶段空气的温度升高，库温为0～－2℃，空气流速为0.5m/s，10～16h后，胴体内外温度达到平衡，约2～4℃。两段冷却法的优点是干耗小，周转快，质量好，切割时肉流汁少。缺点是易引起冷缩，影响肉的嫩度，但猪肉脂肪较多，冷缩现象不如牛羊肉严重。

③ 超高速冷却法。库温－30℃，空气流速为1m/s，或库温－20～－25℃，空气流速5～8m/s，大约4h即可完成冷却。此法能缩短冷却时间，减少干耗，缩减吊轨的长度和冷却库的面积。

(2) 禽肉的冷却方法

禽肉的冷却方法很多，如用冷水、冰水或空气冷却等。在国内，一般小型家禽屠宰加工厂常采用冷水池冷却光禽，然后上市销售或送做加工禽肉制品。采用这种方法冷却时，应注意经常换水，保持冷水的清洁卫生，也可加入适量的漂白粉，以减少细菌污染。

在中型和较大型的家禽屠宰加工厂，一般采用空气冷却法。在冷却间，将光禽吊挂于钩上，禽体之间保持3～5cm的空隙，不能相互紧贴，更不能堆在一处，以使冷空气吹遍禽体。应用这种方法冷却时，进肉前库温降至－1～－3℃，肉进库后开动冷风机，使库温保持在0～3℃，相对湿度85%～90%，空气流速0.5～1.5m/s，经6～8h肉最厚部中心温度达2～4℃时，冷却即告结束。在冷却过程中，因禽体吊挂在挂钩上而下垂，往往引起变形，冷却后需人工整形，以保持外形丰满美观。

4. 冷却肉的冷藏

(1) 冷藏方法

冷却肉不能及时销售时，应移入冷藏间进行冷藏。冷却肉一般存放在－1～1℃的冷藏间(或排酸库)，一方面可以完成肉的成熟（或排酸），另一方面达到短期储藏的目的。冷藏期间温度要保持相对稳定，以不超出上述冷却温度范围为宜。进肉或出肉时温度不得超过3℃，相对湿度保持在90%左右，空气流速保持自然循环。

(2) 冷藏期

冷却肉的储藏期见表3-2。

表3-2　冷却肉的储藏条件和储藏期

品　名	温度/℃	相对湿度/%	储藏期/d
牛肉	－1.5～0	90	28～35
小牛肉	－1～0	90	7～21
羊肉	－1～0	85～90	7～14
猪肉	－1.5～0	85～90	7～14
全净膛鸡	0	80～90	7～11
腊肉	－3～1	80～90	30
腌猪肉	－1～0	80～90	120～180

（3）冷却肉在储藏期间的变化

冷却肉在储藏期间常见的变化有干耗、表面发黏和长霉、变色、变软等。在良好卫生条件下屠宰的畜肉初始微生物总数为 $10^3 \sim 10^4 cfu/cm^2$，其中1%～10%能在0～40℃下生长。发黏和长霉是常见的现象，先在表面形成块状灰色菌落，呈半透明，然后逐渐扩大成片状，表面发黏，有异味。防止或延缓肉表面长霉发黏的主要措施是尽量减少胴体最初污染程度和防止冷藏间温度升高。

三、肉的冻结与冻藏

冻结是将肉中所含的水分的部分或全部变成冰，且使肉深层温度降至－15℃以下的过程。冻结后的肉称为冻肉。冻肉能较长期储藏。

1. 冻结原理

当温度降到冰点时，肉中的水分逐渐由结晶核（结晶中心）形成结晶冰（水分子聚集在晶核的周围，形成晶格排列），最后形成大的冰晶体。整个冻结过程分三个阶段。

第一阶段：从肉的某一初温冷却到冰点，肉内的液体（包括组织液和肌细胞内液），都呈胶体状态，冰点较水的冰点低，在－1～－1.5℃，即开始形成冰晶。

第二阶段：温度从冰点降至－5℃，约有80%的水分形成冰晶，故称为最大冰晶生成带。肉如果在－4℃以下进行缓慢结冻，由于细胞外液可溶性物质比细胞内液少而先结冰，则肌细胞内的水分因周围渗透压的变小而渗透到肌细胞周围的结缔组织中，使结缔组织中的冰晶越来越大，肌细胞脱水变形。肉中冰晶大，往往造成肌细胞膜破损，解冻后使肉汁大量流失。冻结时，肉的局部还会发生盐类浓缩吸水现象，破坏蛋白质水化状态，而使水分、养分减少。因此，缓慢冻结不但会改变肉的组织学结构，也会降低营养价值。在－23℃下进行快速冻结，组织液和肌细胞内液同时结冻，形成的冰晶小而均匀，许多超微冰晶都位于肌细胞内。肉解冻后，大部分水分都能被再吸收而不致流失。所以，快速冻结较理想。

第三阶段：温度从－5℃继续下降，结冰量很少，降温速度陕，直到冷藏温度。

2. 冻结方法

（1）畜肉冻结

畜肉的冻结方法有两步冻结法、一次冻结法和超低温一次冻结法。

① 两步冻结法。鲜肉先行冷却，而后冻结。冻结时，肉应吊挂，库温保持－23℃，如果按照规定容量装肉，24h内便可能使肉深部的温度降到－15℃。这种方法能保证肉的冷冻质量，但所需冷库空间较大，结冻时间较长。

② 一次冻结法。肉在冻结时无需经过冷却，只需经过4h风凉，使肉内热量略有散发，沥去肉表面的水分，即可直接将肉放进冻结间，保持在－23℃下，冻结24h即成。这种方法可以减少水分的蒸发和升华，减少干耗1.45%，冻结时间缩短40%，但牛肉和羊肉会产生冷收缩现象。该法所需制冷量比两步冻结法约高25%。

③ 超低温一次冻结法。将肉放在－40℃冻结间中，只需数小时至10h，肉的中心温度达到－18℃即成。此法冻结后的肉，色泽好，冰晶小，解冻后的肉与鲜肉相似。

（2）禽肉冻结

禽肉的冻结一般是在空气介质中进行的，采用吊挂式强冷风冻结或搁架式低温冻结。

① 整理。屠宰加工之后的禽肉，在直接冻结前要进行塞嘴、包头和整形工作。这样不仅可以防止微生物从口腔中侵入，而且使光禽美观。整形通常是采用翻插腿翅法，即将双翅

从关节以下反贴在禽体的背部，双腿从关节以下向臀部反贴，使双胫对称，双脚趾蹼分开并贴身。

② 包装。用塑料袋包装光禽时，将装入塑料袋中的禽腹部朝上，一只手按住禽的胸口部位，另一只手伸入袋内，将两腿向胸部推，使其紧缩形成球状，然后将塑料袋上的图案摆正，将袋口拉起，使禽竖立，袋口绕紧后用玻璃纸胶带封口，再顺手在禽背上向胸口处推一下，把缩到尾部的皮肤推回原处，以防冻结后颈根发红。

③ 冻结。冻全禽时，没有包装的光禽大部分放在金属盘里吊挂冻结，脱盘后再镀冰衣冷藏。如果是塑料袋包装的，可放在带尼龙网的小车或吊篮上进行强冷风冻结。分割禽肉也采用金属盘吊挂冻结，然后脱盘包装。如果是搁架式冻结间，则将金属盘直接放在架管上，盘与盘之间应留有一定的距离。送入冻结间进行冻结的禽肉，应整批进入，一次进完。冻结期间避免再送进待冻结的鲜肉，否则会引起冻结间温度波动，影响产品质量。冻结间的空气温度一般为－23℃，空气相对湿度为85％～90％。当禽体最厚部肌肉中心温度达－16℃时，冻结即告结束，这一过程大约需12～18h。当前采用快速冻结工艺，即悬架连续输送式冻结装置，使吊篮在－28℃的冻结间连续缓慢运行，从不同角度受到冷风吹，只需3h左右，即可使禽肉中心温度达－16℃。快速冻结的禽肉质量好，外形美观，干耗小（低于1％），效益高。

3. 冻肉的冻藏

(1) 冻藏方法

冻结好的冻肉应及时转移至冷冻库冻藏。冻藏时，一般采用堆垛的方式，以节省冷冻库容积。堆垛的最底层用枕木垫起，垛与垛、垛与墙、垛与顶排管均应留有一定距离。堆垛时必须注意坚固、稳定和整齐，不同种类、不同等级的肉应分开堆放，不要混堆在一起。

冷冻库的温度应保持在－18℃，相对湿度为95％～100％，空气流动速度应以自然循环为宜。在冻藏过程中，冷冻库的温度不得有较大的波动。在正常情况下，一昼夜内温度升降的幅度不要超过1℃，温度大的波动会引起重结晶等现象，不利于冻肉的长期冻藏。

外地调运来的冻结肉，肉温偏高，如经测定肉的中心温度低于－8℃，可以直接入冷冻库，当高于－8℃时，需经过复冻结后，再入冷冻库。经过复冻的肉，在色泽和质量方面都有变化，不宜久存。

(2) 冻藏期

冻肉的冻藏期取决于冻藏温度、入库前的质量、种类、肥度等因素，其中主要取决于温度。在同一条件下，各类肉保存期的长短，依次为牛肉、羊肉、猪肉、禽肉。国际制冷学会规定的冻结肉类的保藏期见表3-3。

(3) 肉在冻结和冻藏期间的变化

各种肉类经过冻结和冻藏后，都会发生一些物理变化和化学变化，肉的品质受到影响。冻结肉的功能特性不如鲜肉，长期冻藏可使猪肉和牛肉的功能特性显著降低。

① 容积增加。水变成冰所引起的容积增加大约是9％，而冻肉由于冰的形成所造成的体积增加约为6％。肉的含水量越高，冻结率越大，则体积增加越多。在选择包装方法和包装材料时，要考虑到冻肉体积的增加。

② 干耗。肉在冻结、冻藏和解冻期间都会发生脱水现象。对于未包装的肉类，在冻结过程中，肉中水分大约减少0.5％～2％，快速冻结可减少水分蒸发。在冻藏期间质量也会减少。冻藏期间空气流速小，温度尽量保持不变，有利于减少水分蒸发。

表 3-3　冻结肉类的保藏期

品　　种	保藏温度/℃	保藏期/月	品　　种	保藏温度/℃	保藏期/月
牛肉	－12	5～8	猪肉	－23	8～10
牛肉	－15	8～12	猪肉	－29	12～14
牛肉	－24	18	猪肉片(烤肉片)	－18	6～8
包装肉片	－18	12	碎猪肉	－18	3～4
小牛肉	－18	8～10	猪大腿肉(生)	－23～－18	4～6
羊肉	－12	3～6	内脏(包装)	－18	3～4
羊肉	－12～－18	6～10	猪腹肉(生)	－23～－18	4～6
羊肉	－23～－18	8～10	猪油	－18	4～12
羊肉片	－18	12	兔肉	－23～－20	<6
猪肉	－12	2	禽肉(去内脏)	－12	3
猪肉	－18	5～6	禽肉(去内脏)	－18	3～8

③ 冻结烧。在冻藏期间由于肉表层冰晶的升华，形成了较多的微细孔洞，增加了脂肪与空气中氧的接触机会，最终导致冻肉产生酸败味，肉表面发生黄褐色变化，表层组织结构粗糙，这就是所谓的冻结烧。冻结烧与肉的种类和冻藏温度的高低有密切关系。禽肉脂肪稳定性差，易发生冻结烧。猪肉脂肪在－8℃下储藏 6 个月，表面有明显酸败味，且呈黄色，而在－18℃下储藏 12 个月也无冻结烧发生。采用聚乙烯塑料薄膜密封包装隔绝氧气，可有效地防止冻结烧。

④ 重结晶。冻藏期间冻肉中冰晶的大小和形状会发生变化。特别是冷冻库内的温度高于－18℃，且温度波动的情况下，微细的冰晶不断减少或消失，形成大冰晶。实际上，冰晶的生长是不可避免的。经过几个月的冻藏，由于冰晶生长的原因，肌纤维受到机械损伤，组织结构受到破坏，解冻时引起大量肉汁损失，肉的质量下降。

⑤ 变色。冻藏期间冻肉表面颜色逐渐变暗。颜色变化也与包装材料的透氧性有关。

⑥ 风味和营养成分变化。大多数食品在冻藏期间会发生风味和味道的变化，尤其是脂肪含量高的食品。多不饱和脂肪酸经过一系列化学反应发生氧化而酸败，产生许多有机化合物，如醛类、酮类和醇类。醛类是使风味和味道异常的主要原因。冻结烧、Cu^{2+}、Fe^{2+}、血红蛋白也会使酸败加快。添加抗氧化剂或采用真空包装可防止酸败。对于未包装的腌肉来说，由于低温浓缩效应，即使低温腌制，也会发生酸败。

四、冻结肉的解冻

解冻是冻结的逆过程，使冻结肉中的冰晶溶化成水，肉恢复到冻前的新鲜状态，以便于加工。冻肉完全恢复到冻前状态是不可能的。随着温度升高，肉会出现一系列变化。

1. 解冻方法

冻结肉的解冻方法有多种，如空气解冻、水或盐水解冻、真空解冻、微波解冻等。在肉类工业中大多采用空气解冻和水解冻。解冻的条件主要是控制温度、湿度和解冻速度。

(1) 空气解冻

空气解冻又分自然解冻和流动空气解冻。空气温度、湿度和流速都影响解冻的质量。

自然解冻又称静止空气解冻，是一种在室温条件下解冻的方法，解冻速度慢。随着解冻温度的提高，解冻时间变短。在 4℃和相对湿度 90%下解冻时，冻结肉由－18℃上升到 2℃，解冻时间约 2～3d；在 12～20℃和相对湿度 50%～60%下解冻，约需 15～20h。解冻速度也与肉块的形状和大小有关。

流动空气解冻是采用强制送风，加快空气循环，缩短解冻时间。采用空气-蒸汽混合介质解冻则比单纯空气解冻所需时间短。

空气解冻的优点是不需特殊设备，适合解冻任何形状和大小的肉块，缺点是解冻速度慢，水分蒸发多，质量损失大。

(2) 水解冻

水的热导率比空气大得多，用水做解冻介质，可提高解冻速度。用4～20℃的水解冻猪肉半胴体，比空气解冻快7～8倍，如在10℃水中解冻半胴体，解冻时间为13～15h。家禽胴体在5℃空气中自然解冻，解冻时间为24～30h，而在相同温度的静水中解冻，仅需3～4h。流水解冻比静水解冻快。

水解冻法还可采用喷淋解冻。根据肉的形状、大小和包装方式，也可采用空气解冻与喷淋解冻相结合的方法。

水解冻的肉表面色泽呈浅粉红或近乎白色，湿润；表面吸收水分，使肉的质量增加3%左右。静水浸渍解冻时水中微生物数量明显增加。包装的分割肉在水中解冻较好。

生产实践中要根据肉的形状、大小、包装方式、肉的质量、污染程度以及生产需要等，采取适宜的解冻方法。而且还要根据生产的需要，将肉解冻到完全解冻状态或半解冻状态。

2. 解冻肉的质量变化

(1) 肉汁流失

肉汁流失是解冻中常出现的对肉的质量影响最大的问题。影响肉汁流失的因素是多方面的，通过对这些影响因素的控制，可使肉汁流失减少到最小程度。

① 内在因素。肉的pH越接近其肌球蛋白的等电点，肉汁流失越多。冰晶越大，肌肉组织的损伤程度越大，流失的肉汁越多。

② 工艺因素。缓慢冻结的肉，解冻时可逆性小，肉汁流失多；冻藏温度和冻藏时间不同，解冻时肉汁流失各异；冻藏温度低且稳定，解冻时肉汁流失少，否则反之；缓慢解冻肉汁流失少，快速解冻肉汁流失多。

一般认为，10℃以下的低温解冻可使肉保持较少的肉汁流失。

(2) 营养成分的变化

由于解冻造成的肉汁流失，导致肉的质量减轻，水溶性维生素和肌浆蛋白等营养成分减少。此外，反复冻结会导致肉的品质恶化，如组织结构变差，形成胆固醇氧化物等。

第二节　肉的其他保鲜技术

一、辐照保鲜技术

食品的辐射是利用原子能射线的辐射能量来进行杀菌，是一种冷加工处理方法，食品内部不会升温，不引起食品的色、香、味方面的变化。所以它能最大限度地减少食品的品质和风味的损失，防止食品的腐败变质，而达到延长保存期的目的。由于是物理方法，没有化学药物的残留污染问题，而且比较节省能源，因此利用这种方法，无论是对于消费者还是肉类加工业来说，都是一种好的杀菌方法。

1. 辐照的基本原理

(1) 辐照源

辐照源是进行食品辐照杀菌最基本的工具。常用的辐照源有电子束辐照源（产生电子射线）、X射线源和放射性同位素源。用于肉类辐照保鲜的辐照源主要是放射性同位素源，如^{60}Co和^{137}Cs辐照源，^{60}Co最为常用。

① α射线、β射线、γ射线的形成及特性。α射线是从原子核中射出的带正电的高速离子流；β射线则是带负电的高速粒子流；γ射线是一种光子流，它是原子核从高能态跃迁到低能态时放出的。γ射线的能量最大，约为几十万电子伏特以上，而可见光只有几个电子伏特。从电离能力来看，α射线最强，γ射线最弱；从对物质的穿透能力来看，γ射线最强，β射线的电离及穿透能力处于α射线、γ射线之间。

② ^{60}Co辐射源。^{60}Co辐射源自然界不存在，是人工制备的一种同位素源。^{60}Co辐射源在衰变过程中每个原子核放射出一个β粒子（β射线）和2个γ光子，最后变成稳定同位素镍（^{60}Ni）。由于β粒子能量较低，穿透力弱，一层不锈钢薄片就可全部挡住，因此它对被辐射物质不起任何作用。而γ光子具有中等的能量，穿透力很强，可均匀地照射厚物质，适用于厚度大小不等的食品辐射消毒。这种辐射源半衰期为5.27年，可在较长时间内稳定使用。

③ ^{137}Cs辐射源。这是一种重要的裂变产物，由核燃料的渣滓中抽提制得。一般将粉末状的^{137}Cs加压压成小弹丸，再加入不锈钢套管内双层封焊。^{137}Cs半衰期为30年，其γ射线的能量比^{60}Coγ射线低，因此其穿透力比^{60}Coγ射线弱。尽管^{137}Cs是废物利用，但分离复杂，作为辐射源在生产中使用较少。

（2）辐照产生的变化

食品的辐照杀菌，通常是用X射线、γ射线，这些高能带电或不带电的射线引起食品中微生物、昆虫发生一系列生物物理和生物化学反应，使它们的新陈代谢、生长发育受到抑制或破坏，甚至使细胞组织死亡等。而对食品来说，发生变化的原子、分子只是极少数，加之已无新陈代谢，或只进行缓慢的新陈代谢，故发生变化的原子、分子几乎不影响或只轻微地影响食品的新陈代谢。

2. 辐照的应用

（1）控制旋毛虫

旋毛虫在猪肉的肌肉中，防治比较困难，但其幼虫对射线比较敏感，用0.1kGy（千戈瑞）的γ射线辐照，就能使其丧失生殖能力。因而将猪肉在加工过程中通过射线源的辐照场，使其接受0.1kGyγ射线的辐照，就能达到消灭旋毛虫的目的。在肉制品加工过程中，也可以用辐照方法来杀灭调味品和香料中的害虫，以保证产品免受其害。

（2）延长货架期

水煮猪肉经^{60}Coγ射线8kGy照射，细菌总数从2×10^4cfu/g下降到1×10^2cfu/g，在20℃恒温下可保存20d；在30℃高温下也能保存7d，对其色、香、味和组织状态均无影响。新鲜猪肉去骨分割，用隔水、隔氧性好的食品包装材料真空包装，用^{60}Coγ射线5kGy照射，细菌总数由5.4×10^4cfu/g下降到53cfu/g，可在室温下存放5～10d不腐败变质。

（3）灭菌保藏

新鲜猪肉经真空包装，用^{60}Coγ射线15kGy进行灭菌处理，可以全部杀死大肠菌群、沙门菌和志贺菌，仅个别芽孢杆菌残存下来。这样的猪肉在常温下可保存2个月。用26kGy的剂量辐照，则灭菌较彻底，能够使鲜猪肉保存1年以上。香肠经^{60}Coγ射线8kGy辐照，杀灭其中大量细菌，能够在室温下储藏1年。由于辐照香肠采用了真空包装，在储藏过程中也就防止了香肠的氧化褪色和脂肪的氧化酸败。

肉品经辐照会产生异味，肉色变淡，1kGy 剂量照射鲜猪肉即产生异味，30kGy 异味增强。这主要是含硫氨基酸分解的结果。FAO 对不同食品的照射剂量规定如表 3-4 所示。

表 3-4 不同食品的辐照剂量

食品	主要目的	达到的手段	剂量/kGy
肉、禽、鱼及其他易腐食品	不用低温，长期安全储藏	能杀死腐败菌、病原菌及肉毒梭菌	40～60
肉、禽、鱼及其他易腐食品	在 3℃下延长储藏期	减少嗜冷菌数	5～10
冻畜肉、鸡肉、鸡蛋及其他易污染病原菌的食品	防止食品中毒	杀灭沙门细菌	3～10
肉及其他有病原寄生虫的食品	防止食品媒介的寄生虫	杀灭旋毛虫、牛肉绦虫等	0.1～0.3
香辛料、辅料	减少细菌污染	降低菌数	10～30

3. 辐照工艺

只有合理的辐照工艺，才能获得理想的效果。其工艺流程如下。

前处理 → 包装 → 辐照 → 质量控制 → 检验 → 运输 → 保存

（1）前处理

辐射保鲜就是利用射线杀灭微生物，并减少二次污染而达到保藏的目的，它必须是在原有产品品质优良的基础上来进行辐照处理，长期保持产品新鲜和优良品质。就肉品辐射杀菌来说，其可以降低肉品中的腐败菌的数量甚至全面杀灭，提高肉品的卫生质量，但并不允许把已变质或细菌繁殖很多的次劣肉品用来进行消毒。因此，辐射保藏原料肉必须新鲜、优质、卫生条件好，这是辐射保藏的基础。辐照前对肉食品进行挑选和品质检查。要求质量合格，原始含菌量、含虫量低。为了减少辐照过程中某些养分的微量损失，有的需要加微量添加剂，如添加抗氧化剂，可减少维生素 C 的损失。

（2）包装

首先经屠宰后的胴体必须剔骨，去掉不可食的部分，然后进行包装。包装的目的是为了保护产品不受外界环境的侵害，保证肉品的质量，避免辐射后的二次污染，便于储存、运输。包装时可抽真空或充入氮气。包装材料可选用金属罐或塑料袋。金属罐成本高，运输不方便，使用很少。塑料袋一般用抗拉度强、抗冲击性好、透氧率指标好，γ 射线辐照后其化学、物理变化小的复合薄膜制成。一般以聚乙烯（PE）、聚对苯二甲酸乙二酯（PET）、聚乙烯醇（PVA）、聚丙烯（PP）和尼龙等复合，有时在中层夹铝箔效果更好，采用热合封口是肉制品辐射保鲜是否成功的一个重要环节。由于辐照灭菌是一次性的，因而要求包装能够防止二次污染。同时还要求隔绝外界空气与肉制品接触，以防止储运、销售过程中脂肪氧化酸败，肌红蛋白氧化变暗灰色等缺点。

（3）辐照

常用的辐射源有^{60}Co、^{137}Cs 和电子加速器三种，但^{60}Co 辐照源释放的 γ 射线穿透力强，设备亦较简单，因而多用于肉食品辐照。辐照箱的设计，根据肉食品的种类、密度、包装大小、辐照剂量均匀度以及储运销售条件来决定。辐照条件是根据辐照肉食品的要求决定的，为了提高辐照效果，经常使用复合处理的方法，如与红外线、微波等物理方法相结合。

（4）质量控制

辐照质量控制是确保辐照加工工艺完成的不可缺少的措施。第一，根据肉食品保鲜目的，确定最佳灭菌保鲜的剂量；第二，选用准确性高的剂量仪，测定辐照箱各点的剂量，从而计算其辐照均匀度，要求均匀度越小越好，但也要保证有一定的辐照产品数量；第三，为了提高辐照效率，而又不增大辐照均匀度，在设计辐照箱传动装置时要考虑 180°转向、上下换位以及在辐照场传动过程中尽可能地靠近辐照源；第四，制定严格的辐射操作程序，以保证每一个肉食品包装都能接受到一定的辐照剂量。肉品辐照处理的目的就是为了延长其储藏时间，而辐照处理的剂量和处理后的储藏条件往往会直接影响其效果。各种肉类辐照剂量与保藏时间见表 3-5。

表 3-5　各种肉类辐照剂量与保藏时间

肉　类	辐照剂量/kGy	保藏时间	肉　类	辐照剂量/kGy	保藏时间
鲜猪肉 鸡肉 牛肉	^{60}Coγ 射线 15 γ 射线 2～7 γ 射线 5 10～20	常温保存 2 个月 延长保藏时间 3～4 周 3～6 个月	羊肉 猪肉肠 腊肉罐头	γ 射线 47～53 γ 射线照射 15～28 ^{60}Co γ 射线 45～56	灭菌保藏 减少亚硝酸盐用量 灭菌保藏 灭菌保藏

（5）辐照后的保藏

肉品辐照后在常温下就可储藏，如果是采用辐射耐储杀菌法处理的肉类，应结合低温保藏效果较好。辐射后肉品保藏温度越低，保藏期越长。淡水鱼用 γ 射线 1～2kGy 辐照后，在 10℃下存放可延长保藏时间 5～7d，在 5℃下存放可延长保藏时间 13～21d。

辐照灭菌效果取决于辐照剂量，与剂量率无关。肉品辐射处理是一个综合性措施，要把好每一个工艺环节，才能保证保藏的效果和质量。

目前不少国家都已无条件批准肉食品辐照保鲜后可以上市供应，可见近几年来对辐照肉食品的认可获得很大进展。肉食品的辐射保鲜技术将越来越多地被人们所采用，并产生巨大的经济效益。

二、真空包装

真空包装是指除去包装袋内的空气，经过密封，使包装袋内的食品与外界隔绝。在真空状态下，好氧性微生物的生长减缓或受到抑制，减少了蛋白质的降解和脂肪的氧化酸败。

1. 真空包装的作用

对于鲜肉，真空包装的作用主要如下。

① 抑制微生物生长，并避免外界微生物的污染。食品的腐败变质主要是由于微生物的生长，特别是需氧微生物。抽真空后可以造成缺氧环境，抑制许多腐败性微生物的生长。

② 减缓肉中脂肪的氧化速度，对酶活性也有一定的抑制作用。

③ 减少产品失水，保持产品质量。

④ 可以和其他方法结合使用，如抽真空后再充入 CO_2 等气体。还可与一些常用的防腐方法结合使用，如脱水、腌制、热加工、冷冻和化学保藏等。

⑤ 产品整洁，增加市场效果，较好地实现市场目的。

2. 真空包装对材料的要求

（1）阻气性

主要目的是防止大气中的氧重新进入经真空的包装袋内，避免需氧菌生长。乙烯、乙烯-乙烯醇共聚物都有较好的阻气性，若要求非常严格时，可采用一层铝箔。

（2）水蒸气阻隔性

即应能防止产品水分蒸发，最常用的材料是聚乙烯、聚苯乙烯、聚丙乙烯、聚偏二氯乙烯等薄膜。

（3）香味阻隔性能

应能保持产品本身的香味，并能防止外部的一些不良气味渗透到包装产品中，聚酰胺和聚乙烯混合材料一般可满足这方面的要求。

(4) 遮光性

光线会促使肉品氧化，影响肉的色泽。只要产品不直接暴露于阳光下，通常用没有遮光性的透明膜即可。按照遮光效能递增的顺序，采用的方式有：印刷、着色、涂聚偏二氯乙烯、上金、加一层铝箔等。

(5) 机械性能

包装材料最重要性能是具有防撕裂和防封口破损的能力。

3. 真空包装存在的问题

真空包装虽然能延长产品的储存期，但也有质量缺陷，主要存在以下几个问题。

(1) 色泽

肉的色泽是决定鲜肉货架寿命长短的主要因素之一。鲜肉经过真空包装，氧分压低，肌红蛋白生成高铁肌红蛋白，鲜肉呈红褐色。真空包装鲜肉的颜色问题可以通过双层包装，即内层为一层透气性好的薄膜，然后用真空包装袋包装，销售前拆除外层包装，由于内层包装通气性好，与空气充分接触形成氧合肌红蛋白，肉呈鲜红色。

(2) 抑菌方面

真空包装虽能抑制大部分需氧菌生长，但据报道即使氧气含量降到0.8%，仍无法抑制好氧性假单胞菌的生长。但在低温下，假单胞菌会逐渐被乳酸菌所取代。

(3) 肉汁渗出及失重问题

真空包装易造成产品变形和肉汁渗出，感官品质下降，失重明显。欧美超级市场采用特殊制造的吸水垫吸附渗出的肉汁，不再回渗，且易与肉品分离，不会留下纸屑或纤维类的残留物，使感官品质得到改善。

三、充气包装

充气包装是通过包装内部气体成分的控制，达到抑制微生物生长和酶促腐败，延长食品货架期的一种方法。充气包装可使鲜肉保持良好色泽，减少肉汁渗出。

所谓包装内部气体成分的控制是指调整鲜肉周围的气体成分，使与正常的空气组成成分不同，以达到延长鲜肉保存期的目的。

1. 充气包装用气体

肉品充气包装常用的气体主要有氧气（O_2）、二氧化碳（CO_2）和氮气（N_2）。

① O_2。O_2 性质活泼，易与其他物质发生氧化作用。肌肉中肌红蛋白与氧分子结合后，成为氧合肌红蛋白而呈鲜红色。混合气体中 O_2 一般在50%以上才能保持这种肉色。鲜红色的氧合肌红蛋白的形成还与肉表面潮湿与否有关。表面潮湿，则溶氧量多，易于形成鲜红色。但 O_2 存在有利于好氧性假单胞菌生长，使不饱和脂肪酸氧化酸败，致使肌肉褐变。

② CO_2。CO_2 是一种稳定的化合物，无色、无味，在空气中约占0.03%。在充气包装中，它的主要作用是抑菌。提高 CO_2 浓度可使好氧菌、某些酵母菌和厌氧菌的生长受到抑制。

此外，一氧化碳（CO）对肉呈鲜红色比 CO_2 效果更好，也有很好的抑菌作用，但因危险性较大，尚未应用。

③ N_2。N_2 惰性强，性质稳定，对肉的色泽和微生物没有影响，主要用作填充和缓冲。

2. 充气包装中各种气体的合适比例

在充气包装中，O_2、CO_2、N_2 必须保持合适比例，才能使肉品保藏期长，且各方面均能达到良好状态。欧美大多以 80%O_2 +20%CO_2 方式零售包装，其货架期为 4～6d。表 3-6 为各种肉制品所用充气包装的气体混合比例。

表 3-6　充气包装肉及肉制品所用气体比例

肉的品种	混合比例	国家
新鲜肉(5～12d)	70%O_2+20%CO_2+10%N_2 或 75%O_2+25%CO_2	欧洲
鲜碎肉制品和香肠	33.3%O_2+33.3%CO_2+33.3%N_2	瑞士
新鲜斩拌肉馅	70%O_2+30%CO_2	英国
熏制香肠	75%CO_2+25%N_2	德国及北欧四国
香肠及熟肉(4～8 周)	75%CO_2+25%N_2	德国及北欧四国
家禽(6～14d)	50%O_2+25%CO_2+25%N_2	德国及北欧四国

四、化学保鲜

肉的化学保鲜主要是利用天然的或化学合成的防腐剂和抗氧化剂应用于鲜肉和肉制品的保鲜防腐，与其他储藏手段相结合所发挥的作用更好。由于人们对绿色食品、健康食品的关爱，天然保鲜剂已成为今后的发展方向。

1. 天然保鲜剂

现在使用较多的肉类天然保鲜剂有茶多酚、香辛料提取物及乳酸链球菌素（Nisin）。

（1）茶多酚

茶多酚是茶叶中酚类物质及其衍生物的总称。其保鲜作用是从三方面体现出来的，即抗脂质氧化、抑菌和除臭味作用。茶多酚用于食品保鲜防腐，无毒副作用，食用安全。

茶多酚对肉类及其腌制品如香肠、肉食罐头、腊肉等，具有良好的保质抗损效果，尤其是对罐头类食品中耐热的芽孢菌等具有显著的抑制和杀灭作用，并有消除臭味、腥味，防止氧化变色的作用。

茶多酚安全性高。中国规定用于油脂、火腿最大用量 0.4g/kg；用于油炸食品最大用量 0.2g/kg；用于肉制品、鱼制品最大用量 0.3g/kg。

（2）香辛料提取物

许多香辛料中含有杀菌、抑菌成分，提取后作为防腐剂既安全又有效。如大蒜中的蒜辣素和蒜氨酸，肉豆蔻所含的肉豆蔻挥发油，肉桂中的挥发油以及丁香中的丁香油等，均具有良好的杀菌、抗菌作用。国内报道的鲜肉保鲜剂目前种类很多，效果较好的保鲜剂其组成为生姜汁、抗坏血酸、山梨酸钾、磷酸盐、柠檬酸和经过灭菌处理的水。水一般使用蒸馏水或冷开水，生姜汁可用姜经匀浆后压滤取滤液，还可以将滤液浓缩成浓缩液后备用，用时稀释为原滤液倍数，即可配用。抗坏血酸、山梨酸钾、磷酸盐、柠檬酸是食品添加剂常规用品，配制时先将上述药按比例混合，并按一定份量加入经灭菌处理的水，搅拌后即成鲜肉保鲜剂。将按上述鲜肉保鲜剂的组分含量配制的保鲜溶液，均匀地喷在鲜肉的表面上或将鲜肉放入配制好的溶液中，使鲜肉表面沾上保鲜液，捞出肉经包装后即可在常温下存放。

（3）乳酸链球菌素

乳酸链球菌素也称乳链菌肽，是乳酸链球菌产生的一种天然食品防腐剂。乳酸链球菌素是由某些乳酸链球菌合成的一种多肽抗生素，为窄谱抗菌剂，它只能杀死革兰阳性菌，对酵母、霉菌和革兰阴性菌无作用。乳酸链球菌素在消化道中很快被 α-胰凝乳蛋白酶酶解，不会引起常用抗生素出现的抗药性问题，也不会改变人肠道内的正常菌群。目前，利用乳酸链球菌素的形式有两种，一种是将乳酸菌活体接种到食品中，另一种是将其代谢产物乳酸链球菌素加以分离进行利用。在实验研究条件下，其有效保鲜浓度为 75mg/L。乳酸链球菌素与食品常用保鲜剂丙酸钙间无交互作用，与乳酸钠具有协同作用，与山梨酸钾间具有拮抗作用。

海藻糖、甘露聚糖、壳聚糖、溶菌酶等天然防腐剂在肉类食品的保鲜应用，目前正在深入研究之中。

2. 化学保鲜剂

化学保鲜剂主要是各种有机酸及其盐类。肉类保鲜中使用的主要有乙酸、甲酸、柠檬酸、乳酸及其钠盐、抗坏血酸、山梨酸及其钾盐以及苯甲酸等。这些酸单独使用或配合使用对延长肉类保存期有一定的效果。在使用时，先配成 1%～3%含量的水溶液，然后对肉进行喷洒或浸渍。

(1) 乙酸

乙酸从含量 1.5%开始就有明显的抑菌效果，在 3%范围内，乙酸不会影响的颜色。因为在这种含量下，由于乙酸的抑菌作用，减缓了微生物的生长，避免了霉斑引起的肉色变黑或变绿。但当含量超过 3%时，对肉色有不良作用，这是由酸本身所造成的。国外研究表明，用 0.6%的乙酸加 0.046%蚁酸混合液浸渍鲜肉 10s，不但细菌数大为减少，而且能保持其风味，对色泽几乎无影响。如单独使用 3%乙酸处理，可达到明显的抑菌效果，对色泽稍有不良影响。采用 3%乙酸加 0.3%抗坏血酸处理时，因抗坏血酸的护色作用，肉色可保持很好。

(2) 山梨酸及其钾盐

山梨酸、山梨酸钾和山梨酸钠具有良好抑菌防腐功能，且又是卫生安全的添加剂，已在世界各国广泛应用于各种食品的防腐保鲜中。一些国家将其作为通用型防腐剂，最大使用量 0.1%～0.2%。德国等地则作为干香肠、腌腊生制品的防霉剂，以 5%～10%溶液浸渍使用。

(3) 硝酸盐及亚硝酸盐

实验证明，通过微生物的作用，硝酸盐可被还原成亚硝酸盐，1%左右含量的硝酸盐可抑制微生物生长。有报告证实，2%含量的硝酸盐可以完全阻止微生物的生长。盐腌时所用的硝酸盐，可以降低厌氧菌芽孢的热抵抗性，进而提高肉类的保存性。亚硝酸盐的保护效果明显强于硝酸盐，用浓度不足 40mg/L 的亚硝酸盐就可抑制微生物发育；浓度为 200mg/L 可以完全抑制微生物生长和繁殖。

(4) 食盐

食盐的储藏保鲜效果最主要是在食盐脱水作用下的二次效应。食盐除脱水作用外，还有氯离子对微生物的直接作用；对食盐水中氧的不溶性及二氧化碳灵敏度作用；阻碍蛋白质分解酶的作用；通过渗透压抑制微生物发育的作用等。但要抑制微生物的发育，食盐含量至少要在 8%～10%以上，并且食盐含量达到 15%～20%以上时才可起到防腐作用。这就要求作为栅栏因子的盐必须与其他栅栏因子配合使用，如硝酸盐等，以增强其抑菌作用。

第三节　肉的新鲜度检验

肉新鲜度的检验，一般是从感官性状、腐败分解产物的特性和数量、细菌的污染程度等三方面来进行的，采用单一的方法很难获得正确的结果。因为肉的变质是一个渐进性过程，同时变化又非常复杂，只有采用包括感官检验和实验室检验在内的综合方法，才能比较客观地对肉的新鲜度做出正确的判断。

一、感官检验

感官检验主要是从以下几个方面进行。

① 视觉。肉的色泽、干湿程度、组织状态等。

② 嗅觉。肉的气味（香、臭、腥、膻等）的有无、强弱。

③ 味觉。肉汤的滋味是否鲜美、香甜、苦涩、酸臭等。

④ 触觉。触压肉块，判断其组织弹性、黏滑程度以及纤维的嫩度等。

⑤ 听觉。检查冻肉时听其敲击音的清脆或混浊度。

进行感官检查时，要注意光线明亮、温度适宜、空气清新、周围不得有挥发性物质。当长时间检查大批样品时，会引起感官上的疲劳，应做适当休息，例如闭目片刻，户外呼吸新鲜空气，温水漱口等。感官检查方法简便易行，比较可靠，但只有深度腐败时才能被察觉，并且不能反映出腐败分解产物的客观指标。肉汤检查是把被检查的肉切成质量为 2～3g 的若干小块放入盛有冷水的烧瓶内，瓶口用玻璃盖盖好，把水煮沸。然后把盖揭开闻其气味，同时注意肉汤的透明度及其表面浮游脂肪的状态。

国家食品卫生标准中规定的畜禽肉的感官指标见表 3-7、表 3-8、表 3-9、表 3-10，牛肉感官指标见表 1-5。

表 3-7　猪肉感官标准（GB 9959.1—2001）

项　目	鲜 片 猪 肉	冻片猪肉(解冻后)
色泽	肌肉色泽鲜红或深红,有光泽;脂肪呈乳白色或粉白色	肌肉有光泽,色鲜红;脂肪呈乳白,无霉点
弹性(组织状态)	指压后的凹陷立即恢复	肉质紧密,有坚实感
黏度	外表微干或微湿润,不粘手	外表及切面湿润,不粘手
气味	具有鲜猪肉正常气味。煮沸后肉汤透明澄清,脂肪团聚于液面,具有香味	具有冻猪肉正常气味。煮沸后肉汤透明澄清,脂肪团聚于液面,无异味

表 3-8　羊肉感官标准（GB 9961—2001）

项　目	鲜 羊 肉	冻 羊 肉
色泽	肌肉色泽鲜红或深红,有光泽;脂肪呈乳白色或淡黄色	肌肉有光泽,色鲜艳;脂肪呈乳白
弹性(组织状态)	指压后的凹陷立即恢复	肉质紧密,有坚实感,肌纤维韧性强
黏度	外表微干或有风干膜,不粘手	外表微干或有风干膜,或湿润,不粘手
气味	具有新鲜羊肉正常气体。煮沸后肉汤透明澄清,脂肪团聚于液面,具有香味	具有羊肉正常气味。煮沸后肉汤透明澄清,脂肪团聚于液面,无异味

表 3-9　兔肉感官标准（GB/T 17239—1998）

项　目	带骨鲜兔肉、去骨鲜兔肉、分割鲜兔肉	带骨冻兔肉、去骨冻兔肉、分割冻兔肉
色泽	瘦肉呈均匀的鲜红色,有光泽;脂肪呈白色或微黄色	瘦肉呈均匀的鲜红色;脂肪呈乳白色或浅黄色;无霉点
组织状态	有弹性,指压后的凹陷部位立即恢复	肉质紧密,有坚实感
气味	具有鲜兔肉正常气味,无异味	具有冻兔肉正常气味,无异味
黏性	表面较干或微湿润,不粘手	表面微湿润,不粘手
煮沸后肉汤	表面澄清透明,脂肪团聚于水面,有兔肉香味	基本澄清透明,脂肪团聚于水面,无异味

表 3-10 禽肉感官标准（GB 16869—2000）

项　目	鲜 禽 产 品	冻禽产品（解冻后）
组织状态	肌肉有弹性，经指压后凹陷部位立即恢复原位	肌肉经指压后凹陷部位恢复较慢，不能完全恢复原状
色泽	表皮和肌肉切面有光泽，具有禽种固有的色泽	
气味	具有禽种固有的气味，无异味	
煮沸后肉汤	透明澄清，脂肪团聚于液面，具固有香味	
淤血		
淤血面积大于 $1cm^2$ 时	不允许存在	
淤血面积小于 $1cm^2$ 时	不得超过抽样量的 2%	
硬杆毛/(根/10kg)　≤	1	
肉眼可见异物	不得检出	

注：淤血面积以单一整禽或单一分割禽体的 1 片淤血面积计。

二、实验室检验

在许多情况下，除了进行感官检验以外，尚需进行实验室检验，也即理化检验和微生物检验。

物理学检验是根据蛋白质分解，低分子物质增多，导电率、黏度、保水量等的变化来衡量肉品质；化学检验是用定性或定量方法测定蛋白质分解产物，如氨、胺类、挥发性盐基氮、三甲胺、吲哚等，从而衡量肉的新鲜度。

1. 理化检验

肉类腐败变质的分解产物极其复杂。由于腐败变质阶段肉自身性状和环境因素的不同，分解产物的种类和数量也不相同，多年来许多人曾多方面探索肉腐败变质的理化检验指标，提出多种实验室检验方法，但迄今证明挥发性盐基氮在肉的变质过程中，能有规律地反映肉品质量鲜度变化，新鲜肉和变质肉之间差异非常显著，并与感官变化一致，是评定肉品质量鲜度变化的客观指标。pH 的测定，随肉的成熟度和采样部位的不同，而有很大的差别，所以不宜作为生产上检验肉品鲜度质量的依据。肉中氨的含量虽然随着鲜肉放置时间的延长而发生变化，但是该测定方法本身并不严格，判定标准很难确定。此外，肉在冷藏中可能由于吸收了一些氨，或者畜禽宰前疲劳，屠宰时畜禽体内含谷氨酰胺量较多，均能使新鲜肉也存在一定量的氨。所以认为该指标只能做参考用，只有当其反应指示出氨含量增高到一定程度时，才有判断价值。因此，对肉的新鲜度应进行综合检验，但只有挥发性盐基氮为国家现行食品卫生标准中惟一的理化指标，其他方法只能作为参考。

挥发性盐基氮（VBN）含量系指肉品水浸液在碱性条件下能与水蒸气一起蒸馏出来的总氮量，即在此条件下能形成氨的含氮物的总称。在肉品腐败过程中，其蛋白质分解产生的氨及胺类等碱性含氮物质可以与在腐败过程中同时分解产生的有机酸结合，形成一种称为盐基态氮的物质而聚积在肉品中，这种物质具有挥发性，故称之为挥发性盐基氮。肉品中所含 TVBN 的量，随着腐败的进程而逐渐增加，与肉品腐败程度成正比，因此，可用来鉴定肉品的新鲜度。挥发性盐基氮的测定方法有半微量定氮法和微量扩散法，具体操作按 GB/T 5009.44 中 2.1 条的规定进行。

国家卫生标准规定各类新鲜肉的 VBN 的含量不得超过 20mg/100g。农业行业标准中无公害肉的 VBN 的含量不得超过 15mg/100g。

2. 微生物检验

肉的腐败是由于细菌大量繁殖，导致蛋白质分解的结果。故检验肉的细菌污染情况，不仅是判断其新鲜度的依据之一，也是反映肉在产、运、销过程中的卫生状况，为及时采取有效措施提供依据。

(1) 一般检验法

① 样品的采取和送检。按《食品卫生微生物学检验　肉与肉制品检验》(GB 4789.17—2003) 系屠宰后的畜肉可于开膛后，用无菌刀采取两腿内侧肌肉 50g（或劈半后采取背最长肌 50g）；如系冷藏或售卖之生肉，可用无菌刀取腿肉或者其他部位的肌肉 100g。检样采取后，放入灭菌容器内，立即送检；如条件不许可时，最好不超过 3h。送检样时应注意冷藏，不得加入任何防腐剂。检样送往化验室应立即检验或放置冰箱暂存。

② 检样的处理。先将样品放入沸水中烫 3～5s（或烧灼消毒）进行表面灭菌，再用无菌剪刀取检样深层肌肉 25g，放入灭菌乳钵内用灭菌剪刀剪碎后，加入灭菌海砂或玻璃砂少许研磨，磨碎后加入灭菌水 225mL，混匀后为 1∶10 稀释液。如样品是冻肉则可用电钻法采取。

③ 检验方法。按 GB 4789.2、GB 4789.3、GB 4789.17 进行菌落总数、大肠菌群和有关致病菌的检验。

(2) 表面检验法

① 样品的采取。检验畜禽肉及其制品受污染的程度，一般可用板孔 5cm^2 的金属制规板压在受检物上，将灭菌棉拭稍沾湿，在板孔 5cm^2 的范围内揩抹多次，然后将板孔规板移压另一点，用另一灭菌棉拭揩抹，如此共移压揩抹 10 次，总面积为 50cm^2，共用 10 只棉拭。每支棉拭在揩抹完毕后应立即剪断或烧断后投入盛有 50mL 灭菌水的三角烧瓶或大试管中，立即送检。检验致病菌时，不必用规板，可疑部位用棉拭揩抹即可。

② 检样的处理。检验时先充分振摇，吸取瓶、管中的液体作为原液，再按要求做 10 倍递增稀释。

③ 检验方法。按上述一般检验法中国家标准检验方法进行检验。

(3) 鲜肉压印片镜检

① 采样。如为半片或 1/4 胴体，可从胴体前后覆盖有筋膜的肌肉中割取不小于 8cm×6cm×6cm 的瘦肉；取颈浅背侧或髂下淋巴结及其周围组织；病变淋巴结、浮肿组织、可疑脏器（肝、脾、肾）的一部分；大块肉则从瘦肉深部采样 300g。

② 触片制备。从样品中切取 3cm^3 左右的肉块，浸入酒精中并立即取出点燃烧灼，如此处理 2～3 次，从表层下 0.1cm 处及深层各剪取 0.5cm^3 大小的肉块，分别进行触片和抹片。

③ 染色镜检。将干燥的触片用甲醇固定 1min，进行革兰染色后用油镜观察 5 个视野，同时分别计出每个视野的球菌和杆菌数，然后求出一个视野中细菌的平均数。

(4) 细菌指标

中国现行的农产品安全质量无公害畜禽肉安全要求中微生物指标应符合表 3-11 的规定。

表 3-11　鲜、冻畜禽肉微生物指标（摘自 GB 18406.3—2001）

项目		指标	
		鲜畜禽肉产品	冻畜禽肉产品
菌落总数/(cfu/g)	≤	1×10^6	5×10^5
大肠菌群/(MPN/100g)	<	1×10^4	1×10^3
沙门菌		不得检出	
致泻大肠埃希菌		不得检出	

复习思考题

1. 低温保鲜的基本原理是什么?
2. 肉冷却的条件是什么?
3. 畜肉冻结方法有哪些?
4. 肉在冻结、冻藏和解冻期间的变化有哪些?
5. 简述辐照的基本程序。
6. 真空包装有哪些作用?
7. 充气包装常用气体有哪些?
8. 肉新鲜度的检验的方法有哪些?

第四章　肉制品加工常用辅料

【学习目标】

1. 了解肉制品加工常用辅料的种类。
2. 熟悉调味料、香辛料、添加剂的性能及使用特性。

辅料是指在肉制品加工生产过程中，为了改善和提高肉制品的感官特性和品质，延长肉制品的保存期和便于加工生产，常需添加的一些可食性物料。肉制品加工的辅料种类繁多，分类方法也不相同，但大体上可分为调味料、香辛料和添加剂三大类。

第一节　调味料

调味料是指为了改善食品的风味，赋予食品特殊味感（咸、甜、酸、苦、鲜、麻、辣等），使食品鲜美可口，增进食欲而添加入食品中的天然或人工合成的物质。其主要作用是改善制品的滋味和感官性质，提高制品的质量。

一、咸味料

咸味是许多食品的基本味。咸味调味料是以氯化钠为主要呈味物质的一类调味料的统称，又称咸味调味品。

1. 食盐

（1）食盐的品质特征

食盐素有“百味之王”的美称，其主要成分为氯化钠。纯净的食盐，色泽洁白，呈透明或半透明状；晶粒一致，表面光滑而坚硬，晶粒间缝隙较少（复制盐应洁白干燥，呈细粉末状）；具有正常的咸味，无苦味、涩味，无异嗅。

（2）食盐的用量

① 美国肉制品的食盐用量。烤牛肉或烤火鸡 1%～2%，热狗或肉糜火腿 2%～3%，乡村风味火腿或干腌制火腿 4%～5%。

② 中国肉制品的食盐用量。腌腊制品 6%～10%，酱卤制品 3%～5%，灌肠制品 2.5%～3.5%，油炸及干制品 2%～3.5%，粉肚制品 3%～4%。

同时根据季节不同，夏季用盐量比春、秋、冬季要适量增加 0.5%～1.0%左右，以防肉制品变质，延长保存期。

2. 酱油

酱油是富有营养价值、独特风味和色泽的调味品。含有十几种复杂的化合物，其成分为盐、多种氨基酸、有机酸、醇类、酯类、自然生成的色泽及水分等。

（1）酱油的品质特征

酱油具有正常酿造酱油的色泽、气味和滋味，无不良气味。不得有酸、苦、涩等异味和霉味，不混浊，无沉淀，无异物，无霉花浮膜。

(2) 酱油的作用

① 赋味。酱油中所含食盐能起调味与防腐作用；所含的多种氨基酸（主要是谷氨酸）能增加肉制品的鲜味。

② 增色。添加酱油的肉制品多具有诱人的酱红色，是由酱色的着色作用和糖类与氨基酸的美拉德反应产生。

③ 增香。酱油所含的多种酯类、醇类具有特殊的酱香气味。

④ 除腥腻。酱油中少量的乙醇和乙酸等具有解除腥腻的作用。

另外，在香肠等制品中酱油还有促进成熟发酵的良好作用。

3. 豆豉

豆豉又称香豉，是以黄豆或黑豆为原料，利用毛霉、曲霉或细菌蛋白酶分解豆类蛋白质，通过加盐、干燥等方法制成的具有特殊风味的酿造品。豆豉是中国四川、江南、湖南等地区常用的调味料。

豆豉作为调味品，在肉制品加工中主要起提鲜味、增香味的作用。豆豉除做调味和食用外，医疗功用也很多。

二、甜味料

甜味料是以蔗糖等糖类为呈味物质的一类调味料的统称，又称甜味调味品。

糖在肉制品加工中赋予甜味并具有矫味，去异味，保色，缓和咸味，增鲜，增色作用。

1. 蔗糖

蔗糖是常用的天然甜味剂，其甜度仅次于果糖。果糖、蔗糖、葡萄糖的甜度比为4：3：2。肉制品中添加少量蔗糖可以改善产品的滋味，并能促进胶原蛋白的膨胀和疏松，使肉质松软、色调良好。蔗糖添加量在0.5%～1.5%左右为宜。

2. 饴糖

饴糖主要是麦芽糖（50%）、葡萄糖（20%）和糊精（30%）混合而成。饴糖味甜柔爽口，有吸湿性和黏性。肉制品加工中常用作烧烤、酱卤和油炸制品的增色剂和甜味剂。饴糖以颜色鲜明、汁稠味浓、洁净不酸为上品。宜用缸盛装，注意存放在阴凉处，防止酸化。

3. 蜂蜜

蜂蜜是花蜜中的蔗糖在蚁酸的作用下转化为葡萄糖和果糖，葡萄糖和果糖之比基本近似于1∶1。蜂蜜是一种淡黄色或红黄色的黏性半透明糖浆，温度较低时有部分结晶而显混浊，黏稠度也加大。蜂蜜可以溶于水和酒精中，略带酸性。

蜂蜜在肉制品加工中的应用主要起提高风味、增香、增色、增加光亮度及增加营养的作用。

4. 葡萄糖

葡萄糖甜度约为蔗糖的65%～75%，其甜味有凉爽之感，适合食用。葡萄糖加热后逐渐变为褐色，温度在170℃以上，则生成焦糖。

葡萄糖在肉制品加工中的使用量一般为0.3%～0.5%。葡萄糖若应用于发酵香肠制品，其用量为0.5%～1.0%，因为它提供发酵细菌转化为乳酸所需要的碳源。在腌制肉中葡萄糖还有助发色和保色作用。

三、酸味料

酸味调味料品种有许多，在肉制品加工中经常使用的有食醋、番茄酱、番茄汁、山楂酱、草莓酱、柠檬酸等。酸味调料在使用中应根据工艺特点及要求去选择，还需注意到人们的习惯、爱好、环境、气候等因素。

1. 食醋

食醋是以谷类及麸皮等经过发酵酿造而成。食醋中的主要成分为乙酸，含乙酸3.5%以上。在制作某些肉制品时加入一定量的食醋与其中的黄酒或白酒发生酯化反应产生特殊的风味物质。

食醋可以去除腥气味，尤其鱼类肉原料更具有代表性。在加工过程中，适量添加食醋可明显减少腥味。

食醋还能在烹制过程中使原料中的维生素少受或不受损失。另外，醋还具有医疗保健功能。

2. 柠檬酸

柠檬酸又称枸橼酸，为无色透明结晶或白色粉末，无臭，有强烈酸味。柠檬酸通常作为调味剂、防腐剂、酸度调节剂及抗氧化剂的增效剂。

用柠檬酸处理的腊肉、香肠和火腿具有较强的抗氧化能力。柠檬酸在肉制品中的作用还有降低肉制品的pH。在pH较低的情况下，亚硝酸盐的分解越快越彻底。当然，对香肠的变红就越有良好的辅助作用。但pH的下降，对于肉制品的持水性是不利的。因此，国外已开始在某些混合添加剂中使用糖衣柠檬酸。加热时糖衣溶解，释放出有效的柠檬酸，而不影响肉制品的质构。

四、鲜味料

鲜味料是指能提高肉制品鲜美味的各种调料。鲜味物质广泛存在于各种动植物原料之中，其呈鲜味的主要成分是各种酰胺、氨基酸、有机酸盐、弱酸等的混合物。

1. 味精

味精学名是谷氨酸钠。味精为粉状结晶或粒状结晶。味精易溶于水，无吸湿性，对光稳定，其水溶液加温也相当稳定。

味精在肉制品加工中普遍使用，有增强鲜味和增加营养的作用。味精一般添加量为0.2～1.5g/kg。

2. 肌苷酸钠

肌苷酸钠是白色或无色的结晶性粉末。肌苷酸钠鲜味是谷氨酸钠的10～20倍，一起使用，效果更佳。在肉中加0.01%～0.02%的肌苷酸钠，与之对应就要加1/20左右的谷氨酸钠。使用时，由于遇酶容易分解，所以添加酶活力强的物质时，应充分考虑之后再使用。

3. 鱼露

鱼露又称鱼酱油，它是以海产小鱼为原料，用盐或盐水腌渍，经长期自然发酵，取其汁液滤清后而制成的一种咸鲜味调料。鱼露以颜色橙黄和棕色，透明澄清，有香味、带有鱼腥味、无异味为上乘质量。

鱼露由于是鱼类作为生产原料，所以营养十分丰富，蛋白质含量高，其呈味成分主要是呈鲜物质肌苷酸钠、鸟苷酸钠、谷氨酸钠、琥珀酸钠等；咸味是以食盐为主。

鱼露在肉制品加工中的应用主要起增味、增香及提高风味的作用。

4. 鸟苷酸钠、胞苷酸钠和尿苷酸钠

这三种物质与肌苷酸钠一样是核酸关联物质，鸟苷酸钠是将酵母的核糖核酸进行酶分解。胞苷酸钠和尿苷酸钠也是将酵母的核酸进行酶分解后制成的。它们都是白色或无色的结晶或结晶性粉末。其中鸟苷酸钠是蘑菇香味的，由于它的香味很强，所以使用量为谷氨酸钠的1%～5%就足够。

五、料酒

从理论上来说，啤酒、白酒、黄酒、葡萄酒、威士忌都能作为料酒。但人们经过长期的实践、品尝后发现，不同的料酒所烹饪出来的菜肴风味相距甚远，其中以黄酒为最佳。

黄酒的酯香、醇香同菜肴的香气十分和谐，黄酒中还含有多种多糖类呈味物质，而且氨基酸含量很高。肉制品经酒煮制后，有助于成分的溶出和调味成分向肉制品中扩散；料酒可以去除肉制品的腥臊味，使味道鲜美；料酒能增加其肉制品香气；料酒可起到杀菌、消毒、防腐的作用。

六、调味肉类香精

调味肉类香精包括猪、牛、鸡、羊肉、火腿等各种肉味香精，系采用纯天然的肉类为原料，经过蛋白酶适当降解成小肽和氨基酸，加还原糖在适当的温度条件下发生美拉德反应，生成风味物质，经超临界萃取和微胶囊包埋或乳化调和等技术生产的粉状、水状、油状系列调味香精。如猪肉香精、牛肉香精等。可直接添加或混合到肉类原料中，使用方便，是目前肉类工业上常用的增香剂。

第二节　香辛料

香辛料是某些植物的果实、花、皮、蕾、叶、茎、根、地下茎等。它们中所含的物质成分具有一定的辛味和香气，能赋予产品一定风味，能抑制和矫正肉品不良气味，有增进食欲、促进消化作用。现在香辛料仍多以植物体原来的新鲜、干燥或粉碎状态使用。

一、天然单一香辛料

香辛料的分类根据香辛料所利用植物的部位不同，将其分为根茎类（如姜、葱、蒜、葱头等）、皮类（如肉桂等）、花或花蕾类（如丁香等）、果实类（如辣椒、胡椒等）、叶类（如鼠尾草、月桂叶等）。根据气味不同，又可将其分为辛辣性香辛料（如胡椒、辣椒、花椒、芥子、蒜、姜、葱、肉桂等）和芳香性香辛料（如丁香、百里香、豆蔻、小茴香、大茴香、月桂等）。

1. 辛辣性香辛料

(1) 胡椒

胡椒为胡椒科常绿攀缘藤本植物胡椒的果实，又名古月、大川、百川等。胡椒成分因加工不同而分白胡椒、黑胡椒。胡椒气味芳香，有刺激性及强烈的辛辣味，黑胡椒气味比白胡椒浓。胡椒在肉制品中有去腥、提味、增香、增鲜、和味及除异味等作用。胡椒还有防腐、防霉的作用，其原因是胡椒含有挥发性香油，辛辣成分的胡椒碱、水芹烯、丁香烯等芳香成分，能抑制细菌生长，在短时间内可防止食物腐烂变质。

（2）辣椒

辣椒俗称番椒、大椒、辣子。辣椒品种繁多，其性状也有很大差异。一般来说，圆形的灯笼椒是甜椒；长圆锥形的羊角椒是半辛辣椒；圆锥形的小篷羊角椒是辛辣椒。

辣椒中含有大量的辣椒碱，其辣味的主要来源是辣椒碱中的辣椒素。辣椒在调味时宜破碎，以便与油脂有充分的接触面积，并采用低温加热，保证辣椒碱的充分溶解。同时，食盐有利于辣椒和油脂的溶解，并对辣味有和味的作用。

辣椒在调味时香味倍增。原因在于辣椒中还含有部分维生素和胡萝卜素，以及乳酸、柠檬酸、酒石酸等有机酸和钙、磷、铁等矿物质。加热会使胡萝卜素、有机酸和部分矿物质等也溶解于油脂，增强了制品的鲜红色泽和芳香味。

（3）花椒

花椒又名秦椒、风椒、野花椒、大红袍、川椒、红椒、蜀椒、竹叶椒。花椒味芳香，辛温麻辣。花椒以皮色大红或淡红、黑色、黄白、睁眼、麻味足，香味大，身干无硬梗，无腐败者为佳。

花椒的香气主要来自于花椒果实中的挥发油，油中含有异茴香醚，具有特殊的强烈芳香气，且味辛麻而持久。生花椒麻且辣，炒熟后香味才溢出。肉制品加工中应用它的香气可达到除腥去异味、增香和味、防哈变的目的。

（4）生姜

生姜为姜科姜属植物。姜的根状茎，肥厚扁平，表面淡黄，里呈黄色，有芳香和辛辣味，隔年的老姜辛辣味更重。

生姜可鲜用，也可干制后供调味用。在肉制品加工中常用于红烧酱制，也可以将其榨成姜汁或制成姜末加入香肠中以增加制品风味，并有相当强的抗氧化能力和阻断亚硝胺合成的特性。

（5）肉桂

肉桂别名安桂、玉桂、牡桂、菌桂、树桂。它是樟科樟属肉桂的树皮。肉桂皮红棕色、芳香而味甜辛。好的肉桂是采自30～40年老树树皮加工而成，肉桂以不破碎、外皮细、肉厚、断面紫红色、油性大、香气浓厚、味甜辣者为上品。

肉桂含有1%～2%的桂皮油，油的主要成分为桂皮醛、水芹烯、丁香酚等。在肉制品加工中，肉桂是一种主要的调味香料，加入烧鸡、烤肉及酱肉制品中，能增加特殊的香气和风味。

（6）大蒜

大蒜属百合科葱属植物的鳞、茎，又称葫蒜，从鳞茎上分为多瓣蒜和独头蒜。从皮色上看，有紫皮和白皮的不同。紫皮蒜花瓣外皮呈紫红色，瓣肥大，瓣数少，辣味浓厚，品质佳；白皮蒜花瓣外皮呈白色，瓣形稍小，辣味淡；独头蒜辣味特别强烈，品质极佳。以独头和紫皮者为好。

大蒜在肉制品加工中做配料和调味，具有突出的去腥解腻、提味增香的作用。大蒜所含的蒜素、丙酮酸和氨等，可把产生腥膻异味的三甲胺加以溶解，并随加热而挥发掉。大蒜所含硫醚类化合物，经过加热，虽其辛辣味消逝，但在150～160℃的加热中，经过一系列反应，能够形成特殊的滋味和香气。肉制品中常将大蒜捣成蒜泥后加入，以提高制品风味。

(7) 葱

葱别名大葱、葱白。为百合科葱属植物的鳞、茎及叶。常用作调味料，具有一定的辛辣味，鳞、茎长圆柱形，肉质鳞叶白色，叶圆柱形中空，含少量黏液。全国各地均有栽培，洗净去根鲜用。

在肉制品中添加葱，有增加香味，除去腥气的作用。广泛用于酱制、红烧类产品，特别是酱猪肝、肚、舌、蹄等制品时，更是必不可少的调料。

(8) 洋葱

洋葱又名葱头、玉葱、胡葱，为百合科 2 年生草本植物。叶似大葱，浓绿色，管状长形，中空，叶鞘不断肥厚，即成鳞片，最后形成肥大的球状鳞茎。鳞茎呈圆球形、扁球形或其他形状即葱头。其味辛、辣、温，味强烈。洋葱皮色有红皮、黄皮和白皮之别。洋葱以鳞片肥厚、抱合紧密、没糖心、不抽芽、不变色、不冻者为佳。洋葱有独特的辛辣味，在肉制品中主要用来调味、增香，促进食欲等。

2. 芳香性香辛料

(1) 丁香

丁香为植物丁香干燥花蕾及果实，其气味强烈芳香、浓郁，味辛辣麻。花蕾开始呈白色，渐次变绿色，最后呈鲜红色。当花蕾呈鲜红色时即可采集，将采得的花蕾除去花梗后晒干即成。以朵大，油性足，香气浓郁入水下沉者为佳品。磨碎后加入制品中，香气极为显著。但对于亚硝酸盐有消色作用，所以只在少数不经腌制的灌肠肉制品中使用。丁香的香气特别浓，调味时能掩盖其他香料香味，用量不能多。

(2) 豆蔻

豆蔻别名圆豆蔻、白豆蔻、紫蔻、十开蔻，为姜科豆蔻属植物白豆蔻的种子。在使用前须存于蒴果中。白豆蔻为多年生草本，全株形状似芭蕉，高 2～3m，蒴果扁球形，直径 1.5cm，三裂，种子呈不规则多面体，晒干后，除去顶端花萼及基部果柄即得，具有强烈的香气。

豆蔻用于肉制品加工时，将果实磨成粉加入制品中，具有良好的调味作用，特别在灌肠中广泛采用。

(3) 肉豆蔻

肉豆蔻又称肉果、玉果、肉蔻，为豆蔻科肉豆蔻属植物肉豆蔻种仁。果实呈梨形或近似圆球形，长 3.5～5cm，有芳香，为淡黄色或橙黄色。果皮厚约 0.5cm，果熟时裂为两瓣，露出深红色假种皮，即为肉豆蔻衣。干时黄褐色，长 2.5～3cm，厚约 1mm。种仁即肉豆蔻，呈卵形，有网状条纹，外表为淡棕色或暗棕色。

肉豆蔻挥发油中含有肉豆蔻醚，气味极芳香。在肉制品加工中加入肉豆蔻有很强的调味作用，为酱卤制品必用的香料，也常在高档灌肠制品中使用。

(4) 小茴香

小茴香别名茴香、香丝菜，为伞形科小茴香属茴香的成熟果实。茴香为多年生草本，全株表面有粉霜，具有强烈香气。果呈卵状，长圆形，长 4～8mm，具有 5 棱，有特异香气，全国各地普遍栽培。秋季采摘成熟果实，除去杂质，晒干。

小茴香在肉制品加工中是常用的香料，以粒大、饱满、色黄绿、鲜亮、无梗、无杂质为上品。炖牛羊肉时加入小茴香则味道更鲜美。

(5) 大茴香

大茴香别名八角茴香、八角，北方称大料，南方称唛头。八角为八角树的果实，呈八角形。有强烈的山楂花香气，味甜，性温和。鲜果绿色，成熟果深紫色，暗而无光。干燥果呈棕红色，并具有光泽。

八角是酱卤肉制品必用的香料，能压腥去膻，增加肉的香味。

(6) 砂仁

砂仁又名缩砂密、缩砂仁、宿砂仁、阳春砂仁。其干果气芳香而浓烈，味辛凉。砂仁为姜科植物砂仁种子的种仁，是每年生草本。砂仁以个大、坚实、仁饱满、气味浓者为佳。

砂仁在肉制品加工中去异味，增加香味，使肉味鲜美可口。

(7) 陈皮

陈皮为柑橘在10～11月份成熟时采收剥下果皮晒干所得。中国栽培的柑橘品种甚多，其果皮均可做调味香料用。

陈皮在肉制品生产中用于酱卤制品，可增加复合香味。

(8) 孜然

孜然又名藏茴香、安息茴香。伞形科，一年生或多年生草本，果实有黄绿色与暗褐色之分，前者色泽新鲜，子粒饱满，具有独特的薄荷、水果状香味，还带有适口的苦味，咀嚼时有收敛作用。果实干燥后加工成粉末可用于肉制品的解腥。

(9) 百里香

百里香别名麝香草，俗称山胡椒。干草为绿褐色，有独特的叶臭和麻舌样口味，带甜味，芳香强烈。夏季枝叶茂盛时采收，洗净，剪去根部，切段，晒干。将茎直接干制或再加工成粉状，用水蒸气蒸馏可得1%～2%精炼油。全草含挥发油0.15%～0.5%。挥发油中主要成分为香芹酚，能压腥去膻，多用作羊肉的调味料。

(10) 月桂

又名桂叶、香桂叶、香叶、天竺桂。其味芳香文雅，香气清凉带辛香和苦味。月桂叶在肉制品中起增香矫味作用，因含有柠檬烯等成分，具有杀菌和防腐的功效。

(11) 草果

草果又称草果仁、草果子。味辛辣，具特异香气，微苦。全株辛辣味，品质以个大、饱满、表面红棕色为好。果实中含淀粉、油脂等。在肉制品加工中具有增香、调味作用。

(12) 檀香

檀香别名白檀、白檀木，为檀香科檀香属植物檀香的干燥心材。成品为长短不一的木段或碎块，表面黄棕色或淡黄橙色，质致密而坚重。

檀香具有强烈的特异香气，且持久，味微苦。肉制品酱卤类加工中用作增加复合香味的香料。

(13) 甘草

甘草别名甜草根、红苷草、粉草。为豆科甘草属植物甘草的根状茎及根。根状茎粗壮味甜，圆柱形，外皮红棕色或暗棕色。秋季采摘，除去残茎，按粗细分别晒干，以外皮紫褐、紧密细致、质坚实而重者为上品。

甘草中含6%～14%草甜素（即甘草酸）及少量甘草苷，被视为矫味剂。甘草在肉制品中常用作甜味剂。

(14) 玫瑰

玫瑰为蔷薇科蔷薇属植物玫瑰的花蕾。以花朵大、瓣厚、色鲜艳、香气浓者为好。5～6

月份采摘含苞未放的花蕾晒干。花含挥发油（玫瑰油），有极佳的香气。肉制品生产中常用作香料。也可磨成粉末掺入灌肠中，如玫瑰肠。

（15）姜黄

姜黄别名黄姜、毛姜黄、黄丝郁金，为姜科黄属植物姜黄的根状茎。姜黄为多年生草本，高 1m 左右，根状茎粗短，圆柱形，分枝块状，丛聚呈指状或蛹状，芳香，断面鲜黄色，冬季或初春挖取根状茎洗净煮熟晒干或鲜时切片晒干。

姜黄中含有 0.3%姜黄素及 1%～5%的挥发油，姜黄素为一种植物色素，可做食品着色剂，挥发油含姜黄酮，二氢姜黄酮、姜烯、桉油精等。在肉制品加工中有着色和增添香味的作用。

（16）芫荽子

芫荽子别名胡荽子、香荽子、香菜子。为伞形科芫荽属植物芫荽的果实。夏季收获，晒干。芫荽子主要用以配咖喱粉，也有用作酱卤类香料。在维也纳香肠和法兰克福香肠加工中用作调味料。

二、天然混合香辛料

混合香辛料是将数种香辛料混合起来，使之具有特殊的混合香气。它的代表性品种有：咖喱粉、辣椒粉、五香粉。

1. 咖喱粉

咖喱粉是一种混合香料。主要由香味为主的香味料、辣味为主的辣味料和色调为主的色香料三部分组成。一般混合比例是：香味料 40%，辣味料 20%，色香料 30%，其他 10%。当然，具体做法并不局限于此，不断变换混合比例，可以制出各种独具风格的咖喱粉。通常是以姜黄、白胡椒、芫荽子、小茴香、桂皮、姜片、辣根、八角、花椒、芹菜子等配制研磨成粉状，称为咖喱粉。颜色为黄色，味香辣。肉制品中的咖喱牛肉干、咖喱肉片、咖喱鸡等即以此做调味料。

2. 五香粉

五香粉系由多种香辛料植物配制而成的混合香料。常用于中国菜，用茴香、花椒、肉桂、丁香、陈皮五种原料混合制成，有很好的香味。其配方因地区不同而有所不同。

配方一：花椒 18%，桂皮 43%，小茴香 8%，陈皮 6%，干姜 5%，大茴香 20%配成。

配方二：花椒、八角、茴香、桂皮各等量磨成粉配成。

配方三：阳春砂仁 100g，去皮草果 75g，八角 50g，花椒 50g，肉桂 50g，广陈皮 150g，白豆蔻 50g，除豆蔻砂仁外，均炒后磨粉混合而成。

3. 辣椒粉

辣椒粉，主要成分是辣椒，另混有茴香、大蒜等，红色颗粒状，具有特殊的辛辣味和芳香味。

七味辣椒粉是一种日本风味的独特混合香辛料，由 7 种香辛料混合而成。它能增进食欲，助消化，是家庭辣味调味的佳品。下面是七味辣椒粉的两个配方。

配方一：辣椒 50g，麻子 3g，山椒 15g，芥籽 3g，陈皮 13g，油菜籽 3g，芝麻 5g。

配方二：辣椒 50g，芥籽 3g，山椒 15g，油菜籽 3g，陈皮 15g，绿紫菜 2g，芝麻 5g，紫苏子 2g，麻子 4g。

三、提取香辛料

随着人民生活水平的不断提高，香辛料的生产和加工技术得到进一步发展。现在的香辛料已经从过去的单纯用粉末，逐渐走向提取香辛料精油、油树脂，即利用化学手段对挥发性精油成分和不挥发性精油成分进行抽提后调制而成。这样可将植物组织和其他夹杂物完全除去，既卫生又方便使用。

提取香辛料根据其性状可分为：液体香辛料、乳化香辛料和固体香辛料。

1. 液体香辛料

超临界提取的大蒜精油、生姜精油、姜油树脂、花椒精油、孜然精油、辣椒精油、大茴香精油、小茴香油树脂、丁香精油、黑胡椒精油、肉桂精油、十三香精油等产品均为提取的液体香辛料。

液体香辛料的特点是：有效成分浓度高，具有天然、纯正、持久的香气，头香好，纯度高，用量少，使用方便。

2. 乳化香辛料

乳化香辛料是把液体香辛料制成水包油型的香辛料。

3. 固体香辛料

固体香辛料是把水包油型乳液喷雾干燥后经被膜物质包埋而成的香辛料。

第三节 添 加 剂

食品添加剂是指为改善产品品质和色、香、味，以及为防腐和加工工艺需要而加入食品中的天然物质或者化学合成物质。

肉制品生产中常用添加剂有如下几类。

一、发色剂

在肉制品加工中，为获得产品的鲜艳色泽，经常使用硝酸盐、亚硝酸盐做发色剂。

1. 硝酸盐

硝酸盐主要有硝酸钾及硝酸钠，为无色的结晶或白色的结晶性粉末，无臭，稍有咸味，易溶于水。

（1）作用机理

首先，硝酸盐被还原性细菌在酸性条件下作用形成亚硝酸盐，亚硝酸盐在微酸性条件下形成亚硝酸

$$NaNO_3 \longrightarrow NaNO_2 + 2H_2O$$

$$NaNO_2 + CH_3CHOHCOOH \longrightarrow HNO_2 + CH_3CHOHCOONa$$

其次，亚硝酸是一个非常不稳定的化合物，在腌制过程中被还原性物质作用形成一氧化氮（NO）

$$HNO_2 + H^+ + e \longrightarrow NO + H_2O$$

最后，NO与还原状态的肌红蛋白（Mb）反应结合生成NO-Mb。

$$NO + Mb \longrightarrow NO\text{-}Mb$$

亚硝基肌红蛋白使肉呈现鲜艳的肉红色。

（2）用量

GB 2760—1996 规定硝酸钠可用于肉制品，最大使用量为 0.5g/kg，残留量控制同亚硝酸钠。

2. 亚硝酸盐

亚硝酸盐主要是指亚硝酸钠，它为白色至淡黄色粉末或颗粒状，味微咸，易潮解，外观和滋味似食盐，易溶于水，微溶于乙醇。

亚硝酸盐的发色作用比硝酸盐迅速；能抑制肉制品中造成食物中毒及腐败菌的生长；具有增强肉制品风味，防止脂肪氧化酸败的作用。

GB 2760—1996 规定亚硝酸盐的最大使用量为 0.15g/kg，最大残留量（以亚硝酸盐计）肉类罐头不得超过 0.05g/kg，肉制品不得超过 0.03g/kg。

二、发色助剂

为了提高发色效果，降低硝酸盐类的使用量，往往加入发色助剂，如异抗坏血酸钠、烟酰胺、葡萄糖酸内酯等。

1. 异抗坏血酸钠

异抗坏血酸钠是抗坏血酸钠的异构体，为白色或淡黄色的结晶或粉末，无臭，略有咸味，易溶于水，遇光不稳定。可以保护许多重要的生理活性物质在还原状态下发挥作用。异抗坏血酸钠与硝酸盐的作用，产生更多的亚硝酸盐，并促进亚硝酸盐生成一氧化氮，同时不仅能防止一氧化氮和二价铁离子被氧化，还能将已氧化的三价铁离子还原成为二价铁离子。因此，异抗坏血酸钠具有护色和助发色作用。作为助发色剂使用，加速了颜色的合成和保持了颜色的稳定，使肉制品在存放过程中保持了色、香、味的统一。

异抗坏血酸钠由于能抑制亚硝胺的形成，故有利人们的身体健康。对火腿等腌制肉制品的使用量为 0.5～1.0g/kg。

2. 葡萄糖酸内酯

葡萄糖酸内酯为白色结晶性粉末，无臭，口感先甜后酸，易溶于水，略溶于乙醇。葡萄糖酸内酯是水果及其制品中的天然成分，也是碳水化合物代谢过程中的中间产物，对人体无害。

通常 1％葡萄糖酸内酯水溶液的 pH 为 3.5，因此可作为酸味剂，在腌制过程中，促进亚硝酸钠向亚硝酸的转化，起到助发色作用，降低亚硝酸钠的使用量，并稳定产品的色泽提高制品的稳定性和切片性，产品的质构较好。又由于葡萄糖酸内酯对霉菌和一般的细菌具有抑制作用，也是一种防腐剂，延长产品的保存期。缩短肉制品的成熟过程，增加出品率。

中国规定葡萄糖酸内酯可用于午餐肉、香肠（肠制品），最大使用量为 3.0g/kg，残留 0.01mg/kg。

3. 烟酰胺

烟酰胺也称尼克酰胺或维生素 PP，为白色晶体粉末，几乎无臭、味苦、微吸潮，干燥状态时 50℃以下稳定，易溶于水，与酸、碱加热，水解生成烟酸。

烟酰胺与肌红蛋白结合生成稳定的烟酰肌红蛋白，不被氧化，防止肌红蛋白在亚硝酸生成亚硝基期间氧化变色。添加 0.01％～0.02％的烟酰胺可保持和增强火腿、香肠的色、香、味，同时也是重要的营养强化剂。

三、着色剂

着色剂分为天然色素和人工合成色素两大类。中国允许使用的天然色素有：红曲米、姜黄素、虫胶色素、红花黄色素、叶绿素铜钠盐、β-胡萝卜素、红辣椒红素、甜菜红和糖色等。实际用于肉制品生产中以红曲米最为普遍。

食用合成色素是以煤焦油中分离出来的苯胺染料为原料而制成的，故又称煤焦油色素和苯胺色素，如胭脂红、柠檬黄等。食用合成色素大多对人体有害，其毒害作用主要有三类：使人中毒、致泻、引起癌症，所以应该尽量少用或不用。中国卫生部门规定：凡是肉类及其加工品都不能使用食用合成色素。

1. 红曲米和红曲色素

红曲米是由红曲霉菌接种于蒸熟的米粒上，经培养繁殖后所产生的红曲霉红素。红曲米的呈色成分是红斑素和红曲色素，它是一种安全性很高，化学性质稳定的色素。对酸碱度稳定、耐热性好、耐光性好，几乎不受金属离子、氧化剂和还原剂的影响，着色性、安全性好。其使用量一般控制在0.6%～1.5%左右。

2. 焦糖

焦糖又称酱色或糖色，外观是红褐色或黑褐色的液体，也有的呈固体状或粉末状。可以溶解于水以及乙醇中，但在大多数有机溶剂中不溶解。焦糖水溶液晶莹透明。溶解的焦糖有明显的焦味，但冲稀到常用水平则无味。焦糖的颜色不会因酸碱度的变化而发生变化，并且也不会因长期暴露在空气中受氧气的影响而改变颜色。焦糖在150～200℃左右的高温下颜色稳定，是中国传统使用的色素之一。焦糖在肉制品加工中的应用主要是为了增色，补充色调，改善产品外观的作用。

四、品质改良剂

品质改良剂是目前肉制品加工中经常使用的食品添加剂，它们在改善肉制品品质方面发挥着重要的作用。

1. 蛋白酶

目前，蛋白酶作为嫩化剂的主要是植物性蛋白酶。最常用为木瓜蛋白酶、菠萝蛋白酶、生姜蛋白酶和猕猴桃蛋白酶等。

（1）木瓜蛋白酶

木瓜蛋白酶是一种在酸性、中性、碱性条件下均能降解蛋白质的酶。它的外观为白色或浅黄色的粉末，微有吸潮性。可溶于水、甘油及70%的乙醇。水溶液的颜色由无色至亮黄色，较为透明。木瓜蛋白酶对蛋白质进行降解的最佳条件为温度65℃，pH为7.0～7.5。虽然在其他温度（不超过90℃，不低于室温）以及其他酸碱范围内的环境中也能对蛋白质进行降解，但效果没有处于最佳环境时好。

加工中使用木瓜蛋白酶时，可先用温水将其粉末溶化，然后将原料肉放入拌和均匀，即可加工。木瓜蛋白酶广泛用于肉类的嫩化。

（2）菠萝蛋白酶

菠萝蛋白酶又名菠萝酶，是由制作菠萝罐头的下脚料中提取的一种蛋白酶。菠萝蛋白酶是一种黄色粉末。它与蛋白质发生降解作用的条件为pH6～8，温度为30～35℃。

加工中使用菠萝蛋白酶时，要注意将其粉末溶入30℃左右的水中，也可直接加入调味液，然后把原料肉放入其中，经搅拌均匀即可加工。

(3) 谷氨酰胺转氨酶

谷氨酰胺转氨酶（TG）是一种催化酰基转移反应的转移酶，它可使酪蛋白、肌球蛋白、谷蛋白、乳球蛋白等蛋白质分子之间发生交联，改变蛋白质的功能性质。

在肉制品中添加谷氨酰胺转氨酶，由于该酶的交联作用可以提高产品的弹性、质地，对肉进行改型再塑造，增加胶凝强度等。

2. 多聚磷酸盐

在香肠和火腿生产中，为了使制成品形态完整，色泽好，质嫩，切面有光泽，常需掺入一些磷酸盐做品质改良剂。在效果上以焦磷酸钠、三聚磷酸钠和六偏磷酸钠为最好。它可以增加肉的保水性能，改善制成品的鲜嫩度和黏结性，并提高出品率。

(1) 焦磷酸钠

焦磷酸钠（1%水溶液 pH 为 10）为无色或白色结晶，溶于水，水中溶解度为 11%，因水温升高而增加溶解度。能与金属离子配合，使肌肉蛋白质的网状结构被破坏，包含在结构中可与水结合的极性基因被释放出来，因而持水性提高。同时焦磷酸盐与三聚磷酸盐有解离肌动球蛋白的特殊作用，最大使用量不超过 1g/kg。

(2) 三聚磷酸钠

三聚磷酸钠（1%水溶液 pH 为 9.5）为白色颗粒或粉末，易溶于水，有潮解性。在肉肠中使用，能使制成品形态完整、色泽美观、肉质柔嫩、切片性好。三聚磷酸钠在肠道不被吸收，至今尚未发现有不良副作用。最大使用量应控制在 2g/kg 以内。

(3) 六偏磷酸钠

六偏磷酸钠（1%水溶液 pH 为 6.4）为玻璃状无定型固体（片状、纤维状或粉末），无色或白色，易溶于水，有吸湿性，它的水溶液易与金属离子结合，有保水及促进蛋白质凝固作用。最大使用量为 1g/kg。

各种磷酸盐可以单独使用，也可把几种磷酸盐按不同比例组成复合磷酸盐使用。实践证明，使用复合磷酸盐较单用一种磷酸盐效果好一些。用量一般为 0.4%～0.5%，过量时，可能影响口感。

3. 增稠剂

增稠剂又称赋形剂、黏稠剂，具有改善和稳定肉制品物理性质或组织形态、丰富食用的触感和味感的作用。

增稠剂按其来源大致可分为两类：一类是来自于含有多糖类的植物原料；另一类则是从富含蛋白质的动物及海藻类原料中制取的。增稠剂的种类很多，在肉制品加工中应用较多的有：植物性的增稠剂，如淀粉、琼脂、大豆蛋白等；动物性增稠剂，如明胶、禽蛋等。这些增稠剂的组成成分、性质、胶凝能力均有所差别，使用时应注意选择。

(1) 淀粉

淀粉的种类很多，不同的淀粉会有不同的作用，主要有以下几点。

① 提高黏结性。保证产品切片不松散。

② 增加稳定性。淀粉可作为赋形剂，使产品具有弹性。

③ 乳化作用。淀粉可束缚脂肪，缓解脂肪带来的不良影响，改善口感、外观。

④ 提高持水性。淀粉的糊化，吸收大量的水分，使产品柔嫩、多汁。

⑤ 包埋作用。改性淀粉中的 β-环状糊精，具有包埋香气的作用，使香气持久。

⑥ 增强制品的感官性能，保持制品的鲜嫩，提高制品的滋味。

通常情况下，制作肉丸等肉糜制品时使用马铃薯淀粉，加工肉糜罐头时用玉米淀粉，制作肉丸等肉糜制品时用小麦淀粉。肉糜制品的淀粉用量视品种而不同，可在5%～50%的范围内，如午餐肉罐头中约加入6%淀粉，炸肉丸中约加入15%淀粉，粉肠约加入50%淀粉。高档肉制品则用量很少，并且使用玉米淀粉。

(2) 大豆分离蛋白

大豆分离蛋白是大豆蛋白经分离精制而得到的蛋白质，一般蛋白质含量在90%以上，由于其良好的持水性、乳化性、凝胶形成性以及低廉的价格，在肉制品加工中得到广泛的应用，其作用如下。

① 改善肉制品的组织结构。大豆分离蛋白添加后可以使肉制品内部组织细腻，结合性好，富有弹力，切片性好。在增加肉制品的鲜香味道的同时，保持产品原有的风味。

② 乳化作用。大豆分离蛋白是优质的乳化剂，可以提高脂肪的用量。

③ 提高持水性。大豆分离蛋白具有良好的持水性，使产品更加柔嫩。

(3) 明胶

明胶是用动物的皮、骨、软骨、韧带、肌膜等富含胶原蛋白的组织，经部分水解后得到的高分子多肽的高聚合物。明胶的外观为白色或淡黄色，是一种半透明、微带光泽的薄片或粉粒，有特殊的臭味，类似肉汁。明胶受潮后极易被细菌分解，明胶不溶于冷水，但加水后则缓慢吸水膨胀软化，吸水量约为自身质量的5～10倍。明胶在热水中可以很快溶解，形成具有黏稠度的溶液，冷却后即凝结成固态状，成为胶状。明胶不溶于乙醇、乙醚、氯仿等有机溶剂，但可溶解于乙酸、甘油。

明胶在水中的含量一般达到5%左右，才能形成凝胶，明胶胶冻具有柔软性、富于弹性，口感柔软，胶冻的溶解与凝固温度约在25～30℃左右。明胶形成的胶冻具有热可逆性，加热时熔化，冷却时凝固，这一特性在肉制品加工中常常有所应用，如制作水晶肴肉、水晶肠等常需用明胶可做出透明度高的产品。

明胶在肉制品加工中的作用概括起来有以下四方面：营养、乳化、黏合保水、稳定、增稠、胶凝等作用。

(4) 琼脂

琼脂为多糖类物质，主要为聚半乳糖苷。琼脂为半透明白色至浅黄色薄膜带状或碎片、颗粒及粉末；无臭或略有特殊臭味；口感黏滑；表面皱缩、微有光泽、质轻软而韧、不易折，完全干燥品易碎；不溶于冷水，但是冷水中可吸水20倍而膨润软化，溶于沸水，冷却后0.1%以下含量可成为黏稠液，0.5%即可形成坚实的凝胶，1%含量于32～42℃可凝固，该凝胶具有弹性；琼脂在开始凝胶时，凝胶强度随时间延长而增大，但完全凝固后因脱水收缩，凝胶强度也下降。琼脂凝胶坚固，可使产品有一定形状，但其组织粗糙、发脆、表面易收缩起皱。尽管琼脂耐热性较强，但是加热时间过长或在强酸性条件下也会导致胶凝能力消失。

(5) 卡拉胶

卡拉胶系半乳糖及脱水半乳糖组成的多糖类硫酸酯的钙、钾、钠、铵盐。卡拉胶为白色或淡褐色颗粒或粉末、无臭或微臭、无味或稍带海藻味。溶于80℃水，如用乙醇、甘油、饱和蔗糖水浸润则易分散于水中。卡拉胶与30倍水煮沸10min冷却即成胶体，与蛋白质反应起乳化作用，乳化液稳定。

干品卡拉胶性质稳定，长期存放也不降解，在中、碱性溶液中稳定，其最适 pH 为 9.0，此时即使加热也不水解。凝固强度比琼脂低，但透明度好。

卡拉胶作为增稠剂、乳化剂、调和剂、胶凝剂和稳定剂使用，《食品添加剂使用卫生标准》规定：卡拉胶可按生产需要适量用于各类食品。可与多种胶复配，如添加黄原胶可使卡拉胶凝胶更柔软、更黏稠、更具弹性；与魔芋胶相互作用形成一种具弹性的热可逆凝胶；在肉制品加工中，加入卡拉胶，可使产品产生脂肪样的口感，可用于生产高档、低脂的肉制品。

(6) 黄原胶

黄原胶是一种微生物多糖，由纤维素主链和三糖侧链构成。黄原胶可作为增稠剂、乳化剂、调和剂、稳定剂、悬浮剂和凝胶剂使用。《食品添加剂使用卫生标准》规定：在肉制品中最大使用量为 2.0g/kg。在肉制品中起到稳定作用，结合水分、抑制脱水收缩。

使用黄原胶时应注意：制备黄原胶溶液时，如分散不充分，将出现结块。除充分搅拌外，可将其预先与其他材料混合，再边搅拌边加入水中。如仍分散困难，可加入与水混溶性溶剂如少量乙醇。

黄原胶是一种阴离子多糖，能与其他阴离子型或非离子型物质共同使用，但与阳离子型物质不能配伍。其溶液对大多数盐类具有极佳的配伍性和稳定性。添加氯化钠和氯化钾等电解质，可提高其黏度和稳定性。

五、抗氧化剂

抗氧化剂的品种很多，国外使用的有 30 种左右。在肉制品中通常使用的有油溶性抗氧化剂和水溶性抗氧化剂。

1. 油溶性抗氧化剂

油溶性抗氧化剂能均匀地溶解分布在油脂中，对含油脂或脂肪的肉制品可以很好地发挥其抗氧化作用。油溶性抗氧化剂包括丁基羟基茴香醚、二丁基羟基甲苯和没食子酸丙酯，另外还有维生素 E。

① 丁基羟基茴香醚又名丁基大茴香醚，简称 BHA。其性状为白色或微黄色蜡样结晶性粉末，带有特异的酚类的臭气和有刺激性的味。BHA 除抗氧化作用外，还有很强的抗菌力。在直射光线长期照射下色泽会变深。

② 二丁基羟基甲苯简称 BHT。BHT 为白色结晶或结晶粉末，无味，无臭，不溶于水及甘油，可溶于各种有机溶剂和油脂。对热相当稳定，与金属离子反应不会着色。具有升华性，加热时有与水蒸气一起挥发的性质。

BHT 的抗氧化作用较强，耐热性好，在普通烹调温度下影响不大。一般多与 BHA 并用，并以柠檬酸或其他有机酸为增效剂。

BHT 最大用量为 0.2g/kg。使用时，可将 BHT 与盐和其他辅料拌均匀，一起掺入原料肉内；也可将 BHT 预先溶解于油脂中，再按比例加入肉品或喷洒、涂抹在肠体表面；也可用含有 BHT 的油脂生产油炸肉制品。

③ 没食子酸丙酯 (PG)。系白色或淡黄色晶状粉末，无臭、微苦。易溶于乙醇、丙酮、乙醚，难溶于脂肪与水，对热稳定。

没食子酸丙酯对脂肪、奶油的抗氧化作用较 BHA 或 BHT 强，三者混合使用时效果更佳；若同时添加柠檬酸 0.01%，既可做增效剂，又可避免避金属着色。在油脂、油炸食品、干鱼制品中加入量不超过0.1g/kg（以脂肪总重计）。

④ 维生素E。系黄色至褐色几乎无臭的澄清黏稠液体。溶于乙醇而几乎不溶于水。可和丙酮、乙醚、氯仿、植物油任意混合。对热稳定。天然维生素E有α、β、γ等七种异构体。α-生育酚由食用植物油制得，是目前国际上惟一大量生产的天然抗氧化剂，在奶油、猪油中加入0.02%～0.03%维生素E，抗氧化效果十分显著。其抗氧化作用比BHA、BHT的抗氧化力弱，但毒性低得多，也是食品营养强化剂。

2. 水溶性抗氧化剂

应用于肉制品中的水溶性抗氧化剂主要包括抗坏血酸、异抗坏血酸、抗坏血酸钠、异抗坏血酸钠等。这四种水溶性抗氧化剂，常用于防止肉中血色素的氧化变褐，以及因氧化而降低肉制品的风味和质量等方面。

（1）L-抗坏血酸及其钠盐

L-抗坏血酸，别名维生素C。其性状为白色或略带淡黄色的结晶或粉末，无臭，味酸，易溶于水。遇光色渐变深，干燥状态比较稳定，但水溶液很快被氧化分解，特别是在碱性及重金属存在时更促进其破坏。L-抗坏血酸应用于肉制品中，有抗氧化作用、助发色作用，和亚硝酸盐结合使用，有防止产生亚硝胺作用。

L-抗坏血酸钠是抗坏血酸的钠盐形式，其性状为白色或带有黄白色的粒、细粒或结晶性粉末，无臭，稍咸。较抗坏血酸易溶于水，其水溶液对热、光等不稳定。L-抗坏血酸钠应用于肉制品中作助发色剂，同时还可以保持肉制品的风味，增加制品的弹性；还有阻止产生亚硝胺的作用，这对于防止亚硝酸盐在肉制品中产生致癌物质—二甲基亚硝胺，具有很大意义。其用量以0.5g/kg为宜，先溶于少量水中，然后均匀添加。制作猪肉、禽兔肉制品，可将抗坏血酸钠盐溶于稀薄的动物明胶中，喷雾于肉表面。

（2）异抗坏血酸及其钠盐

异抗坏血酸及其钠盐是抗坏血酸及其钠盐的异构体，极易溶于水，其使用及使用量均同抗坏血酸及其钠盐。

此外，抗氧化剂还有愈疮树脂、茶多酚、儿茶素、卵磷脂和一些香辛料，如丁香、茴香、花椒、桂皮、甘草和姜等。

六、防腐剂

防腐剂是对微生物具有杀灭、抑制或阻止生长作用的食品添加剂。作为肉制品中使用的防腐剂必须具备下列条件：对人体健康无害；不破坏肉制品本身的营养成分；在肉制品加工过程中本身能破坏而形成无害的分解物；不损害肉制品的色、香、味。

目前《食品添加剂卫生标准》中允许在肉制品中使用的防腐剂有山梨酸及其钾盐、脱氢乙酸钠和乳酸链球菌素等。

1. 山梨酸及其钾盐

山梨酸及其钾、钠盐被认为是有效的霉菌抑制剂。山梨酸为白色结晶，可溶于多种有机溶剂，微溶于水，其钾、钠盐极易溶解于水。使用时，可先溶于乙醇，再加入食品。

由于山梨酸（盐）对肉毒杆菌有显著的抑制作用，将它应用于香肠、咸肉制品中可减少亚硝酸盐的用量。

山梨酸及其钠，其防腐效果随pH升高而降低，宜在pH6.0以下范围使用。使用时要注意食品的卫生状况，如食品已严重污染，即使加入山梨酸盐也起不了防腐作用，而且细菌可利用山梨酸盐作为营养，使食品腐败更快。

《食品添加剂使用卫生标准》规定：用于肉、鱼、蛋、禽类肉制品，最大使用量为0.075g/kg。

2. 乳酸链球菌素

乳酸链球菌素为乳酸球菌属微生物的代谢产物，系一种多肽的物质，由氨基酸组成。乳酸链球菌素对肉毒梭状芽孢杆菌和其他厌氧芽孢作用很强，故在肉类罐头中不仅防腐作用明显，而且可降低灭菌温度和缩短灭菌时间，从而提高产品的嫩度。

乳酸链球菌素使用时应先用0.02mol/L HCl溶液溶解，然后再加到食品中；乳酸链球菌素的抗菌谱相当窄，只能抑制或杀死革兰阳性细菌，如乳酸杆菌、链球菌、芽孢杆菌、梭状芽孢杆菌或其他厌氧性形成芽孢的细菌等，对革兰阴性菌、酵母菌及霉菌均无作用。

《食品添加剂使用卫生标准》规定：用于肉、鱼、蛋、禽类肉制品，最大使用量为0.5g/kg。

复习思考题

1. 简述食盐在肉制品中的作用。
2. 酱油在肉制品加工中起什么作用？
3. 肉制品加工中常用的甜味料有哪些？
4. 肉制品加工中常用的鲜味料有哪些？
5. 肉制品中常用的香辛料有哪些？
6. 肉制品中常用的混合香辛料有哪些？
7. 亚硝酸盐在肉制品加工中起何作用？应用亚硝酸盐时应注意什么？
8. 在肉制品中常用作嫩化剂的蛋白酶有哪些？
9. 哪几种磷酸盐常用作肉制品的品质改良剂？应如何应用？

第五章　腌腊肉制品加工技术

【学习目标】

1. 了解腌制原理。
2. 掌握常见腌腊肉制品加工技术。

第一节　概　　述

腌腊肉制品是肉经腌制、酱制、晾晒（或烘烤）等工艺加工而成的生肉类制品，食用前需经熟化加工。根据腌腊制品的加工工艺及产品特点将其分为咸肉类、腊肉类、酱肉类、风干肉类和腊肠类。

一、腌腊肉制品特点

1. 咸肉类

肉经腌制加工而成的生肉类制品，食用前需经熟制加工。咸肉又称腌肉，其主要特点是成品肥肉呈白色，瘦肉呈玫瑰红色或红色，具有独特的腌制风味，味稍咸。常见咸肉类有咸猪肉、咸羊肉、咸水鸭、咸牛肉和咸鸡等。

2. 腊肉类

肉经食盐、硝酸盐、亚硝酸盐、糖和调味香料等腌制后，再经晾晒或烘烤或烟熏处理等工艺加工而成的生肉类制品，食用前需经熟化加工。腊肉类的主要特点是成品呈金黄色或红棕色，产品整齐美观，不带碎骨，具有腊香风味。腊肉类主要代表有中式火腿、腊猪肉、腊羊肉、腊牛肉、腊兔、腊鸡、板鸭、板鹅等。

3. 酱肉类

肉经食盐、酱料（甜酱或酱油）腌制、酱渍后，再经脱水（风干、晒干、烘干或熏干等）而加工制成的生肉类制品，食用前需经煮熟或蒸熟加工。酱肉类具有独特的酱香味，肉色棕红。酱肉类常见有清酱肉（北京清酱肉）、酱封肉（广东酱封肉）和酱鸭（成都酱鸭）等。

4. 风干肉类

肉经腌制、洗晒（某些产品无此工序）、晾挂、干燥等工艺加工而成的生肉类制品，食用前需经熟化加工。风干肉类干而耐咀嚼，回味绵长。常见风干肉类有风干猪肉、风干牛肉、风干羊肉、风干兔肉和风干鸡肉等。

5. 腊肠类

传统中式腊肠俗称香肠，是指以猪肉为主要原料，经切、绞成丁，配以辅料，灌入动物肠衣再晾晒或烘焙而成的肉制品，是中国著名的传统风味肉制品。

二、腌制原理

腌制是借助盐或糖扩散渗透到组织内部，降低肉组织内部的水分活度，提高渗透压，有选择地控制有害微生物或腐败菌的活动并伴随着发色、成熟的过程。它不仅可以改变细菌菌属状况，抑制微生物的生长繁殖，提高防腐性，增强肉的保水性、黏结性，促进加热凝胶的形成，稳定肉的颜色，还可以形成并保持具有独特的盐腌风味，从而改善和提高肉制品的风味。

1. 抑菌防腐

肉的腌制就是利用加入一定量的盐类（如食盐）起到抑菌防腐和延长储藏期的作用，盐类抑菌防腐主要表现在以下几个方面。

（1）脱水作用

食盐可以提高肉制品的渗透压，从而抑制微生物的生长。当食盐含量超过10%时，微生物细胞脱水，造成质壁分离，大部分微生物的生长活动就会受到暂时的控制。当食盐含量达到15%～20%，则大多数微生物停止生长。

（2）降低水分活度（A_w）

一般微生物的生长都有其适当的 A_w 范围，低于这一范围，该微生物将不能生长。盐加入后由于离子周围限制了大量的水分子，大大降低了 A_w，从而抑制了微生物的生长。A_w-微生物-肉制品的关系如表 5-1 所示。

表 5-1　A_w-微生物-肉制品关系

A_w	被抑制增殖的微生物	A_w	常见肉制品
0.95	革兰阴性杆菌，芽孢细菌的一部分，某种酵母	0.99～0.98	生鲜肉及腌制肉
0.91	大部分的球菌、乳酸菌、某种霉菌	0.98～0.96	蒸煮火腿、香肠
0.87	大部分的酵母	0.93	培根
0.80	大部分的霉菌，金黄色葡萄球菌	0.80	干香肠
0.75	好盐细菌		
0.65	耐干性霉		
0.60	好渗透压酵母		
0.50	微生物不繁殖		

（3）毒性作用

一般来说，微生物对钠很敏感。在 Na^+ 含量较低时，对微生物的生长有促进作用（如生理盐水），但当超过一定的含量时就会抑制微生物的生长。Na^+ 能和细胞原生质中的阴离子结合，因而对微生物产生毒害作用。同样，Cl^- 会和细胞原生质中阳离子结合，从而使微生物生命活动受到抑制。

（4）影响酶活性

微生物分泌出来的酶很容易遭到盐液的破坏，这可能是盐液中的离子破坏了酶蛋白质分子中的氢键或与肽键结合，从而影响了酶的活性。

（5）去氧作用

由于盐的存在大大降低了盐液中氧的溶解度，从而形成了缺氧环境，不利于好氧菌的生长。同时也减少了脂肪被氧化的机会。

2. 呈色

在腌制过程中，硝酸盐类与肌红蛋白发生一系列作用，而使肉制品呈现诱人的色泽。关于它的形成过程，参照第四章第三节发色剂内容。目前普遍接受的观点是 NO-Mb 是构成腌肉颜色的主要成分。NO-Mb 生成量的多少受很多因素的影响。

（1）亚硝酸盐的使用量

肉制品的色泽与亚硝酸盐的使用量有关，用量不足时，颜色淡而不均，在空气中氧气的作用下会迅速变色，造成储藏后色泽的恶劣变化。为了保证肉呈红色，亚硝酸钠的最低用量为0.05g/kg；为了确保安全，最大使用量为0.15g/kg，在这个范围内根据肉类原料的色素蛋白的数量及气温情况变动。

(2) 肉的pH

亚硝酸钠只有在酸性介质中才能还原成NO，一般发色的最适宜的pH范围为5.6～6.0。有时为了提高肉制品的持水性，常加入碱性磷酸盐，造成pH向中性偏移，往往使呈色效果不好，pH接近7.0时肉色就淡，所以必须注意其用量。但过低的pH环境中，亚硝酸盐的消耗量增大，如使用亚硝酸盐过量，又容易引起绿变。

(3) 温度

生肉呈色的进行过程比较缓慢，经过烘烤、加热后，则反应速率加快。如果配好料后不及时处理，生肉就会因氧化作用而褪色，这就要求迅速操作，及时加热。

(4) 添加剂

添加抗坏血酸，当其用量高于亚硝酸盐时，在腌制时可起助呈色作用，在储藏时可起护色作用；蔗糖和葡萄糖可影响肉色强度和稳定性；加烟酸、烟酰胺也可形成比较稳定的红色。但这些物质没有防腐作用，所以暂时还不能代替亚硝酸钠。另一方面有些香辛料如丁香对亚硝酸盐还有消色作用。

(5) 其他因素

微生物和光线等影响腌肉色泽的稳定性。正常腌制的肉，切开置于空气中后切面会褪色发黄，这是因为NO-Mb在微生物的作用下引起卟啉环的变化。NO-Mb在光的作用下失去NO，再氧化成高铁血色原，高铁血色原在微生物等的作用下，使得血色素中的卟啉环发生变化，生成绿色、黄色、无色的衍生物。这种褪色、变色现象在脂肪酸败及有过氧化物存在时可加速发生。

综上所述，为了使肉制品获得鲜艳的颜色，除了要有新鲜的原料外，必须根据腌制时间长短，选择合适的发色剂，掌握适当的用量，在适宜的pH条件下严格操作。此外，要注意低温、避光，并采用添加抗氧化剂、真空或充氮包装、添加去氧剂等方法避免氧的影响，保持腌肉制品的色泽。

3. 风味形成

腌肉中形成的风味物质主要为羰基化合物、挥发性脂肪酸、游离氨基酸、含硫化合物等物质，当腌肉加热时就会释放出来，形成特有风味。风味的产生大约在需腌制10～14d后出现，40～50d达到最大程度。

腌肉制品的成熟过程不仅是蛋白质和脂肪分解形成特有风味的过程，而且是肉内进一步进行着腌制剂如食盐、硝酸盐、亚硝酸盐、异抗坏血酸盐以及糖分等均匀扩散，并和肉内成分进一步进行反应的过程。腌肉成熟过程中的化学和生物化学变化，主要由微生物和肉组织内本身酶活动所引起。腌制成熟后的肉会出现鲜味或软嫩感。这可能是由于蛋白质被分解为多肽、寡肽、氨基酸等小分子所致。

亚硝酸盐是腌肉的主要特色成分，它除了具有发色作用外，对腌肉的风味有着重要影响。大量研究发现腌肉的芳香物质色谱要比其他肉要简单得多，其中腌肉中少去的大都是脂肪氧化产物，因此推断亚硝酸盐（抗氧化剂）抑制了脂肪的氧化，所以腌肉体现了肉的基本滋味和香味，减少了脂肪氧化所产生的具有种类特色的风味以及过度蒸煮味，后者也是脂肪氧化产物所致。

4. 保水

腌制可提高肉持水性这种作用主要是盐使肉中的蛋白质成分发生一些质构上的变化，从而提高持水能力。在肉腌制中常用磷酸盐，其提高肉的持水性作用机制可能为下列4个方面。

(1) pH上升

磷酸盐溶液呈碱性，可以使肉的pH向碱性方向偏移。一般来说，持水性在pH5.5左右最低，当其向碱性偏移后，则持水性提高。

(2) 螯合作用

聚磷酸盐有与多价金属离子结合的性质，聚磷酸盐的加入，可以结合原来与结构蛋白结合的钙、镁离子，使结构蛋白质的羧基被释放出来。由于羧基之间静电力的作用，使蛋白质结构松弛，可以使更多的水被吸收。

(3) 增加离子强度

聚磷酸盐是具有多价阴离子的化合物，因而在较低的浓度下可以具有较高的离子强度，这有利于肌球蛋白转变为溶胶状态，提高持水性。

(4) 肌球蛋白与低聚合度磷酸盐的特异作用

肌球蛋白与低聚合度的磷酸盐可以发生类似于肌球蛋白与ATP所发生的作用。肌球蛋白的增加，有利于持水性的提高。

肉制品加工过程中除了通过腌制提高持水性外，通常还配合使用滚揉法或添加大豆蛋白等方法提高肉制品的保水性能。

三、腌制方法

肉的腌制方法很多，大致可分为干腌法、湿腌法、混合腌制法、注射腌制法等。随着技术的进步，近年又发展了一系列加速腌制的方法，为腌制加工工业化生产提供了方便。

1. 干腌法

干腌法是利用干盐（结晶盐）或混合盐，先在肉品表面擦透，即有汁液外渗现象，而后层堆在腌制架上或层装在腌制容器里，各层间还应均匀地撒上食盐，各层依次压实，在外加压或不加压的条件下，依靠外渗汁液形成盐液进行腌制的方法。

在腌制过程中常需要定期将上、下层肉品依次翻装，又称翻缸。翻缸同时要加盐复腌，每次复腌的用盐量为开始腌制时用盐量的一部分，一般需复腌2～4次，视产品种类而定。

干腌的优点是操作简便，制品较干，易于保藏，无需特别当心，营养成分流失少，风味较好。其缺点是盐分向肉品内部渗透较慢，腌制时间较长，内部易变质；腌制不均匀，失重大，味太咸，色泽较差。

2. 湿腌法

湿腌法即盐水腌制法。就是在容器内将肉品浸没在预先配制好的食盐溶液内，并通过扩散和水分转移，让腌制剂渗入肉品内部，并获得比较均匀的分布，直至它的浓度最后和盐液浓度相同的腌制方法。

此方法常用于分割肉、肋部肉的腌制。配制腌制液时，一般是用沸水将各种腌制材料溶解，冷却后使用。腌制温度3～5℃，时间4～5d。

腌制过程由于肉中水分外移，从而导致盐液含量下降，且容易局部含量不均。因此，腌制过程应适当地增添盐以及经常翻缸，以保证维持均匀的一定含量。湿腌时一般盐液含量较高，通常不低于25%，而硝石（硝酸钾或硝酸钠）不低于1%。

湿腌的缺点是其制品的色泽和风味不及干腌制品，腌制时间比较长，肉质柔软，蛋白质流失较多。还因含水分多不易保藏。

3. 混合腌制法

混合腌制法是可先行干腌而后湿腌，是干腌和湿腌互补的一种腌制方法。干腌和湿腌相结合可以避免湿腌液因食品水分外渗而降低浓度，因干腌及时溶解外渗水分；同时腌制时不像干腌那样促进食品表面发生脱水现象；另外，内部发酵或腐败也能被有效阻止。

混合腌制法防止了肉的过分脱水和蛋白质的损失，增加了制品储藏时的稳定性且营养成分流失少，同时具有色泽好，咸度适中的优点。

4. 注射腌制法

传统的干腌和湿腌法，腌制剂的渗透和扩散受盐水浓度和温度的影响，腌制时间长，条件不易控制，且腌制不均匀。注射腌制法是进一步改善湿腌法的一种措施，为了加速腌制时的扩散过程，缩短腌制时间，最先出现了动脉注射腌制法，其后又发展了肌肉注射腌制法。

（1）动脉注射腌制法

此法是用泵将盐水或腌制液经动脉系统压送入分割肉或腿肉内的腌制方法。为散布盐液的最好方法。

注射用的单一针头插入前后腿上的股动脉的切口内，然后将盐水或腌制液用注射泵压入腿内各部位上，使其质量增加8%～10%，有的增至20%左右。

动脉注射的优点是腌制速度快，因而出货迅速；其次是得率比较高。缺点是只能用于腌制前后腿，胴体分割时还要注意保证动脉的完整性，腌制的产品容易腐败变质，故需要冷藏运输。

（2）肌肉注射腌制法

此法有单针头和多针头注射法两种。肌肉注射用的针头大多为多孔的。注射腌制法的特点是肉注射盐水后不用浸渍，腌制温度比传统方法高3～5℃，腌制时间短、效率高，但其成品质量不及干腌制品，风味略差，煮熟时肌肉收缩的程度也比较大。

另外为进一步加快腌制速度和盐液吸收程度，注射后通常采用按摩或滚揉操作，即利用机械的作用促进盐溶性蛋白质抽提，以提高制品保水性，改善肉质。

5. 新型快速腌制

（1）预按摩法

腌制前采用60～100kPa的压力预按摩，可使肌肉中肌原纤维彼此分离，并增加肌原纤维间的距离使肉变松软，加快腌制材料的吸收和扩散，缩短总滚揉时间。

（2）无针头盐水注射

不用传统的肌肉注射，采用高压液体发生器，将盐液直接注入原料肉中。

（3）高压处理

高压处理由于使分子间距增大和极性区域暴露，提高肉的持水性，改善肉的出品率和嫩度。据Nestle公司研究结果，盐水注射前用2000bar（$1bar=10^5Pa$）高压处理，可提高0.7%～1.2%出品率。

四、腌制注意事项

1. 肉块腌透、腌好

一般说来，腌制液完全渗透到肉内为腌透标志。目前尚无仪器能测量，全靠眼睛观察肉的色泽变化来判定。方法是用刀切开最厚肌肉，若整个断面呈玫瑰红色，指压弹性均相等，无粘手感，说明已达到腌透的要求；若中心部位颜色仍呈暗红色则表明未腌透。

2. 腌液浓度及温度

肉中盐的扩散速度与盐液浓度和温度密切相关。盐液与肉组织的盐浓度差距越大，扩散速度越快。温度越高，速度越快，但在温度高的情况下，细菌繁殖也越迅速，肉容易变质。腌制时最适宜的温度为2～4℃。

3. 腌液处理

由于冷库温度偏高或肉质不新鲜等原因，腌制液往往酸败变质，致使肉变坏。变质的腌制液特征是水面浮有一层泡沫或小气泡上升，这在反复利用腌制液时更易出现。因此，在重复使用腌液时需先撇去浮在上面的泡沫，滤去杂质，再将滤液经80℃ 0.5h杀菌，充分冷却。

4. 腌制时间

影响腌制成熟的因素是多方面的，如季节、库温、湿度、盐液浓度、用硝量等。只有勤检查，按色泽变化情况，逐步探索出本地区各个季节、各个品种的最佳腌制时间。

第二节　典型腌腊肉制品的加工

一、咸肉加工

咸肉是以鲜肉或冻猪肉为原料，用食盐腌制而成的肉制品。它既是一种简单的储藏保鲜方法，又是一种传统的大众化肉制品。中国各地都有生产，品种繁多，式样各异，其中以浙江咸肉、如皋咸肉、四川咸肉、上海咸肉等较为有名。如浙江咸肉皮薄、颜色嫣红、肌肉光洁、色美味鲜、气味醇香、又能久藏。

咸肉也可分为带骨和不带骨两种，加工工艺大致相同，其特点是用盐量多。

1. 工艺流程

工艺流程如下。

原料选择 → 修整 → 开刀门 → 腌制 → 成品

2. 技术要领

(1) 原料选择

鲜猪肉或冻猪肉都可以作为原料，肋条肉、五花肉、腿肉均可，但需肉色好，放血充分，且必须经过卫生检验部门检疫合格，若为新鲜肉，必须摊开凉透；若是冻肉，必须解冻微软后再行分割处理。

(2) 修整

先削去血脖部位污血，再割除血管、淋巴、碎油及横膈膜等。

(3) 开刀门

为了加速腌制，可在肉上割出刀口，俗称“开刀门”。刀口的大小深浅和多少取决于腌制时的气温和肌肉的厚薄。

(4) 腌制

在3～4℃条件下腌制。温度高，腌制过程快，但易发生腐败；温度低，腌制慢，风味好。干腌时，用盐量为肉重的14%～20%，硝石0.05%～0.75%，以盐、硝混合涂抹于肉表面，肉厚处多擦些，擦好盐的肉块堆垛腌制。第一层皮面朝下，每层间再撒一层盐，依次压实，最上一层皮面向上，于表面多撒些盐，每隔5～6d，上下互相调换一次，同时补撒食盐，经25～30d即成。若用湿腌法腌制时，用开水配成22%～35%的食盐液，再加0.7%～1.2%的硝石，2%～7%食糖（也可不加）。将肉成排地堆放在缸或木桶内，加入配好冷却的澄清盐液，以浸没肉块为度。盐液重约为肉重的30%～40%，肉面压以木板或石块。每隔4～5d上下层翻转一次，15～20d即成。

3. 咸肉的保藏

(1) 堆垛法

待咸肉水分稍干后，堆放在-5～0℃的冷库中，可储藏6个月，损耗量约为2%～3%。

(2) 浸卤法

将咸肉浸在24～25°Bé的盐水中。这种方法可延长保存期，使肉色保持红润，没有质量损失。

4. 质量控制

腌猪肉感官指标见表5-2，腌猪肉理化指标见表5-3。

表5-2 腌猪肉感官指标（摘自SB/T 10294—1998）

项目	要求	
	一级品	二级品
外观	干燥清洁	稍湿润，略发黏
色泽	瘦肉呈红色或暗红色，脂肪切面呈白色或微红色，有光泽	瘦肉呈咖啡色或暗红色，脂肪切面呈微黄色，光泽较差
组织形态	质地紧密，略有弹性，切面平整、层次分明	质地稍软，无弹性，切面较平整
气味	具有腌猪肉应有的气味，不得有酸味、苦味	尚有腌猪肉应有的气味，略有酸味

表5-3 腌猪肉理化指标（摘自SB/T 10294—1998）

项目	限量	
	一级品	二级品
挥发性盐基氮/(mg/100g) ≤	20	45
过氧化值/(meq/kg) ≤	20	32
亚硝酸钠/(mg/kg) ≤	30	30
食品添加剂	应符合GB 2760的规定	

二、腊肉加工

腊肉是以鲜肉为原料，经腌制、烘烤而成的肉制品。因其多在中国农历腊月加工，故名腊肉。由于各地消费习惯不同，产品的品种和风味也各具特色。以下介绍广式腊肉的加工。

广式腊肉系是指鲜猪肉切成条状，经腌制、烘焙或晾晒而成的肉制品。其特点是选料严格，制作精细，色泽鲜艳，咸甜爽口。

1. 工艺流程

其工艺流程如下。

原料验收 → 腌制 → 烘烤或熏制 → 包装 → 保藏

2. 技术要领

(1) 原料验收

精选肥瘦层次分明的去骨五花肉或其他部位的肉，一般肥瘦比例为5∶5或4∶6，剔除硬骨或软骨，切成长方体形肉条，肉条长38～42cm，宽2～5cm，厚1.3～1.8cm，重约0.2～0.25kg。在肉条一端用尖刀穿一小孔，系绳吊挂。

(2) 腌制

一般采用干腌法和湿腌法腌制。按表5-4配方用10%清水溶解配料，倒入容器中，然后放入肉条，搅拌均匀，每隔30min搅拌翻动1次，于20℃下腌制4～6h，腌制温度越低，腌制时间越长，使肉条充分吸收配料，取出肉条，滤干水分。

表5-4 腌制配方

名称	肉品	精盐	白砂糖	曲酒	酱油	亚硝酸钠	其他
用量/kg	100	3	4	2.5	3	0.01	0.1

(3) 烘烤或熏制

腊肉因肥膘肉较多，烘烤或熏制温度不宜过高，一般将温度控制在45～55℃，烘烤时间为1～3d，根据皮、肉颜色可判断，此时皮干瘦肉呈玫瑰红色，肥肉透明或呈乳白色。熏烤常用木炭、锯木粉、瓜子壳、糠壳和板栗壳等作为烟熏燃料，在不完全燃烧条件下进行熏制，使肉制品具有独特的腊香。

(4) 包装与保藏

冷却后的肉条即为腊肉成品。采用真空包装，即可在20℃下保存3～6个月。

3. 质量控制

广式腊肉感官指标见表5-5，广式腊肉理化指标见表5-6。

表5-5 广式腊肉感官指标（摘自GB 2730—1998）

项目	一级鲜度	二级鲜度
色泽	色泽鲜明，肌肉呈鲜红色，脂肪透明或呈乳白色	色泽稍淡，肌肉呈暗红色或咖啡色，脂肪呈乳白色，表面可以有霉点，但抹后无痕迹
组织形态	肉身干爽、结实	肉身稍软
气味	具有广东腊肉固有的风味	风味略减，脂肪有轻度酸败味

表5-6 广式腊肉理化指标（摘自GB 2730—1998）

项目	指标	项目	指标
水分/%	≤25	酸价(以KOH计)/(mg/g脂肪)	≤4
食盐(以NaCl计)/%	≤10	亚硝酸盐(以$NaNO_2$计)/(mg/g)	≤20

另外，无论哪种腊肉制品，优质腊肉都具有刀工整齐，长短一致，宽度、厚薄均匀，表面无盐霜，肉质光洁，肥肉金黄，瘦肉红亮，皮坚硬呈棕红色，咸度适中，气味芳香。劣质腊肉刀口不齐，长短、宽度、厚薄不均匀，肥瘦肉红黄不清，无光泽，皮上有黏液。香味淡薄，并有腐败气味。

三、中式火腿加工

中式火腿指用整条带皮猪腿为原料经腌制，水洗和干燥，长时间发酵制成肉制品。加工期近半年，成品水分低，肉紫红色，有特殊的腌腊香味，食前需熟制。产品特点：皮薄爪细，红白分明，外形美观，滋味鲜美，香气浓郁，肥瘦适宜，食而不腻，风味独特，营养丰富，易于保藏。中式火腿分为三种：南腿，以金华火腿为代表；北腿，以如皋火腿为代表；云腿，以云南宣威火腿为代表。南北腿的划分以长江为界。

这里以中国著名的金华火腿为例介绍其加工技术。

1. 工艺流程

其工艺流程如下。

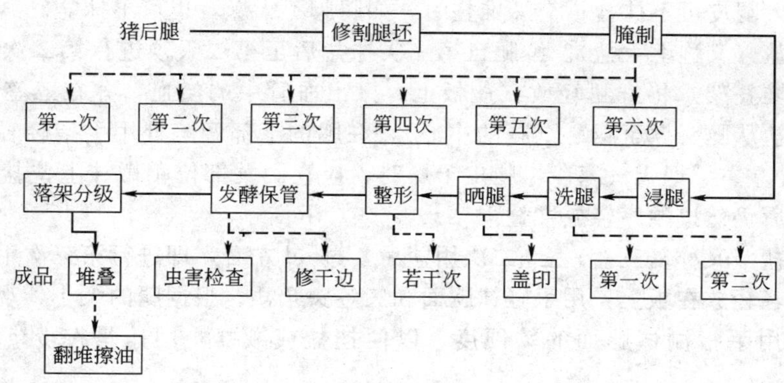

2. 技术要领

(1) 原料选择

原料是决定成品质量的重要因素，金华地区猪的品种较多，其中以两头乌猪最好。其特点是：头小，脚细、瘦肉多、脂肪少、肉质细嫩。特别是后腿发达，腿心饱满。

原料腿的选择：一般选质量为4.5～8.5kg/只的鲜猪后腿，腿皮厚度≤0.35cm，肥膘厚度≤3.5cm。对于过小，腿心扁薄肉少，种公猪、种母猪、病猪、伤猪、黄膘猪等的腿一律不能使用。

选料时的等级标准如下。

一等：肉要求新鲜，皮肉无损伤，无斑痕，皮薄腿细，腿心丰满；

二等：新鲜，无腐败气味，皮脚稍粗厚；

三等：粗皮大脚，皮肉无损伤。

(2) 修割腿坯

① 整理。刮净腿皮上的细毛、黑皮等。

② 削骨。把整理后的鲜腿斜放在肉案上，左手握住腿爪，右手持削骨刀，削平腿部耻骨（俗称眉毛骨），修整股关节（俗称龙眼骨，不露眼，斩平背脊骨，留一节半左右），不“塌骨”，不脱臼。

③ 开面。把鲜腿腿爪向右，腿头向左平放在案上，削去腿面皮层，在胫骨节上面皮层处割成半月形。开面后将油膜割去。操作时刀面紧贴肉皮，刀口向上，慢慢割去，防止硬割。

④ 修理腿皮。先在臀部修腿皮，然后将鲜腿摆正，腿朝外，腿头向内，右手拿刀，左手揉平后腿肉，随手拉起肉皮，割去肚腿皮。割完后将腿调头，左手揿出胫骨、股骨、坐骨（俗称三签头）和血管中的瘀血。鲜腿雏形即已形成。

(3) 腌制

修整腿坯后，即转入腌制过程。金华火腿腌制系采用干腌堆叠法，就是多次把盐硝混合料撒布在腿上，将腿堆叠在“腿床”上，使腌料慢慢渗透，约需30d左右。

① 六次用盐。

第一次用盐（俗称出血水盐）。腌制时，两手平拿鲜腿，轻放在盐箩上，腿脚向外，脚头向内，在腿面上撒布一薄层盐。5kg重的鲜脚用盐约62g。敷盐时要均匀。第二天翻堆时腿上应有少许余盐，防止脱盐。敷盐后堆叠时，必须层层平整，上下对齐，堆的高度应视气候而定。在正常气温以下，12～14层为宜。堆叠方法有直脚和交叉两种。直腿堆叠时，在撒盐时应抹脚，腿皮可不抹盐；交叉堆叠时，如腿脚不干燥，也可不抹盐。

第二次用盐（又称上大盐）。鲜腿自第一次抹盐后至第二天须进行第二次抹盐。从腿床上（即竹制的堆叠架）将鲜腿轻放在盐板上，揿出血管中的淤血，并在三签头上略用少许硝。然后，把盐从腿头撒至腿心（腿的中心），在腿的下部凹陷处用手指轻轻抹盐。5kg重的腿用盐190g左右。遇天气寒冷，腿皮干燥时，应在胫关部位稍微抹上些盐，脚与表面不必抹盐。用盐后仍然按顺序轻放堆叠。

第三次用盐（又称复三盐）。经二次用盐后，过6d左右，即进行第三次用盐。先把盐板刮干净，将腿轻轻放在板上，用手轻抹腿面和三签头余盐。根据腿的大小，观察三签头的余盐情况，同时用手指测试腿面的软硬度，以便挂盐或减盐，用盐量按5kg腿约用盐95g计算。

第四次用盐（又称复四盐）。在第三次用盐后隔7d左右，再进行第四次用盐。目的是经上下翻堆后，借此检查腿质、温度及三签头盐溶化程度，如不够量要再补盐。并抹去黏附在腿皮上的盐，以防腿的皮色不光亮。5kg重的腿用盐63g左右。

第五次用盐（又称复五盐）。上次用盐后7d左右，检查三签头上是否有盐，如无盐再补一些，通常6kg以下的腿可不再补盐。

第六次用盐（又称复六盐）。与复五盐完全相同。主要是检查腿上盐分是否适当，盐分是否全部渗透。

② 注意事项如下。

在整个腌制过程中，须按批次用标签标明先后顺序，每批按大、中、小三等，分别排列、堆叠，便于在翻堆用盐时不致错乱、遗漏，并掌握完成日期，严防乱堆乱放。4kg以下的小只鲜腿，从开始腌制到成熟期，需另行堆叠不可与大、中腿混杂。用盐时避免多少不一，影响质量。

上述翻堆用盐次数和间隙天数，是指在0～10℃气温下，如温度过高、过低，暴冷、暴热、雷雨等情况，则应及时翻堆和掌握盐度。气温高热时，可把腿摊放开，并将腿上陈盐全部刷去，再上新盐。过冷时，腿上的盐不会溶化，可在工场适当加温，以保持在0℃以上。

抹盐腌制腿时，要用力均匀，腿皮上切忌用盐，以防出现发白和失去光泽。每次翻堆，注意轻拿轻放，堆叠应上下整齐，不可随意挪动，避免脱盐。腌制时间一般大腿40d，中腿35d，小腿33d。

（4）洗腿

鲜腿腌制结束后，腿面上油腻污物及盐渣，需经过清洗，以保持腿的清洁，有助于腿的色、香、味的形成。洗腿的水须是洁净的清水，可在水缸或水池中清洗。春季洗腿应该当天浸泡，当天洗刷。初洗时要求腿皮向上，腿面向下，腿和皮都必须浸没水中，不得露出水面。浸腿时间长短要根据气候情况、腿只大小、盐分多少、水温高低而定。一般要浸泡15～

18h。洗腿时，必须顺次先洗脚爪、皮面、肉面和腿的下部，腿各个部位都须洗刷干净，洗时不可使后腰肉翘起。经初步洗刷后，刮去腿上的残毛和污秽杂物，刮时不可伤皮。经刮毛后，将腿再次浸泡在清水中，仔细洗刷，然后用草绳把腿拴住吊起，挂在晒架上。

(5) 晒腿

洗过的腿挂上晒架后，再用刀刮去腿脚和表面皮层上的残余细毛和油污杂质。在太阳下晒，晒时要随时整修（即“做腿”），使腿形美观。然后，在腿皮面盖上“××火腿”和“兽医验讫”戳记。盖印时要注意清楚、整齐，在腿瞳部分盖起。盖印后，初次用手捏弯脚爪，捺进臀肉，然后放在校腿凳上，把脚爪做成镰刀形，并绞直脚骨（不要绞伤，绞碎腿皮骨），再捺臀肉，使腿头、腿脚正直。同时双手用力挤腿心（一手在趾骨上，另一手在股关骨相对紧挤），使腿心饱满，揿平后腰肉。

在第 2～4d 晒腿时，应继续捏弯脚爪、挤腿心、捺腿肉、绞腿脚等。如遇阴天时则挂在室内，当发生黏液即揩去，严重时应重新洗晒。晒腿时应检查腿头上的脊骨是否折断，如有折断用刀削去，以防积水，影响质量。晒腿时间长短根据气候决定，一般冬季晒 5～6d，春天晒 4～5d，以晒至皮紧而红亮，并开始出油为度。

(6) 发酵

火腿经腌制、洗晒后，内部大部分水分虽然外泄，但是肌肉深处，还没有足够的干燥。因此，必须经过发酵过程，一面使水分继续蒸发，一面使肌肉中的蛋白质、脂肪等发酵分解，使肉色、肉味、香气更好。

火腿进入发酵场前，应逐只检查腿的干燥程度，是否有虫害和虫卵。火腿送入发酵场后，在腿架上应按大、中、小分类悬挂，彼此相距 5～7cm。火腿发酵时间一般自上架起 2～3 个月。火腿发酵时一般已进入初夏，气温转热，残余水分和油脂逐渐外泄，同时肉面生长绿色霉菌，这些霉菌分泌酶，使腿中的蛋白质、脂肪等起发酵分解作用，使火腿逐渐产生香味和鲜味。

(7) 修整

火腿发酵后，水分蒸发，腿身逐渐干燥，腿骨外露，需再次修整，此过程称为发酵期修整。一般是按腿上挂的先后批次，在清明节前后即行逐批刷去腿上发酵霉菌，进入修整工序。

修整工序包括：修平趾骨，修正股关骨，修平坐骨，从腿脚向上割去腿皮。修正时应达到腿正直，两旁对称均匀，使腿身成竹叶形。随后撒上白色砻糠（稻壳，灰不是抹），撒好后仍将腿依次上挂，继续发酵。

(8) 落架、堆叠、分等级

火腿挂至 7 月初（夏季初伏后），根据洗晒、发酵先后批次、质量、干燥度依次从架上取下，称为落架。并刷去腿上的糠灰。分别按大、中、小火腿堆叠在腿床上，每堆高度不超过 15 只，腿肉向上，腿皮向下，此过程称为堆叠。然后每隔 5～7d 左右经常上下翻堆，检查有无毛虫，并轮换堆叠，使腿肉和腿皮都经过向上、向下堆叠过程。并利用翻堆时将火腿滴下的油涂抹在腿上，使腿质保持滋润而光亮。

经过多年的研究试验，通过不同温度、湿度和食盐用量等对火腿质量影响的探索，近年来终于创造出独特的“低温腌制、中温风干、高温催熟”的新工艺，并获得成功。突破了季节性加工的限制，实现了一年四季连续加工腌制火腿，并使生产周期缩短到 3 个月左右。采用新工艺加工的火腿，其色、香、味、形以及营养成分都符合传统方法加工的火腿的质量要求。并在卫生指标方面有所提高。

3. 金华火腿新工艺

(1) 工艺流程

工艺流程如下。

选料 → 挂腿预冷 → 低温腌制 → 中温风干 → 高温催熟 → 堆叠后熟 → 包装 → 成品

(2) 技术要领

① 挂腿预冷。选用新鲜合格的金华猪后腿（俗称鲜腿），送进空调间，挂架预冷，控制温度0～5℃，预冷时间12h。要求鲜腿深层肌肉的温度下降到7～8℃，腿表不得结冰。同时将腿初步修成“竹叶形”腿坯。

② 低温腌制。经过预冷后的腿坯移入低温腌制间进行堆叠腌制。控制温度6～10℃，先低后高，平均温度要求达到8℃。控制相对湿度75%～85%，先高后低，平均相对湿度要求达到80%。加盐要少量多次，上下翻堆一次，肉面敷盐一次，骨骼部位多敷。使用盐量为每100kg净腿冬季3.25～3.5kg，春秋季3.5～4kg，炎热季节4～4.25kg。腌制过程中，每4h进行空气交换一次。腌制时间20d。

③ 中温风干。将腌制透的腿坯移到控温室内，在室温和水温20～25℃的条件下洗刷干净，待腿表略干后盖上商标印，并校正成“竹叶形”状。然后移到中温恒温柜内悬挂风干，控制温度15～25℃，先低后高，平均温度要求达到22℃以上，控制相对湿度70%以下。为使腿只风干失水均匀，宜将挂腿定期交换位置，从每天一次延长到四五天一次。最后进行一次干腿修整定型。风干时间20d。

④ 高温催熟。经过腌制风干失水的干腿，放入高温恒温柜内悬挂，催熟致香。宜分两个阶段进行：前阶段控制温度25～30℃，逐步升高，平均温度要求达到28℃以上；后阶段控制温度30～35℃，逐步升高，平均温度要求达到33℃以上。相对湿度都控制在60%以下。要防止温湿度过高，加剧脂肪氧化与流失；又要防止温湿度过低，影响腿内固有酶的活动，达不到预期成熟出香的目的。为使腿只受热均匀，每隔三五天将挂腿位置交换一次。催熟时间35～40d。

⑤ 堆叠后熟。把已经成熟出香的火腿移入恒温库内，堆叠8～10层，控制温度25～30℃，控制相对湿度60%以下。每隔三五天翻堆抹油（菜、茶油或火腿油）一次，使其渗油匀，肉质软，香更浓。后熟时间10d，即为成品。经检验分级，包装出厂。

4. 火腿的储存

(1) 库房条件

由于火腿储存堆放的数量大，时间长，受热要走油，受潮要发霉变质，又要防苍蝇产卵和鼠咬。因此，火腿仓库要求宽敞、牢固、阴凉、通风、干燥、门窗齐全，并装置三窗（木窗、纱窗、玻璃窗），室顶装有天花板或篾席遮阳，有防热、防潮、防雨、防霉、防虫、防鼠、防火等设备。室温一般在25℃以下为好。火腿离地面要有70cm左右，并要有接油设备。

(2) 堆码方法

火腿的储存方法一般采用堆叠法。堆叠的数量和层次，南北方因气候不同而各异。金华火腿一般4只1层，堆高6～8层为宜。在堆叠期间注意经常翻堆，一般隔5d应翻动一次。秋凉后可入篓存放，10d翻一次。冬天一般20d翻一次。在冬季，火腿如装木箱（或纸箱）储存时，应皮面向上，肉面向下（底层要肉面向上），这样水分不易蒸发，可保持火腿的滋润和香味。勤翻堆、勤检查是保证火腿品质完好的关键。

（3）仓库温湿度的调节

目前，各地的火腿仓库设备都较简陋。只有采取勤开关门窗和依靠简易的降温设施来调节温度，门窗必须随着天气好坏而及时关闭。晴天做到白天关闭，防止阳光晒入，夜间打开通风，防止火腿走油。雨天注意关闭门窗。特别在天热时，日光强烈，库外温度高，门窗不能开启，最好早晨开一下，上午 7～8 时即关闭。火腿在梅雨季节保管时，更要注意门、窗的开启和关闭。

（4）火腿滴油的处理

火腿在高温及潮热的季节里常常滴油，这是正常现象。但要设法减少滴油，同时要把滴下来的油搜集利用起来。

减少火腿滴油的办法，主要是保持火腿仓库的通风干燥，不使温度过高。同时，火腿不能堆叠过高，重压也易出油。目前，搜集和利用滴油的办法，主要是将毛竹从中劈开，去掉竹节，做成竹槽（或用镀锌铁皮，水泥槽）接油。接下来的火腿油，既可以涂抹在火腿的皮面和肉面，使肉质滋润黄亮，也可做工业用油。

（5）虫害、鼠害的预防和处理

成品火腿的害虫主要是毛虫，毛虫是黑壳虫的幼虫。火腿如不及时翻堆就容易生长毛虫。发现毛虫后，把植物油滴入蛀口即可将虫杀死，经及时处理的火腿，仍可食用。为防止孳生毛虫，可用植物油涂于火腿表面。

（6）预防变质

火腿的哈喇味是由于脂肪在空气中氧化的结果，一般在火腿表层容易发生，如保管不当，会迅速加重。预防火腿产生哈喇味的关键是不使火腿直接受日光照射，注意气候变化。特别是天气由冷转热或由热转凉时更要注意库房温度的调节。火腿宜储存温度低而阴凉、干燥的库房内，并做到及时翻堆。

5. 质量控制

金华火腿感官指标见表 5-7，金华火腿卫生理化指标见表 5-8。

表 5-7　金华火腿感官指标（摘自 GB 19088—2003）

项　目	要　求		
	特　级	一　级	二　级
原料	金华猪后腿	金华猪及杂交商品猪后腿	
香气 外观	三签香 腿心饱满，皮薄脚小，白蹄无毛，无红斑，无损伤，无虫蛀鼠伤，无裂缝，小蹄至髋关节长度 40cm 以上，刀工光洁，皮面平整	三签香 腿心较饱满，皮薄脚小，无毛，无虫蛀鼠伤，轻微红斑，轻微损伤，轻微裂缝，刀工光洁，皮面平整	二签香，一签无异味 腿心稍薄，但不露股骨头，腿脚稍粗，无毛，无虫蛀鼠伤，刀工光洁，稍有红斑，稍有损伤，稍有裂缝
色泽	皮色黄亮，肉面光滑油润，肌肉切面呈深玫瑰色，脂肪切面白色或微红色，有光泽，蹄壳灰白色		
组织状态	皮与肉不脱离，肌肉干燥致密，肉质细嫩，切面平整，有光泽		
滋味	咸淡适中，口感鲜美，回味悠长		
爪弯	蹄壳表面与脚骨直线的延长线呈小于等于 90°		

四、西式火腿加工

西式火腿大都以瘦肉腌后充填到模型或肠衣中进行煮制和烟熏，形成的即食火腿。加工过程只需 2d，成品水分含量高，嫩度好，它们一般由猪肉加工而成，因与中国传统火腿（如

表 5-8　金华火腿卫生理化指标（摘自 GB 19088—2003）

项　　目		要　　求		
		特　级	一　级	二　级
瘦肉比率/%	≥	65		60
水分(以瘦肉计)/%	≤		38	
盐分(以瘦肉中的氯化钠计)/%	≤		10	
过氧化值(以脂肪计)/(meq/kg)	≤	20		32
亚硝酸盐(以亚硝酸钠计)/(mg/kg)	≤		10	
三甲胺氮/(mg/kg)	≤		13	
质量/(kg/只)		3～4.5	3～5.5	3～5.5

金华火腿）的形状，加工工艺、风味等有很大的不同，习惯上称其为西式火腿，包括带骨火腿，去骨火腿，盐水火腿和肉糜火腿等。其加工技术基本相同。

1. 工艺流程

其工艺流程如下。

选料 → 修整 → 盐水制备 → 盐水注射 → 嫩化 → 按摩 → 压缩、成型 → 蒸煮 → 冷却 → 切片包装

2. 技术要领

（1）选料

一般选用 pH 为 5.8～6.2 的肉作为火腿的原料。同时，还要强调加工火腿的原料肉温，一般要求为 6～7℃。因为超过 7℃，细菌开始大量繁殖，而低于 6℃，肉块较硬，不利于蛋白质的提取及亚硝酸盐的使用，不利于注射盐水的渗透。

（2）修整

原料修整首先是去掉筋、腱、肥膘这三部分，然后按产品要求切成块状。

① 整腿修割。

整腿修割方法：先将肉皮和肉体分割，但其中心部分仍需连接，修去肉皮和肉块上的脂肪。再将整只腿肉表面分割成若干块（仍连结成一体）修去夹层脂肪和筋膜等杂物，带皮方火腿和圆火腿多采用此法。

② 肉块修割。肉块修割即以不带皮骨的整只腿肉，切成拳头大的肉块。为了使火腿中肉块间达到很好的连接，应将其上的疏松结缔组织、脂肪去掉；同时也要将肉块上的淋巴腺、软骨和大部分筋、腱去掉。肌肉部分是被结缔组织所包裹着的，为了更好地使蛋白质游离出来，应尽量破坏包裹在外面的结缔组织。此外，可在肉块上切一些 2cm 深的纵向和横向的痕道，可释放出更多的蛋白质，改善结着性。

修割后原料必须称重，其目的是为了确定注射盐水量。加工间的室温要求 8～12℃。

（3）盐水制备

盐水要求在注射前 24h 配制，以使所配备的成分能充分地溶解。盐水浓度和各添加剂分量均应根据各地口味及产品需要而定。配制盐水时由于磷酸盐较难溶解，因此可将磷酸盐先放在少量热水中溶解，然后倒入其他盐水中去。

盐水配制顺序为：将混合粉倒入水中，水温 6℃，搅拌，待完全溶解后加入混合盐搅拌，加入调味料（糖、维生素 C 等）搅拌至完全溶解。盐水配制好后放在 7℃以下冷却间内，以防温度升高，细菌增长。若要加入蛋白质，则在注射前 1h 加入，然后搅拌倒入盐水注射机储液罐中。在注射前，将盐水提前 15min 倒入注射机储液罐，以驱赶盐水中的空气。

(4) 盐水注射

盐水注射的方法是多种多样的，但是正确地将盐水注射到原料肉中是很关键的。所谓正确注射是指最小的偏差范围内尽可能准确、均匀地使盐水分布在肉中，而不出现局部沉积、膨胀的现象。

在实际操作中盐水的注射量各不相同（一般混合腌制液注射数量为原料肉质量的20%左右），为了使产品得到最佳的保水力和优良的风味，成品中食盐的含量应为1.8%～2.5%。要做到盐水注射均匀，首先要选择好注射机。盐水的注射量如果提高，出品率也会相应提高，但不能无止境地增加注射量。如果要想注入更多的盐水，就要求采取相应的措施，使盐水得以保留在肉的内部。

总之，注射误差越小，越能达到较好的注射量及较高的出品率。加工间室温应控制在7～8℃。

(5) 嫩化

采用肉类嫩化器时在可调节距离的对滚的圆滚筒上装有数把齿状旋转刀，对肉块进行切割动作，刀刃切断了肉块内部的肌肉结缔组织和肌纤维细胞，增大了肉块表面积，使肉的黏着性更佳，较多的盐溶性蛋白质释放，大大提高了肉类的保水性，并使注射盐水分布得更均匀。

由于肉块大小不同，利用嫩化器提取蛋白时要将肉块按大小分类，将肉块在运输板上摆放平整、均匀，不能将肉块同时放入机器，否则肉块不能达到全部切割。用肉类嫩化器嫩化的肉块仍然能保持原来肉块的外形，成品在品质上，无论切片性还是出品率，都有较大提高。刀片切割深度至少要在1.5cm以上。

(6) 按摩

按摩又称滚揉，是将腌制或注射过盐水的肉放进按摩机内，让肉随着翻料盘的旋转，由固定在盘内的挡板将肉铲起，并托至高处。然后自由跌下，与底部的肉块撞击。在连续旋转过程中，肉块间还发生互相挤压摩擦作用，实现按摩注射到肉块的盐水均匀分布到肉块中，增强了蛋白质的提取与保水性，从而赋予成品良好的结构、嫩度和色泽。按摩是火腿生产中最关键的一道工序，它是机械作用和化学作用有机融合的典型工序。它直接影响着产品的切片性、出品率、口感、颜色。

(7) 压缩、成型

压缩定型一般使用铝质、不锈钢质模具，圆腿也可以选用人造肠衣，用卷紧方法来压缩。压缩的步骤如下。

① 不定量装模。将肉块逐块揿入模型，须揿紧、揿实，不使内部有空隙。如以整只腿肉为原料，也同样要揿紧、揿实。再补充小块肉装满模型为止。模型装满后，盖上模型盖，再将模型用力将弹簧压紧。

这种装模压缩法，产品不定量，每个质量不等，操作方法较为简捷，适于设备简单的生产单位使用。

② 定量装模。定量装模能做到产品重量基本一致，但需要一定设备。

a. 袋装。用特制的食用方型塑料袋在模具内摆放平稳、整齐。然后将坯料过磅计重，注意肉块老嫩、大小搭配，装入塑料袋揿实。揿紧后，将塑料袋自模型内取出，用针在塑料袋四周戳洞，放出空气，再放回模型内，折平袋口，盖好模型用力压紧。

b. 肠衣装。将称量好的坯料塞入纤维状人造肠衣内，用卷紧机卷紧，挤实，成为圆火腿。加工间室温应控制在8～12℃。

(8) 蒸煮

蒸煮西式火腿须用不锈钢或铁锅，内铺蒸汽管，其大小视生产规模而定。蒸煮时把模型逐层排列在平底方锅内，下层铺满后，再铺上层，以此类推。排列好后，即放入清洁水，水面稍高出模型。然后开大蒸汽，使水温迅速上升。火腿煮熟后，在排放热水的同时，锅面上应淋浴砂滤水，使模子温度迅速下降，以防止因产生大量水蒸气而降低成品率。然后，出锅整形，即指在排列和煮制过程中，由于模子间互相挤压，小部分盖子可能发生倾斜，如果不趁热加以校正，成品就不规则，影响商品外观。另一方面，由于煮制时少量水分外渗，内部压力减少，肌肉收缩等原因，火腿中间可能产生空洞。整形时再紧压一次，可减少空隙。如果使用进口的连续式烟熏炉进行蒸煮，可根据产品要求随意调整定时、定温各道工序，即可定时出炉。

在火腿蒸煮形成过程中，最关键的工艺指数是温度。温度可选择在75～80℃之间，具体选择要依据蒸煮池的保温性能和模子的传热性能而定。产品在确定的温度下蒸煮，当中心温度达到68℃时，维持20min就完成了煮制过程。

(9) 冷却

火腿蒸煮后先在22℃以下的流水中冷却，再转移置2℃的冷风间，能使火腿冷却过程在35～42℃（细菌的最适生长温度）内停留时间较短。温度过高（大于22℃），成品冷却速度过慢，产品会有渗水现象；温度过低，产品内外温差过大引起冷却收缩作用不匀，使成品结构及切片性受到不良影响。加工间室温应控制在2～4℃，低于这个温度火腿成品表面会出现冻结现象，不利于内部温度下降，同时冻结也影响产品的品质。

(10) 切片包装

切片包装工艺流程如下。

火腿成品→脱模→成品检验→紫外线照射→切片→称重→包装→封口→检查包装质量→储藏(5～10℃条件下)

火腿切片小包装一般要采用复合薄膜，在无菌室内进行真空包装，在1～8℃条件下是可以较理想地延长货架期的。

这里介绍的工艺是西式火腿的基本工艺，不同品种的火腿其工艺有所差异，如对某些品种（如意大利火腿）烟熏是必要的，而熟火腿一般是不要烟熏步骤的，而蒸煮则是必须的。

3. 质量控制

西式火腿的品种很多，每种火腿的质量控制指标不同，几种著名的西式火腿的质量控制指标如下。

(1) 美国田园火腿

① 感官指标。肉呈黑红色，质地结实。

② 理化指标。含盐量（以NaCl计）≥4%（一般4.5%～5.5%），加工过程收缩≥18%，水分含量50%～60%。

③ 微生物指标。不得检出致病菌。

(2) 意大利火腿

① 感官指标。色泽呈暗红色；具有该产品特有的风味。

② 理化指标。含盐量（以NaCl计）3%～4%。

③ 微生物指标。不得检出致病菌。

（3）德国火腿

① 感官指标。色泽呈暗红色或棕红色；组织结实，切面完整；具有德国火腿特有的风味，无异味。

② 微生物指标。不得检出致病菌。

（4）烘焙火腿

① 感官指标。色泽呈酱红色，挂浆表面呈透明胶冻状，亮如水晶；具有该产品特有的腊香味。

② 微生物指标。不得检出致病菌。

五、南京板鸭的加工

板鸭的制造开始于明末清初，已有300多年的历史。经长期实践，不断改进，积累了丰富的经验，质量逐渐提高，具备了特殊的鲜美风味。南京板鸭最负盛名，其外形方正、宽阔、体肥、皮白、肉红、肉质细嫩、紧密、味香、回味甜。

下面以南京板鸭为例，说明其加工特点。

1. 工艺流程

其工艺流程如下。

选鸭 → 屠宰 → 整理 → 配料、腌制 → 出缸、叠坯 → 排坯 → 晾挂 → 成品

2. 技术要领

（1）选鸭

腌制南京板鸭，要挑选体长、身宽、胸腿肉发达，两腋有核桃肉，体重在1.75kg以上的活鸭为原料。

（2）屠宰、整理

鸭的屠宰方法见第一章家禽屠宰加工部分，宰后鸭胴体用水洗去体内残留的内脏薄膜和血污，再放在水中浸泡3h左右，除去体内剩余血污，使肌肉洁白，符合卫生和质量要求。然后，将鸭子取出，挂起，沥干水分。当沥下来的水点逐渐稀少，而且不带有轻微血色时，将鸭子背向上，腹朝下，头向里，尾朝外放在案板上，用两只手掌放在鸭的胸骨部使劲向下压，将胸部前面的三叉骨压扁，使鸭体呈扁长方形。经过这样处理后的光鸭，体内外全部漂亮干净，既不影响肉的鲜美品质，又不易腐败变质，对板鸭能长期保存有很大关系。

（3）腌制

腌制包括初腌、抠卤、复卤三个过程。

① 初腌。将颗粒较大的粗盐放入锅内，按每50kg盐，配300g八角的比例，用火炒干，加工碾细。炒盐用量一般为16∶1。一只2kg重的光鸭用盐125g。腌制时，先用95g盐（即3/4）从右翅下开口处装入腔内，将鸭放在桌上，反复翻动，使盐均匀布满腔体。其余的盐则用于体外，其中两条大腿、胸部两旁肌肉、颈部刀口和口腔内部要用盐擦透。在大腿擦盐时，要将腿肌由下向上推，使肌肉受压，与盐容易接触。把擦好盐的鸭子逐只叠放入缸内。

② 抠卤。鸭经过12h左右的腌制后，一手提起鸭子的右翅，另一手食指或中指插入肛门内，把腹内血卤放出来。

③ 复卤。经过抠卤除去血卤的鸭子要进行复卤，也就是用卤水再腌制一次。复卤用的卤水有新卤和老卤两种。

新卤就是用去除内脏后泡洗鸭体变成淡红色带血的水加盐配制而成。每50kg血水加盐3.5～3.75kg，放在锅内煮沸，使盐溶化成饱和溶液。

老卤是腌过鸭的新卤煮过2～3次以上的卤水。老卤煮的次数越多越好。因鸭体经卤水浸泡后，一部分营养物质溶于卤中，再煮一次浓度有所增加。盐卤要保持清洁，每腌一次后，要澄清，腌鸭5～6次后，必须煮一次卤，撇去浮面血污。

复卤的方法是将卤水从翼下开口处倒入，将腔内灌满。然后，将鸭依次浸入卤缸中，浸入数量不宜太多，以防不宜腌透腌匀。可装200kg卤的缸，复卤70只鸭左右。复卤时间的长短应当根据复卤季节、鸭子大小以及消费者的口味来确定。各种光鸭复卤的时间如表5-9所示。

表5-9　各种光鸭复卤时间

光鸭规格	复卤时间/h		
	小雪	大雪至立冬	立春至清明
大鸭(2.5kg以上)	20	18	20
中鸭(1.5～2.5kg以上)	18	16	18
小鸭(1.5kg)	16	14	16

盐卤不得低于22°Bé（波美度），如果不到22°Bé，复卤后的鸭子味不正常，内有血腥味，成品容易变质。

（4）出缸、叠坯

将腌制好的鸭体从卤缸中取出，倒尽卤水，然后将鸭子放在案板上，用手将鸭体压扁，并依次叠入缸中。经过2～4d，即可出缸排坯。

（5）排坯

把叠在缸中的鸭子取出，用清水洗净鸭身，挂在木档钉上，用手把颈部排开，胸部绷开排平，双腿理开，肛门处排成球形，再用清水冲去表面杂质。然后挂在阴凉通风处晾干。

鸭子晾干后要再复排一次，并加盖印章，转到再制品仓库保管。排坯的目的是使鸭体肥大好看，同时使鸭子内部通气。

（6）晾挂

将经排坯、盖印的鸭子晾在仓库内。仓库四周要通风，不受日晒雨淋。架子中间安装木档，木档之间距离保持50cm，木档两边钉钉，两钉距离15cm。将盖印后的鸭子挂在钉上，每只钉可挂鸭坯2只，在鸭坯中间加上芦柴1根（约有中指粗细），从腰部隔开，吊挂时必须选择长短一致的鸭子挂在一起。这样经过2～3周后即成为成品，如遇阴雨天回潮时，则延长一些时间。

3. 保存方法

板鸭要挂在阴凉通风的地方。小雪后、大雪前加工的板鸭，能保存1～2个月；大雪后加工的“腊板鸭”，可保存3个月；立春后、清明节前加工的“春板鸭”，只能保存1个月。通常品质好的板鸭能保存到4月底以后，存放在0℃左右的冷库内，可保存到6月底或更长时间。

4. 质量控制

要求成品表皮光白，肉红，有香味，全身无毛，无皱纹，人字骨扁平，两腿直立，腿肌发硬，胸骨凸起，禽体呈扁圆形。

板鸭感官指标见表 5-10，板鸭理化指标见表 5-11。

表 5-10　板鸭感官指标（摘自 GB 2732—1988）

项　目	一　级　鲜　度	二　级　鲜　度
外观	体表光洁，白色或乳白色，腹腔内壁干燥有盐霜，肌肉切面呈玫瑰红色	体表呈淡红或淡黄色，有少量脂肪渗出，腹腔潮润有霉点，肌肉切面呈暗红色
组织状态	肌肉切面紧密，有光泽	切面稀松，无光泽
气味	具有板鸭固有的气味	皮下及腹内脂肪带有哈喇味，腹腔有腥味或霉味
煮沸后肉汤及肉味	芳香，液面有大片团聚的脂肪，肉嫩味鲜	鲜味较差，有轻度哈喇味

表 5-11　板鸭理化指标（摘自 GB 2732—1988）

项　目	一　级　鲜　度	二　级　鲜　度
酸价(以 KOH 计)/(mg/g 脂肪)　≤	1.6	3.0
过氧化值/(meq/kg)　≤	197	315

六、腊肠加工

腊肠是以鲜猪瘦肉和猪背膘为原料，添加食盐、亚硝酸盐（或硝酸盐）、酒、糖等辅料经过搅拌腌制、灌肠、干燥，再经过晾挂而成的产品。过去民间多在腊月制作已备春节食用，因此叫做腊肠。由于不同的地区对腊肠的风味要求不同，采用的配方各异，因此腊肠产品品种非常繁多。按产地来分有四川腊肠、广东腊肠、南京腊肠、北京腊肠等，其中最为著名的属广式腊肠。广式腊肠外形美观、腊香浓郁、醇香回甜、色泽鲜亮，一直以来备受国内外消费者的青睐。

下面以广式腊肠为例介绍腊肠的加工技术。

1. 配料

瘦肉 70kg，肥肉 30kg，精盐 2.2kg，白糖 7.6kg，白酒 2.5kg，白酱油 5kg，硝酸钠 0.05kg。

2. 工艺流程

其工艺流程如下。

原料肉修整 → 切丁 → 拌馅、腌制 → 灌装 → 晾晒 → 烘烤 → 成品

3. 技术要领

(1) 原料肉的选择和修整

经兽医检验合格的新鲜猪肉，瘦肉以腿肉和臀肉最好，肥膘以背部硬膘为好，腿膘次之。加工其他肉制品切割下来的碎肉也可作为原料。原料肉经过修整，去掉筋、腱、骨和皮。

(2) 切丁

瘦肉用绞肉机切成 4～10mm 的肉粒，肥肉用切丁机或手工切成 6～10mm 的丁。肥肉切好后要用温水清洗一次，以除去浮油和杂质，捞入筛内，沥干水分待用，肥瘦肉应分开存放。

(3) 拌馅、腌制

配料称好后倒入盆中，加入 20%左右的清水，使其充分溶解。然后将绞好的肉粒倒入水中，把肉粒和配料混合均匀，放在清洁室内腌制 1～2h 即可进行灌制。

(4) 灌装

取盐渍猪小肠衣，用清水湿润，再用温水灌洗一次，洗去盐分后备用。每100kg肉馅约需猪小肠衣50m。肠衣末端打结后将肉馅均匀地灌入肠衣中，要掌握松紧程度，不能过紧或过松。

(5) 排气

灌完后用排气针扎刺湿肠，排除内部空气及多余水分。

(6) 捆线结扎

每隔10～20cm用细线结扎1次，不同规格长度不同。

(7) 漂洗

将湿肠用20℃左右温水清洗表面一次，除去油腻杂质，然后依次分别挂在竹竿上。

(8) 晾晒和烘烤

将悬好的腊肠放在日光下曝晒2～3d，在日晒过程中有胀气处应针刺排气。晚间送入烘房内烘烤，温度保持在42～49℃。温度过高会引起脂肪溶解而使腊肠失去光泽；温度过低则难以干燥。因此，必须注意控制温度。一般通过3d的烘晒即可，然后再晾挂到通风良好的场所风干10～15d即为成品。

(9) 储藏

腊肠在10℃以下可保存1个月以上，也可悬挂在通风干燥的地方保存。

4. 质量控制

(1) 外观和感官要求

色泽：肥肉呈乳白色，瘦肉鲜红，枣红或玫瑰红色，红白分明，有光泽。

组织及形态：肠体干爽，呈完整的圆柱形，表面有自然皱纹，断面组织紧密。

风味：咸甜适中，鲜美适口，腊香明显，醇香浓郁，食而不腻，具有广式腊肠的特有风味。

内容物：不得含有淀粉、血粉、豆粉、色素及外来杂质。

(2) 长度和直径

长度：150～200mm；

直径：17～26mm。

(3) 理化要求

广式腊肠理化指标见表5-12，中式香肠感官指标见表5-13，中式香肠理化指标见表5-14。

表5-12 广式腊肠理化指标（摘自SB/T 10003—1992）

项目		级别		
		优级	一级	二级
蛋白质/%	≥	22	20	17
脂肪/%	≤	35	45	55
水分/%	≤		25	
食盐(以NaCl计)/%	≤		8	
总糖(以葡萄糖计)/%	≤		20	
酸价(mgKOH/g计)	≤		4	
亚硝酸盐(以$NaNO_2$计)/(mg/kg)	≤		20	

表 5-13　中式香肠感官指标（摘自 SB/T 10278—1997）

项　目	指　标
色泽	瘦肉呈红色、枣红色，脂肪呈乳白色，色泽分明，外表有光泽
香气	腊香味纯正浓郁，具有中式香肠（腊肠）固有的风味
滋味	滋味鲜美，咸甜适中
形态	外型完整。长短、粗细均匀，表面干爽呈现收缩后的自然皱纹

表 5-14　中式香肠理化指标（摘自 SB/T 10278—1997）

项　目		指　标	项　目		指　标
水分/%	≤	25	总糖（以葡萄糖计）/%	≤	22
氯化物（以 NaCl 计）/%	≤	8	酸价（以脂肪计）	≤	4
蛋白质/%	≥	16	亚硝酸钠/（mg/kg）	≤	20
脂肪/%	≤	45			

七、香肚加工

香肚的加工与香肠类似，只是其外衣换成膀胱皮，同样以鲜猪瘦肉和猪背膘为原料，添加食盐、亚硝酸盐（或硝酸盐）、酒、糖等辅料经过搅拌腌制、充填、干燥，再经过晾挂而成。香肚形似苹果，小巧玲珑，肥瘦红白分明，肉质紧密，口味香嫩起酥，略带甜味。香肠外皮虽薄，弹性很强，不易破裂，便于储藏和携带。

香肚以南京香肚为代表。这里以南京香肚为例介绍香肚的加工方法。

1. 香肚皮的制作

香肚皮是由猪膀胱加工而成的，使用前要浸泡，清洗，挤沥去水分。

（1）猪膀胱整理

选用新鲜猪膀胱，先把膀胱中的尿液挤净，用温水浸泡至松软。然后修剪脂肪油筋及过长的膀胱颈，保留颈膀胱两侧的 2 根输尿管，以便充气。

（2）浸泡

经修整好的膀胱，用氢氧化钠溶液浸泡，溶液的浓度及浸泡时间的长短，都要根据气候情况灵活掌握。在夏季，每 50kg 修整好的膀胱用氢氧化钠 3kg（其他季节 4kg）加清水 90kg 左右。浸泡时先在缸内把溶液配好，搅拌均匀。然后将膀胱放入缸中，充分搅拌。在整个浸泡过程中还要搅拌 3～4 次。浸泡时间夏季一般 5～6h，春秋两季 10h 左右，冬季为 18h 左右。如气温在 0℃时，浸泡时间要更长一些，以浸泡至膀胱颈呈现紫红色即可。浸泡后取出滤净，转入清水缸（或池）中浸泡 10d 左右，每天换水一次，搅拌 3～4 次，直到肚皮变为洁白色。如果颜色发灰，还需要继续浸泡。

（3）打气晾晒

将浸泡好的膀胱捞出，排尽积水。用压缩机充气，使膀胱呈气球形，随即用夹子夹紧膀胱颈，以免漏气，挂起晾干。

（4）裁剪缝制

将晾晒干的膀胱先剪去膀胱颈叠平晒干，分别按大小香肠的模型板裁剪，再用缝纫机缝制。大皮子高 18cm，直径 9.5cm，下弧最宽处 12.5cm；小皮子高 16.5cm，直径 9.3cm，下弧最宽处 12cm。

（5）储藏

缝制好的干香肚皮要经常翻晒，防止虫蛀，稍不注意即会生毛虫。在天气炎热时，最好放冷库储存。

2. 南京香肚的加工

(1) 泡香肚皮

把缝制好的干香肚皮，放在温水中浸泡，泡软后转放明矾水中，把里外的黏液、杂质和灰尘洗净。将肚皮捞出，把洗净的面（毛边）翻进去，再行清洗，至肚皮颜色洁白即可取出备用。

(2) 肉料处理

选用当天宰杀的新鲜猪腿，去除皮骨、筋膜、肌腱、血伤、淋巴等。按肥肉20%、瘦肉80%的比例搭配（也可根据当地群众的消费习惯适当搭配），切成肉丁，长3cm，宽2cm左右。

(3) 拌料

每50kg加工好的肉料，精盐2～2.5kg，砂糖3kg，香料25g（香料：花椒100g，八角2.5kg，在铁锅中焙炒至黄起脆，粉碎过筛后即成）。先将香料及盐充分拌匀后加进肉料中拌和。然后，加砂糖拌和，静置15min，使糖、盐完全溶解，即可装肚。

(4) 装肚

每只大香肚装肉料250g，小香肚装175g，用特制漏斗从膀胱颈口装入。然后在香肚表皮用针板均匀刺孔，使肚内空气排出。再用右手紧握肚皮上部，轻轻在案板上搓揉，使香肚肉料紧密呈苹果状，用细麻线拴一个活结，套在封口处收紧。

(5) 日晒与晾挂

刚灌好的肚坯内部有很多水分，需通过日晒及晾挂使水分蒸发。初冬晒3～4d，春秋晒2～3d，如阳光不足，可以延长晒期，直至香肚外皮晒干为止。晾晒时，香肚之间的距离1.0cm，便于通风，离地面至少80cm，勿使受潮。

晾挂是将香肚挂在通风阴凉处让其风干。将香肚挂在通风阴凉有调节门窗的仓库里，挂法与晒架相同，互相距离10cm也可缩短至6cm（因香肚水分已蒸发不少），遇天气干燥或湿度过大，可以通过关闭门窗来调节。一般晾挂约40d即为成品，3月份和10月份只需1个月。如遇雨或阴天可适宜延长，以瘦肉干足为标准。如果晾晒或晾挂时间不足，整个香肚尚未成熟，切面不成形，所谓“散了”，也无风味，严格说灌制45d后才完全成熟。

3. 香肚的保管

香肚在晾挂期间，随着水分挥发，一些营养物质和糖分、盐分经气孔溢出，存留在香肚表皮。在一定的温度条件下，霉菌就会大量繁殖。梅雨季节适宜于各种细菌繁殖。因此，每年梅雨季节到来之前，要采取必要措施。防止霉菌侵入。

香肚在农历5月以前可用晾挂的方法保管，将每4个香肚扎成一扎，5扎为一串，放在通风干燥的库房内晾挂保存，5月以后（梅雨季节到来之前），可采用装缸浸油的方法保存，将扎好成串的香肚分层叠放在缸内，缸要倾斜放置，叠放时要从缸底到缸口留一个直径14cm左右的空圆洞。然后按每100只香肚麻油500g的比例，从顶层浇洒下去。再每隔一两天用长柄勺子将滤积在缸底的麻油舀起，复浇在顶层香肚上，使每只香肚的表层经常涂满麻油，防止霉菌生长和氧化。还可以用植物油涂抹香肚表面，也可达到抗氧化、防霉菌侵入的目的。

4. 质量控制

香肚感官指标见表 5-15，香肚理化指标见表 5-16。

表 5-15　香肚感官指标（摘自 GB 10147—1988）

项　目	一　级　鲜　度	二　级　鲜　度
外观	肠衣(或肚皮)干燥且紧贴肉馅,无黏液及霉点,坚实或有弹性	肠衣(或肚皮)稍有湿润或发黏,易与肉馅分离,但不易撕裂,表面稍有霉点,但抹后无痕迹,发软而无韧性
组织状态	切面坚实	切面齐,有裂隙,周缘部分有软化现象
色泽	切面肉馅有光泽,肌肉灰红至玫瑰红色,脂肪白色或微带红色	部分肉馅有光泽,肌肉深灰或咖啡色,脂肪发黄
气味	具有香肠固有的风味	脂肪有轻微酸味,有时肉馅带有酸味

表 5-16　香肚理化指标（摘自 GB 10147—1988）

项　目	指　标	项　目	指　标
水分/%　　≤	25	酸价(以 KOH 计)/(mg/g 脂肪)　　≤	4
食盐(以 NaCl 计)/%	9	亚硝酸盐(以 $NaNO_2$ 计)/(mg/kg)　　≤	20

复习思考题

1. 简述腌制原理。
2. 肉的腌制方法大致可分为哪几种？
3. 应用注射腌制法腌制时应注意什么？
4. 腌制成熟的标志是什么？腌制时有哪些注意事项？
5. 简述腊肉加工的工艺流程及技术要领。
6. 简述金华火腿加工的工艺流程及技术要领。
7. 简述西式火腿加工的工艺流程及技术要领。
8. 简述广式腊肠加工的工艺流程及技术要领。
9. 简述南京板鸭加工的工艺流程及技术要领。
10. 简述南京香肚加工的工艺流程及技术要领。

第六章　油炸肉制品加工技术

【学习目标】

1. 了解油炸原理。
2. 掌握常见油炸肉制品的加工技术。

第一节　概　述

油炸肉制品是指经过加工调味或挂糊后的肉（包括生原料、半成品、熟制品）或经过干制的生原料，以食用油为加热介质经过高温炸制或浇淋而制成的熟肉类制品。经过油炸加工的产品具有香、酥、松、脆、嫩和色泽美观的特点。

一、油炸的基本原理

1. 炸油的选择

油炸用油一般要求熔点低、过氧化值低的新鲜植物油，如使用不饱和脂肪酸含量较低的花生油、棕榈油，亚油酸含量低的葵花籽油，在油炸时可以得到较高的稳定性。未氢化的大豆油炸出的产品带有豆腥味，但炸后马上消费，异味并不大。大豆油如果进行氢化，去掉一些亚麻酸，更易为消费者所接受。目前肉制品炸制用油主要是大豆油、菜籽油和葵花籽油。

2. 油炸的作用

油可以提供快速而均匀的传导热。油炸传热的速率取决于油温与食物内部之间的温度差和食物的热导率。将食物置于一定温度的热油中，食物表面温度迅速升高，水分汽化，表面出现一层干燥层，形成硬壳，然后，水分汽化层便向食物内部迁移，当食物表面温度升至热油的温度时，食物内部的温度慢慢趋向100℃，同时表面发生焦糖化反应及蛋白质变性，产生独特的油炸香味。

肉在不同油温下的变化见表6-1。

表6-1　肉在不同油温下的变化情况

炸制温度/℃	变化情况
100	表面水分蒸发强烈，蛋白质凝结，食品体积缩小
105～130	表面形成硬膜层，脂质、蛋白质降解形成的芳香物质及美拉德反应，产生油炸香味
135～145	表面呈深金黄色，并焦糖化，有轻微烟雾形成
150～160	有大量烟雾产生，食品质量指标劣化，游离脂肪酸增加，产生丙烯醛，有不良气味
180以上	游离脂肪酸超过1.0%，食品表面开始炭化

在油炸热制过程中，食物表面干燥层具有多孔结构特点，其孔隙的大小不等。油炸过程中水和水蒸气首先从这些大孔隙中析出。由于油炸时食物表层硬化成壳，使其食物内部水蒸

气蒸发受阻，形成一定蒸气压，水蒸气穿透作用增强，致使食物快速熟化，因此油炸肉制品具有外脆里嫩的特点。

油炸还可以杀灭食品中的微生物，延长食品的货架期。同时，改善食品风味，提高食品营养价值，赋予食品特有的金黄色泽。

3. 油温及油炸时间

油炸的有效温度一般控制在100～230℃之间。手工生产通常根据经验来判断油温。根据油面的不同特征，可分为温油、热油、旺油和沸油。一般温油温度为70～100℃，油面较平静，无青烟、无响声；热油温度为110～170℃，油面微有青烟，四周向中间翻动；旺油温度为180～220℃，油面冒青烟，仍较平静，搅动时有爆裂响声；沸油温度达到230℃以上，全锅冒青烟，油面翻滚并有较剧烈的爆裂响声。油温的掌握最好是使用自动控温装置。

油炸时应根据成品的质量要求和原料的性质、切块的大小、下锅数量的多少来确定合适的油温和油炸时间。只有恰当地掌握，才能生产出合格的产品，否则就会出现产品不熟、不脆不嫩、过焦等情况。

二、油炸对食品的影响

油炸对食品的影响主要包括三个方面。

1. 感官品质的变化

油炸的主要目的是改善食品色泽和风味。在油炸过程中，食品发生美拉德反应和部分成分降解，同时，可吸附炸油中挥发性物质而使食品呈现金黄或棕黄色，并产生明显的炸制芳香风味；食品表面形成一层硬壳，从而构成了油炸食品的外形；但当持续高温油炸时，常产生挥发性的羰基化合物和羟基酸等，这些物质会产生不良风味，甚至出现焦煳味，导致品质低劣，商品价值下降。

2. 营养价值的变化

油炸对食品营养价值的影响与油炸工艺条件有关。油炸温度高，食品表面形成干燥层，这层硬壳阻止了热量向食品内部传递和水蒸气外逸，因此，食品内部营养成分保存较好，含水量较高，油炸前后肉制品的成分分析见表6-2。同时，制品含油量明显提高。

表6-2　油炸前后肉制品的成分分析（以炸前100g样品为基准）

肉品种类	处　理	水分/%	蛋白质/%	脂肪/%
牛肉	油炸前	75.57	21.54	2.04
	油炸后	39.59	20.00	4.48
鳕鱼	油炸前	79.46	18.09	1.03
	油炸后	46.98	18.46	4.08
鲭鱼	油炸前	62.94	18.97	13.75
	油炸后	58.88	22.74	12.42

肉制品在油炸过程中，维生素的损失较大，食物中的脂溶性维生素在油中的氧化会导致营养价值的降低，甚至丧失；而且视黄醇、类胡萝卜素、生育酚的变化会导致风味和颜色发生变化；水溶性维生素在油炸的过程中也会发生不同程度的损失，例如维生素B_1在不同种类的油炸肉制品，损失率是不相同的，肉品在油炸过程中维生素B_1的损失见表6-3。维生素C在油炸过程中也很容易被氧化，不过维生素C的氧化对油脂起了一定的保护作用。

表 6-3 肉品在油炸过程中维生素 B_1 的损失

肉品种类	牛排	牛肉馅饼	猪排	羊排	鸡肉	平均
维生素 B_1 的损失率/%	15	8	40	32	35	26

蛋白质消化系数是评价食品营养价值的重要指标之一。油炸对蛋白质消化系数的影响与产品组成和肉品种类有关，例如，对牛肉、猪肉之类的肉制品如果不加辅料进行油炸，则制品的蛋白质消化率一般不会改变。但如果肉品中加入辅料（如淀粉等碳水化合物）后进行油炸，则制品的蛋白质消化率会降低。采用西班牙莫雷拉斯等的研究结果为例进行说明。肉制品在油炸前后蛋白质消化系数见表 6-4，肉制品在油炸前后蛋白质代谢利用情况见表 6-5 所示。

表 6-4 肉制品在油炸前后蛋白质消化系数

肉品种类	鳕鱼	猪肉	牛肉	鱼丸	肉丸
油炸前	0.92	0.92	0.93	0.92	0.90
油炸后	0.91	0.92	0.93	0.89	0.80

表 6-5 肉制品在油炸前后蛋白质代谢利用情况

食品	样品	生理价值(BV)	净蛋白利用率(NPN)
箭鱼	油炸前	0.67	0.63
	油炸后	0.66	0.64
肉丸	油炸前	0.72	0.65
	油炸后	0.68	0.60
猪肉	油炸前	0.78	0.72
	油炸后	0.80	0.73

3. 油炸食品的安全性

在一般烹调加工中。加热温度不高而且时间较短，对油炸用油的卫生安全性影响不大。但是，在肉品油炸过程中若加热温度高，油脂反复使用，致使油脂在高温下发生热聚，可能形成有害的多环芳烃类物质，如环状单聚体、二聚体及多聚体。这些物质会导致人体麻痹，产生肿瘤，引发癌症。

为了防止油脂在高温长时间下产生的热变作用，油炸食品时，应避免温度过高和时间过长，最好不超过 190℃，时间以 30～60s 为宜。同时，在使用中应去除油脂中的漂浮物和底部沉渣，减少使用次数，及时更换新油，保证油炸肉制品的食用安全。

三、油炸的方法

根据油炸压力不同可分为常压油炸、真空油炸和高压油炸。

1. 常压油炸

常压油炸是在常压、开放式容器进行。常压油炸根据油炸介质的不同分为纯油油炸和水油混合式油炸。

(1) 纯油油炸

油炸容器内全部是食用油，油温根据产品的要求有所不同。所以纯油油炸又可分为以下几种。

① 清炸。取质嫩的肉，适当处理后，切割成一定的形状，按配方称取精盐、料酒及其

他香辛料与肉制品混合腌制，主料不挂糊，用急火高温油炸三次。成品外脆里嫩，清爽利落。

② 干炸。取原料肉，经过加工成形，用调料入味，加水、淀粉、鸡蛋，挂硬糊，用190～220℃热油炸熟即可。如干炸里脊，干炸猪排等。特点是干爽利落，外脆里嫩，色泽红黄。

③ 软炸。选用质嫩的猪里脊、鲜鱼肉、鲜虾等经细加工造型后，上浆入味，蘸干粉面、拖蛋白糊，放入 90～120℃的热油内炸熟即可。成品表面松软，质地细嫩、清淡，味咸麻香，色白微黄美观。

④ 酥炸。将原料肉，经刀工处理后，入味、蘸面粉、拖全蛋糊、蘸面包渣，入 150℃的热油内，炸至表面呈深黄色起酥。成品外酥里软熟，细嫩可口。如酥炸带鱼、香酥仔鸡。酥炸技术是要严格掌握好火候和油的温度，油温不能太高或太低，太低原料入锅易脱糊；太高原料入锅易粘连，外表易煳。

⑤ 松炸。松炸是将原料肉加工成一定几何形状后，经入味蘸面粉挂上全蛋糊，放入 150～160℃的热油内，慢炸成熟的一种加工方法。成品表面金黄，质地膨松饱满，口感松软质嫩，味咸不腻。

⑥ 卷包炸。卷包炸是把质嫩的肉料切成大片，入味后卷入各种调好口味的馅，包卷起来，根据要求有的拖上蛋粉糊，有的不拖糊，放入 150℃热油内炸制成熟的一种方法。成品外酥脆、里鲜嫩，色泽金黄，滋味咸鲜。应注意的是，凡需改刀的成品，包装或装盘要整齐。凡需拖糊者必须卷紧封住口，以免炸时散开。

⑦ 脆炸。将光禽除去内脏洗净，再用沸水烧烫，使表皮胶原蛋白遇热缩合绷紧，然后在表皮上挂一层含少许饴糖的淀粉水，经过晾坯后，放入 200～210℃高热油锅内炸制至禽体表面呈红黄色时出锅。产品皮脆、肉嫩，故名脆炸。如脆皮鹌鹑，脆皮鸡，脆皮乳鸭等。

⑧ 纸包炸。将质地细嫩的猪里脊、鸡鸭脯等高档原料肉切成薄片、丝或细泥子，入味上浆，用糯米纸或玻璃纸等包成一定形状（如三角形，长方形，包袱形等）后投入 80～100℃的温油中炸熟捞出。特点是形状美观，包内含鲜汁，质嫩不腻，味道香醇，风味独特。操作应注意：包得好，不漏汤汁。

(2) 水油混合油炸

纯油油炸在加热过程中常常造成局部油温过热，加速油脂氧化，并使部分油脂挥发、发烟，污染严重。另外，油炸过程中产生的大量食品残渣沉入油锅底部，使其反复油炸，不但使炸油变得污浊，缩短了炸油使用寿命，污染油炸食品，还会生成一些致癌物质，严重影响消费者的健康。而油水混合式油炸从根本上解决了上述难题，使油炸食品向着节油、健康、环保方向发展。

① 水油混合油炸的原理。

水油混合式油炸是指在同一容器内加入油和水，相对密度小的油占据容器的上半部，相对密度大的水则占据容器的下半部分，在油层中部水平装置加热器。加热管采用调温器、温控器自动调整火力使油温恒定在预设温度，有效地控制炸制过程中上下油层的温度，避免食品在炸制中发生过热干烧现象，减缓了炸油的氧化程度。在炸制过程中油炸食品处于上部油层中，食品的残渣则沉入底部的水中，同时残渣中所含的油可经过分离后返回油层中，这样，残渣一旦形成便很快脱离高温区油层进入低温区水中，随水放掉，不会发生焦化、炭化现象。

② 水油混合油炸的特点。

a. 制品风味好、质量高。水油混合油炸通过限位控制、分区控温，科学利用植物油与动物油的相对密度关系，使所炸肉类食品浸出的动物油自然沉入植物油下层，这样中上层工作油始终保持纯净，可同时炸制各种食物，互不串味，一机多用，可增加产品的品种。该工艺能有效控制食品含油量，所炸食物不但色、香、味俱佳，外观干净漂亮，且提高了产品品质，延长货架期。

b. 节省油炸用油。该方法采取从油层中部加热的方式，控制上下油层的温度，有效缓解炸油的氧化程度，抑制酸价的产生，从而延长炸油的使用寿命。更重要的是，没有与食物残渣一起弃掉的油，也没有因氧化变质而成为废油扔掉的油，从而所耗的油量几乎等于被食品吸收的油量，补充的油量也近于食品吸收的油量，节油效果显著，比传统油炸机节省炸油50%以上。

c. 健康及环保。该方法使炸制食品过程中产生的食物残渣很快脱离高温区沉入低温区，随水排掉，所炸食品不会出现焦化、炭化现象，能有效控制致癌物质的产生，保证食用者的健康。同时，水油混合油炸所排油烟很少，利于操作者的健康；对大气污染减少，有利于环境保护。

2. 真空油炸

常压油炸食品一系列问题的提出与发现，使低温真空油炸技术脱颖而出。该技术将油炸和脱水作用有机地结合在一起，使得其具有许多独到之处和对加工原料的广泛适应性。

(1) 真空油炸的原理

真空油炸其实质是在负压条件下，食品在食用油中进行油炸脱水干燥，使原料中的水分充分蒸发掉的过程。随着压力的降低，水的沸点亦显著下降。在1330～13300Pa真空度下，纯水的沸点在10～55℃的范围。假使油炸时油温采用80～120℃，食品中水分汽化温度降低，能在短时间内迅速脱水，实现在低温低压条件下对食品的油炸。因此，真空油炸工艺可加工出优质的油炸食品。

(2) 真空油炸的特点

① 温度低、营养损失少。一般常压深层油炸的油温在160℃以上，有的高达230℃以上，这样高的温度对食品中的一些营养成分具有一定的破坏作用。但真空深层油炸的油温只有100℃左右，因此，食品中内外层营养成分损失较小，食品中的有效成分得到了较好的保留，特别适宜于含热敏性营养成分的食品油炸。

② 水分蒸发快、干燥时间短。在真空状态下油炸，产品脱水速度快，能较好保持食品原有的色泽。采用真空油炸，由于油炸时油温低，故油炸食品不易褪色、变色、褐变。采用真空油炸的制品，其色泽要较一般的鲜丽，这是因为制品表面覆盖有油脂层的缘故。

③ 原料风味保留多。采用真空油炸，原料在密封状态下被油脂加热，原料中的呈味成分大多为水溶性，在油脂中并不溶出，并且随着脱水，这些呈味成分进一步浓缩。所以真空油炸制品可很好地保存原料本身具有的香气和风味。

④ 产品复水性好。在减压状态下，食品组织细胞间隙中的水分急剧汽化膨胀，体积增大，水蒸气在孔隙中冲出，对食品具有良好的膨松效果，因而，经真空深层油炸的食品具有良好的复水性。如果在油炸前，进行冷冻处理，效果更佳。

⑤ 油耗少。真空油炸的油温较低，且缺乏氧气，油脂与氧接触少，因此，油炸用油不易氧化，其聚合分解等劣化反应速率较慢，减少了油脂的变质，降低了油耗。

⑥ 产品耐藏。常压油炸产品的含油率高达40%～50%，但真空油炸产品含油率则在20%以下，故产品保藏性较好。

(3) 真空油炸肉制品技术

① 工艺流程如下。

原料→验收→清洗→成型→真空炸制→脱油→调味加香→包装→成品

② 技术要领。

a. 原料处理。选新鲜、优质原料肉。去除原料肉中的尘土、污物和减少带菌量。根据产品需要，可切成片状或其他几何形状。

b. 真空炸制。经成型的原料肉置于网状容器，然后置于油炸锅中，关闭真空油炸锅，并开始抽真空，加热，使油温和真空度保持相对平衡状态，促使食品水分含量不断降低，最后达到油炸干燥之目的。在整个真空油炸过程中，真空度和温度的控制至关重要，可通过真空度、温度随时间而变化的情况来判定油炸加工的终点。

c. 脱油。为了将产品的含油率控制在10%以下，必须进行脱油处理。脱油的方法主要有离心分离法和溶剂法，一般采用前者，因后者易导致溶剂在产品中的残留。在油炸完成后，停止加热，在维持真空度条件下，将油面下降至容器底部，沥油数分钟。沥油完毕，即进行高速离心脱油，一般离心脱油条件是：转速1000～15000r/min，时间10min，脱油应在油炸结束后趁热进行，否则，油脂冷却后凝结，黏度增大，难以分离脱油。

d. 调味加香。在脱油之后，可按配方调配香料或香精，使产品具有独特的风味和良好的肉制品本身的香气。

e. 质检、包装。油炸完成后即进行感官检验，拣去杂物及未干品，然后进行定量包装。由于制品呈酥松多孔状结构，所以极易吸潮，要求包装环境湿度<40%。包装过程要保证卫生清洁，操作要快捷，包装采用复合塑料袋或铝箔袋包装，常用真空或充氮包装方式。

3. 高压油炸

高压油炸是使油釜内的压力高于常压的油炸方法。由于压力提高，炸油的沸点也提高，从而提高了油炸的温度，缩短的油炸时间，解决了常压油炸因时间长而影响食品品质的问题。该法温度高，水分和油的挥发损失少，产品外酥里嫩，最适合肉制品的油炸。如炸鸡，炸鸡腿，炸羊排等。但该法要求设备的耐高压性能必须好。

第二节 典型油炸肉制品的加工

一、油炸猪排

1. 工艺流程

其工艺流程如下。

2. 原料配方

带肉猪肋骨和脆骨100kg，精盐2kg，优质酱油32kg，白糖1kg，淀粉13kg，面粉2.5kg，鸡蛋1kg，大葱2kg，鲜姜0.8kg，味精0.2kg，五香粉0.2kg，植物油适量。

3. 操作要领

(1) 原料的选择与处理

选用符合卫生检验要求的骨肉比为1∶2的新鲜带肉肋骨和脆骨，洗净后，从排骨间割开，剁成3～4cm的小块，用水冲洗干净，沥干水分。

（2）腌渍

葱、姜洗净，分别榨成汁，放在盆内，再加酱油、精盐、白糖混合均匀。然后放入排骨块，搅拌均匀，腌制30min。

（3）挂糊

将鸡蛋打碎，搅匀，倒入腌好的排骨块，翻拌均匀，然后逐块在面粉中粘滚，使排骨块粘匀面粉。

（4）油炸

将植物油加热至180～200℃，分批投入挂好糊的排骨块。待排骨块表面炸至金黄发脆时（8～10min），捞出，沥油，即为成品。

4. 质量要求

成品干爽，香溢，外脆里嫩，色泽金黄。

二、油炸鸡腿

1. 工艺流程

其工艺流程如下。

选料→腌制液制备→注射→腌制→预煮→卤煮→上色→油炸→冷却→包装

2. 腌制液配方（以50kg原料鸡腿计）

食盐1000g、卡拉胶40g、淀粉100g、大豆蛋白200g、亚硝酸钠7.5g、山梨酸钾22g、复合磷酸盐44g。

3. 卤水配方（以50kg水计）

良姜300g、葱100g、花椒150g、陈皮100g、丁香50g、八角100g、草果100g、山柰150g、自芷150g、胡椒150g、姜黄150g、冰糖10000g（部分用作上色）、砂糖5000g、味精1500g、食盐1000g、精炼油4000g、猪骨2块。

4. 技术要领

① 注射腌制。首先配制腌制液：用20kg水将腌制液配方中所列物质充分混合溶解。采用盐水注射机注射，注射后的鸡腿置于4℃温度下腌制24h。

② 预煮、卤煮。将腌制好的鸡腿放入沸水中预煮10min左右，以刚煮透为准，俗称“紧肉”。然后以小火卤煮预煮后的鸡腿，保持卤汤微沸状态，卤煮1h。

③ 上色、油炸。调配柠檬黄色素液刷在鸡腿上（或用蛋清、蜂蜜、精炼油调配上色也可）。在油温180℃时下锅，油炸1min，迅速出锅。

④ 包装冷却后的鸡腿采用热收缩膜真空包装。

5. 质量要求

鸡腿饱满规整，色泽鲜艳均匀，口感香甜鲜美，油炸风味浓郁。

三、真空低温油炸牛肉干

1. 工艺流程

其工艺流程如下。

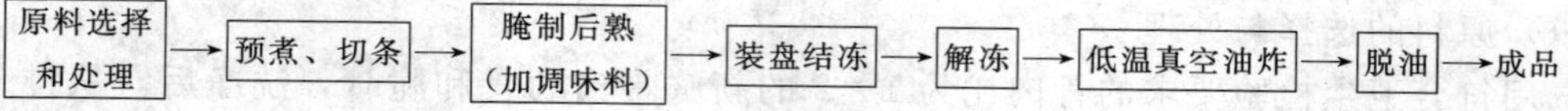

2. 原料配方（麻辣味）

牛腿肉 100kg，盐 1.5kg，酱油 4.0kg，白糖 1.5kg，黄酒 0.5kg，葱 1.0kg、姜 0.5kg，味精 0.1kg，辣椒粉 2.0kg，花椒粉 0.3kg，白芝麻粉 0.3kg，五香粉 0.1kg。

3. 操作要领

（1）原料选择和处理

选择肉质新鲜、切面致密有弹性且不带脂肪的牛肉，剔除对产品质量有不良影响的伤肉、黑色素肉、筋、腱以及碎骨等。分切成 500g 左右大小的块（切块需保持均匀，以利于预煮），用清水冲洗干净。

（2）预煮、切条

将切好的肉块放入锅中，加水淹没，水肉之比约为 1.5∶1，以淹没肉块为度。煮制过程中注意撇去浮沫，预煮要求达到肉块中心无血水为止。预煮后捞出冷却，切成条状，要求切割整齐。

（3）后熟

肉切成条后，放入配好的汤料液中进行后熟。可根据不同风味要求确定配方。

（4）冻结、解冻

取出后熟的肉条装盘，沥干汤液，放入冷冻机内冷冻。冷冻 2h 后取出，再置于 5～10℃的环境条件下解冻 6h。

（5）真空油炸

解冻后的肉送入带有筐式离心脱油装置的真空油炸罐内，关闭罐门，检查密闭性。打开真空泵将油炸罐内抽真空，然后向油炸罐内泵入 200kg、120℃的植物油，进行油炸处理。泵入油时间不超过 2min，然后使油在油炸罐和加热罐中循环，保持油温在 125℃左右。经过 25min 即可完成油炸全过程。之后将油从油炸罐中排出，将物料在 100r/min 的转速条件下离心脱油 2min，控制肉干含油率小于 13%。关闭真空泵，解除油炸罐真空，开罐取出肉干。

（6）质检、包装

油炸完成后即进行感官检测，然后进行包装。由于制品呈酥松多孔状结构，所以极易吸潮，因而包装环境的湿度应小于 40%。包装过程要求保证卫生清洁，操作要快捷。包装采用复合塑料袋包装。

四、肯德基家乡鸡

1. 工艺流程

其工艺流程如下。

2. 操作要领

（1）选料

选用大小均匀的优质肉鸡，然后将肉鸡宰杀后均匀分割成鸡翅、鸡腿、鸡胸脯等 7 块。

（2）腌制

将大小均匀的鸡块放入由食盐、姜汁、香料等 11 种调料组成的腌制液中，在 15～20℃下腌制 2～4h。

（3）拖糊

将腌制好的鸡块，取出晾干表面水分。然后，取鸡蛋数枚与面粉和成全蛋糊，把晾干的鸡腿拍上淀粉拖上全蛋糊。

（4）油炸

在自动控制的油炸锅内加入特制的色拉油，把温度调至120～150℃放入鸡块，控制好温度和压力，炸至金黄色。

3. 产品质量

炸好的鸡块，外层金黄色，内层鲜美嫩滑，撒少许黑胡椒粉，即为成品，根据需要包装。

五、高压油炸鸡

以热油为媒介，把经过近20种具有保健功能的香辛料、调味料等辅料预处理好的仔鸡，在低温高压油炸条件下速熟。产品具有外酥里嫩，色鲜、味浓，香而不腻，爽口健胃及耐储藏等特点。

1. 工艺流程

其工艺流程如下。

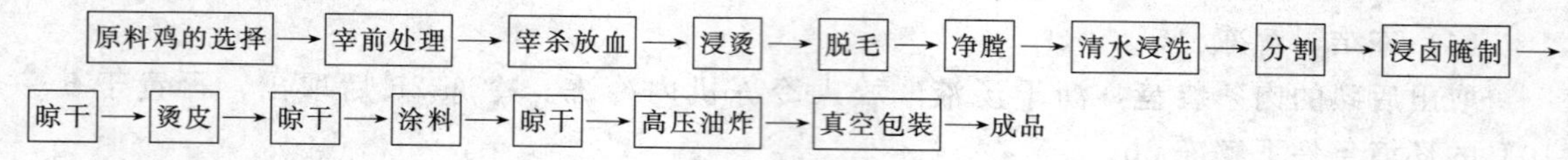

2. 配料

100kg麻辣炸鸡腌制用料配比如下。

大茴香90g，小茴香80g，丁香70g，白芷80g，肉豆蔻80g，草果60g，辛夷60g，山柰70g，砂仁70g，桂皮60g，白胡椒90g，花椒100g，陈皮100g，生姜1kg，大蒜1kg，味精300g，白糖2kg，黄酒1kg，食盐3kg。

3. 技术要领

（1）原料鸡的选择

选用饲养60d左右，毛重为1.5～2kg，健康无病的肉用仔鸡。

（2）鸡的屠宰

按本教材第一章相关内容要求进行。把净膛清洗好的鸡体割除翅、脚掌和鸡腿割下。

（3）浸卤腌制

腌制卤液的制备：先按配方比例准确称取全部香辛料，放入盛有25kg水的浸提锅中加热煮沸后再熬煮约30min。然后用双层纱布过滤去渣，滤液入浸料缸。再把配方中的白糖、黄酒、味精、食盐等调味料一起加入，搅溶，冷却后即成腌卤料液。

（4）腌制

将分割好的鸡腿或光鸡，逐只放入浸料缸里的卤液中，用压盖将鸡压入卤液液面下，然后让其静腌4～8h。腌制好的鸡腿或光鸡挂在晾架上，将其表皮水分晾干。

（5）烫皮、晾干

先将腌制残剩卤液烧开，用勺浇淋到晾干的鸡腿或光鸡上进行烫皮。烫皮后皮肤紧缩，使皮内气体最大程度的膨胀，鸡体胀满，皮肤光亮，外表美观，表面水分容易晾干，炸制时着色均匀，炸制后外表具有酥感。烫皮好的鸡坯晾干表皮水分。这样利于涂料上色均匀，炸后表皮不会出现花斑。

（6）涂料、晾干

将配制好的上色涂料均匀涂于鸡坯上。涂料时应注意鸡面不沾水、油，以免涂布不均，出现炸后花斑。涂料后应将鸡挂于架上稍许晾干，以免糖液焦黏锅底，产生油烟味，影响产品质量。据不同产品种类分别配制上色涂料。有关上色涂料配料百分数如下：饴糖 40%，蜂蜜 20%，黄酒 10%，精面粉 10%，腌卤料液 18%，辣椒粉 2%。

（7）高压油炸

先将高压锅中的油温升至约 150℃，把涂料晾好的鸡坯放入专用炸筐中，放入锅内，旋紧锅盖开始定时定温定压炸制。一般炸制温度可定为 190℃左右，时间 5～7min，压力小于额定工作压力。炸制完毕，马上关掉加热开关，开启排气阀，待压力完全排除后，开盖提出炸筐。

（8）真空包装

将油炸好的鸡坯趁热移入包装车间，根据不同的包装规格切分装袋，真空包装后即为成品。

4. 质量指标

（1）感官指标

色泽：表面呈枣红色，肌肉切面鲜艳发亮、色白。

组织状态：鸡皮松脆，肌肉软嫩，鸡骨酥脆。

滋味及气味：鲜香味浓，爽口不腻，无异味及异臭。

杂质：不允许存在。

（2）细菌指标

菌落总数（cfu/g）$\leqslant 5\times10^3$。

大肠菌群（MPN/100g）$\leqslant$40。

致病菌不得检出。

六、西式炸鸡

在各种快餐中，西式炸鸡的整个制作过程采用机械化或半机械化操作，加工速度快、品质易于控制，每一道工序都制定了严格的操作工艺，便于标准化工业生产。

1. 原料的制备和配方

（1）鸡的制备

鸡龄在 45d 左右，重 1.05～1.15kg，除去内脏、头、脚的甲级鸡。

将其切成如下部分。

两只整翅——带有 3.8cm 直径的胸脯肉。

两只小腿——带有 0.3cm 的大腿骨。

两只大腿——沿骨干从关节处切掉。

两边肋骨——脖子的残根不大于 1.3cm。

胸脯——沿对角线切，留下整个软骨部分。

去掉脖子及多余的脂肪和鸡皮；检查肋骨部分以确保所有肺脏、肾脏和动脉血管都已被去除；将大腿骨从其骨窝中卸掉以便烹炸时能熟透；切成块的备用鸡必须置于 0～1℃的温度中冷藏，并在 72h 内使用。

（2）蛋白浸液的制备

蛋白粉 1kg，清水 3.75kg。先在浸槽中放入清水，将蛋白粉徐徐倒入水中，边倒边搅动直至均匀，盖好盖子置于冰箱中待用。使用后随时添满备用的蛋白浸液。不连续使用时，要盖好盖放入冰箱内。当天用剩的蛋白浸液要当作废料倒掉。

（3）裹粉的制备

面粉 10kg，细盐 1.4kg，大茴香 15g，白糖 150g，丁香 10g，姜粉 80g，肉豆蔻 5g，味精 40g，黑胡椒 5g，八角 25g，桂皮 5g，陈皮 15g。

将磨成粉末的调料与细盐调匀，再与置于搅拌槽中的面粉混合拌匀，过筛两遍，放入加盖容器中待用。

2. 技术要领

（1）炸油升温

将起酥油加至炸锅油标线下约 1cm 处，将油温加热至 204℃，将炸篮置于炸锅内。

（2）鸡块浸液

将两袋（36 块）溶化、控净水的鸡块分别倒入浸篮中，在装有蛋白浸液的浸槽中上下抖动 5 次，使鸡块均匀蘸取适量蛋白浸液，将浸篮提出液面抖动 3 次控掉多余液体。

（3）鸡块裹粉

在搅拌槽中放入 3kg 裹粉，将蘸好蛋白浸液的鸡块倒入搅拌槽中，将鸡块与裹粉拌匀，使鸡块均匀裹上一层裹粉。分别取出鸡块，轻轻抖掉多余裹粉，将鸡块摆在托盘中，把鸡小腿与鸡翅分开，把鸡翅折起。裹好粉的鸡块稍放一会儿，以使鸡块表面的潮气渗透。

（4）高压油炸

将鸡块放入炸锅中的炸篮内入油中炸约 10s，如此重复，依次放入鸡大腿、胸、肋骨、鸡翅，每次放入 2 块。敞开锅炸 2min，当鸡块变成微黄色时立即盖上压力炸锅锅盖，上紧手柄打开定时器，炸制时间定为 12min，关掉定时器后炸锅内压力降至零位时打开锅盖，取出炸篮把鸡块倒入盛鸡盘中。

（5）鸡块控油

将鸡块从左至右整齐摆放，鸡小腿 X 形交叉；鸡翅 V 形向下；鸡肋骨 C 形向下；鸡大腿后骨摆平；胸脯小面向下。这样摆放易于控油。

（6）鸡块柜存

鸡块一经做好，即应放入保温柜中，此时质量最佳，这种最佳状态能维持 40min。保温柜存放温度 66℃，存放时间 1.5h，出售时应先进先出。

3. 质量指标

（1）感官指标

色泽：表面呈金黄色、肌肉切面新鲜呈白色。

组织状态：表皮酥脆，肉质细嫩。

口感及气味：外酥里嫩，香而不腻，具有西式风味。

（2）理化指标

西式炸鸡理化指标见表 6-6。

表 6-6　西式炸鸡理化指标

项　　目	指　　标	项　　目	指　　标
酸价(以脂肪计)/(mgKOH/g)	≤2.0	总砷(以 As 计)/(mg/kg)	≤0.2
过氧化值(以脂肪计)/(g/100g)	≤0.25	铅(以 Pb 计)/(mg/kg)	≤0.2
羰基价(以脂肪计)/(meq/kg)	≤20		

(3) 微生物指标

西式炸鸡微生物指标见表 6-7。

表 6-7　西式炸鸡微生物指标

项　　目	指　　标	项　　目	指　　标
菌落总数/(cfu/g)	≤100	致病菌	不得检出
大肠菌群/(MPN/100g)	≤30		

复习思考题

1. 炸的方法分别有哪些？说明各自的特点。
2. 水油混合油炸的原理是什么？
3. 简要说明油炸对食品有哪些影响？
4. 叙述真空低温油炸牛肉干加工过程。
5. 叙述高压油炸鸡的加工过程。

第七章　酱卤肉制品加工技术

【学习目标】

1. 了解酱卤制品的加工原理。

2. 掌握常见酱卤制品加工技术。

第一节　概　　述

酱卤制品是将原料肉加入调味料和香辛料中，以水为加热介质煮制而成的熟肉类制品。酱卤制品突出调味料与香辛料以及肉的本身香味，食之肥而不腻，瘦不塞牙。

一、酱卤肉制品分类

酱卤肉制品根据煮制方法和调味材料的不同分为白煮肉类、酱卤肉类、糟肉类。

1. 白煮肉类

白煮肉类是将原料肉经（或未经）腌制后，在水（盐水）中煮制而成的熟肉类制品。其主要特点是最大限度地保持了原料肉固有的色泽和风味，一般在食用时才调味。其代表品种有白斩鸡、盐水鸭、白切猪肚、白切肉等。

2. 酱卤肉类

酱卤肉类是将肉在水中加食盐或酱油等调味料和香辛料一起煮制而成的熟肉类制品。有的酱卤肉类的原料在加工时，先用清水预煮，一般预煮15～25min，然后用酱汁或卤汁煮制成熟。某些产品在酱制或卤制后，需再经烟熏等工序。酱卤肉类的主要特点是色泽鲜艳、味美、肉嫩，具有独特的风味。

酱卤制品根据加入调味料的种类、数量不同又可分为很多品种，通常有五香或红烧制品、蜜汁制品、糖醋制品，卤制品等。

（1）五香或红烧制品

是酱制品中最广泛的一大类，这类产品的特点是在加工中用较多量的酱油，所以有的叫红烧；另外在产品中加入八角、桂皮、丁香、花椒、小茴香等5种香辛料（或更多香辛料），故又叫五香制品。

（2）蜜汁制品

在红烧的基础上使用红曲米做着色剂，产品为樱桃红色，鲜艳夺目，辅料中加入多量的糖分或增加适量的蜂蜜，产品色浓味甜。

（3）糖醋制品

辅料中加糖醋，使产品具有甜酸的滋味。

典型的酱卤制品有苏州酱汁肉、苏州卤肉、道口烧鸡、德州扒鸡、糖醋排骨、蜜汁蹄髈等。

3. 糟肉类

糟肉类是将原料肉经白煮后，再用“香糟”糟制的冷食熟肉类制品。其主要特点是保持了原料肉固有的色泽和曲酒香气。糟肉类有糟肉、糟鸡及糟鹅等。

二、酱卤制品加工的基本技术

1. 调味

调味就是根据各地区消费习惯、品种的不同而加入不同种类和数量的调味料，加工成具有特定风味的产品。调味的方法根据加入调味料的时间大致可分为以下三种。

(1) 基本调味

在原料经过整理之后，加入盐、酱油或其他配料进行腌制，奠定产品的咸味，称基本调味。

(2) 定性调味

原料下锅后，随同加入主要配料如酱油、盐、酒、香料等，加热煮制或红烧，决定产品的口味称定性调味。

(3) 辅助调味

加热煮制之后或即将出锅时加入糖、味精等以增进产品的色泽、鲜味，称辅助调味。

2. 煮制

(1) 煮制作用

煮制是对原料肉进行热加工的过程，用水、蒸汽等加热方式处理，其对产品的色、香、味、形及成品化学变化都有显著的影响。煮制使肉黏着、凝固，产生与生肉不同的硬度、齿感、弹力等物理变化，具有固定制品形态的作用，使制品可以切成片状，使制品产生特有的风味和色泽，达到熟制的目的。同时煮制也可杀死微生物和寄生虫，提高制品的储藏稳定性和保鲜效果。

(2) 煮制方法

煮制是酱卤制品加工中的主要工艺环节，许多名优特产都有其独特的操作方法，但归纳起来，具有一定的规律，一般煮制分为清煮和红烧两个工序。

① 清煮。在肉汤中不加任何调味料，只是清水煮制，也称紧水、出水、白锅。通常在沸腾状态下加热 5～10min，个别产品可达到 1h。它是辅助性的煮制工序，作用是去除原料肉的腥、膻异味，同时通过撇沫、除油，将血污、浮油除去，保证产品风味纯正。

② 红烧。是在加入各种调味料后进行煮制，加热的时间和火候依产品的要求而定。在煮制过程中汤量的多少对产品的风味也有一定的影响，由汤与肉的比例和煮制中汤量的变化，分为宽汤和紧汤。宽汤是将汤添加到液面与肉面相平或淹没肉面，适于块大、肉厚的产品，如卤猪头等。紧汤是添加汤的量使液面低于肉面的 1/3～1/2 处，适于色深、味浓的产品，如酱汁肉等。加热火候根据加热火力的大小可分为旺火、文火和微火。旺火又称大火、武火、急火，火焰高而稳定，多用在开始加热、投料时，锅内汤面剧烈沸腾。文火又称温火，火焰低而摇晃，用于长时间加热，锅内汤面微沸，可使产品酥润可口、风味浓郁。微火又称小火，保持火焰不灭，火力很小，锅内汤面平静，时有小泡，长时煮制，产品香烂、酥软。煮制时以急火求韧、慢火求烂、先急后慢求味美，这是掌握火候大小的原则。目前，许多厂家早已用夹层锅生产，利用蒸汽加热，加热程度可通过液面沸腾的状况或由温度指示来决定，以生产出优质的肉制品。

(3) 肉在煮制过程中发生的变化

① 肉的风味变化。生肉的香味是很弱的，通过加热后，不同种类的肉都会产生各自特有的风味。因为加热导致肉中水溶性成分和脂肪的变化，肉的风味形成与氨、硫化氢、胺类、羰基化合物、低级脂肪酸等有关，主要是水溶性成分。如氨基酸、肽和低分子碳水化合物等热反应生成物。对于不同种的肉类由于脂肪和脂溶性物质不同，在加热时形成的风味也不同，如羊肉的膻味是辛酸和壬酸形成引起的，加热时肉类中的各种游离脂肪酸均有不同程度的增加。

② 肉色的变化。肉在加热过程中颜色的变化程度与加热方法、时间和温度高低密切相关，但以温度影响最大。肉在60℃以下时，肉色变化很小，当温度达到65～70℃时，开始变为粉红至淡粉红；当温度达到75℃时，则变为灰褐色。这种变化是由于肉中色素蛋白质的变化引起的。肌红蛋白在受热时，逐渐发生蛋白质变性，构成肌红蛋白辅基的血红素中铁也由二价变成三价，最后生成灰褐色的高铁血色原。此外，高温长时间加热时所发生的完全褐变，除色素蛋白质的变化外，还有诸如焦糖化作用和羰氨反应等发生。

③ 蛋白质的变化。肉经过加热，肉中蛋白质发生变性和分解。首先是凝固作用，肌肉中蛋白质受热后开始凝固而变性，使原生质中的肌凝蛋白、肌溶蛋白、肌红蛋白等属于肌浆部分的各种蛋白质发生不可逆的变化，而成为不可溶性物质。其次是脱水作用。蛋白质在发生变性脱水的同时，伴随着多肽类化合物的缩合作用，使溶液黏度增加。结缔组织中的蛋白质主要是胶原蛋白和弹性蛋白，在一般的加热条件下，弹性蛋白几乎不发生什么变化，主要起作用的物质是胶原蛋白。胶原蛋白在水中加热则变性，水解成动物胶，使产品在冷却后出现胶冻状。

④ 脂肪的变化。加热使脂肪熔化流出。随着脂肪的熔化，释放出一些与脂肪相关联的挥发性化合物，这些物质给肉和汤增加了香气。脂肪在加热过程中有一部分发生水解，生成脂肪酸，因而使脂肪酸值有所增加，同时也有氧化作用发生，生成氧化物和过氧化物。水煮加热时，如肉量过多或剧烈沸腾，易形成脂肪的乳浊化，乳浊化的肉汤呈白色浑浊状态。

⑤ 浸出物的变化。在加热过程中从肉中分离出来的汁液含有大量的浸出物，它们易溶于水，易分解，并赋予煮熟肉的特征口味和增加香味。呈游离状态的谷氨酸和次黄嘌呤核苷酸会使肉具有特殊的香味。

⑥ 肉的外形及质量变化。肉开始加热时肌肉纤维收缩硬化，并失去黏性，后期由于蛋白质的水解、分解以及结缔组织中的胶原蛋白水解成动物胶，肉的硬度由硬变软，并由于水溶性水解产物的溶解，组织细胞相互集结和脱水等作用而使肉质粗松脆弱。加热后的由于肉中水分的析出而使其质量减轻。

⑦ 其他成分的变化。加热会引起维生素破坏，其中的硫胺素加热破坏最严重。无机盐在加热过程中也有一定的损失，酶类受热活性会丧失。

第二节 白煮肉类制品的加工

一、白切猪肉

1. 工艺流程

其工艺流程如下。

原料肉的处理 → 煮制 → 出锅、冷却

2. 原料配方

猪肉（五花肉）100kg，腌韭菜花 1kg，蒜泥 1kg，腐乳汁 1.5kg，辣椒油 3kg，酱油 5kg。

3. 操作要领

（1）原料肉的处理

将肉横切成 10cm 宽、20cm 长的条块，刮净皮面并用清水洗净。

（2）煮制

将肉皮向上放入锅里，倒入清水并淹没肉块 10cm 深，盖好后用旺火烧开，再用文火煮熟。

（3）出锅、冷却

肉煮熟后，先撇出浮油，再将肉捞出晾凉。

4. 产品特点

该产品肥而不腻，瘦而不柴，香烂可口。

二、白切羊肉

1. 工艺流程

其工艺流程如下。

原料肉的处理 → 预煮 → 煮制 → 出锅、冷冻

2. 原料配方

羊肉 10kg，白萝卜 1kg，料酒 0.2kg，生姜 0.2kg，葱 0.2kg，陈皮 0.1kg，青蒜丝 0.2kg，甜面酱 0.4kg，辣椒酱 0.3kg。

3. 操作要领

（1）原料肉的处理

将羊肉切块，洗净，浸泡水中 2～4h，捞出，沥水。

（2）预煮

将羊肉放入锅中，加清水，再放入几块白萝卜，大火烧开，去掉血污和膻味后，捞出羊肉。

（3）煮制

锅内另换新水，将肉重新放回，加入葱段、生姜（拍松）、陈皮等调料（调料用纱布包好），旺火烧开。撇去浮沫，加入料酒改为中火烧至内质变酥，用筷子能戳动时即熟。

（4）出锅、冷冻

将肉捞出摊平于盘中。将锅中卤汁再次烧开，撇净浮油，留下部分倒入羊肉盘内，晾凉，放入冰箱冷冻，

4. 产品特点

肉质嫩酥，不腥不膻，味香鲜美，清爽适口。

三、白切鸡

1. 工艺流程

其工艺流程如下。

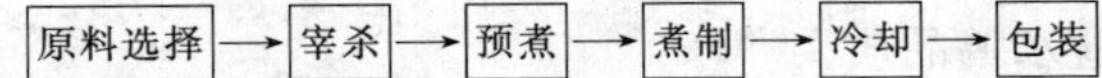

2. 操作要领

（1）原料选择

要求鸡体丰满健壮，皮下脂肪适中，除毛后皮色淡黄。鸡经宰前检疫，宰后检验确认合格后方可使用。

(2) 宰杀

口腔放血后，煺净鸡毛。开膛刀口要小，去尽内脏，然后将鸡体内外清洗干净。

(3) 预煮

先将鸡坯放入沸水浸煮，煮沸后立即提出，使鸡形丰满、定型，并除去腥味。

(4) 煮制

重新加清水，将鸡入内并加入葱、姜、食盐、黄酒少许，用大火烧开，小火焖煮。在烧煮过程中需上下翻动，注意按鸡的生长期长短正确掌握煮制时间。要求熟而不烂，嫩而不生，基本能保存良好的营养成分。

(5) 冷却

待鸡刚好熟时，马上将锅端下，盖上锅盖静置一旁，待锅里的汤冷却后将鸡捞出，控去汤汁，在鸡的周身涂上麻油即可。

3. 产品特点

皮光亮油黄，肉净白；鸡香纯正，无腥味；皮嫩肉嫩，味鲜润口，肥而不腻；肌肉饱满，形体完整。

四、南京盐水鸭

南京盐水鸭是江苏省南京市著名的传统名优肉制品。南京盐水鸭加工制作的季节不受限制，一年四季都可加工。其中农历8～9月份是稻谷飘香、桂花盛开的季节，此时加工的盐水鸭又叫桂花鸭。南京盐水鸭的特点是腌制期短，鸭皮洁白，食之肥而不腻，清淡而有咸味，具有香、鲜、嫩的特色。

1. 工艺流程

其工艺流程如下。

原料选择与整理 → 腌制 → 烘坯 → 上通 → 煮制 → 冷却 → 包装

2. 操作要领

(1) 原料选择与整理

选用当年健康肥鸭，宰杀拔毛后切去翅膀和脚爪，然后在右翅下开膛，取出全部内脏，用清水冲净体内外，再放入冷水中浸泡1h左右，挂起晾干待用。

(2) 腌制

先干腌，即用食盐和八角粉炒制的盐，涂擦鸭体内腔和体表，用盐量每只鸭100～150g，擦后堆码腌制2～4h，冬春季节长些，夏秋季节短些。然后扣卤，再行复卤2～4h即可出缸。复卤即用老卤腌制，老卤是加生姜、葱、八角熬煮加入过饱和盐水而制成。

(3) 烘坯

腌后的鸭体沥干盐卤，把鸭逐只挂于架子上，推至烘房内，以除去水汽，其温度为40～50℃，时间约20～30min，烘干后，鸭体表色未变时即可取出散热。注意烘炉要通风，温度绝不宜高，否则会影响盐水鸭品质。

(4) 煮前处理

用6cm长中指粗的中空竹管或芦柴管插入鸭的肛门，再从开口处填入腹腔料，姜2～3

片，八角2粒，葱1～2根，然后用开水浇淋鸭的体表，使肌肉和外皮绷紧，外形饱满。

(5) 煮制

水中加三料（葱、生姜、八角）煮沸，停止加热，将鸭放入锅中，开水很快进入体腔内，提鸭头放出腔内热水，再将鸭坯放入锅中，压上竹盖使鸭全浸在液面以下，焖煮20min左右，此时锅中水温约在85℃左右，然后加热升温到锅边出现小泡，这时锅内水温约90～95℃时，提鸭倒汤再入锅焖煮20min左右，第二次加热升温，水温约90～95℃时，再次提鸭倒汤，然后焖5～10min，即可起锅。在焖煮过程中水不能开，始终维持在85～95℃左右。否则水开肉中脂肪熔解导致肉质变老，失去鲜嫩特色。

3. 产品特点

盐水鸭表皮洁白，鸭体完整，鸭肉鲜嫩，口味鲜美，营养丰富，细细品尝时，有香、酥、嫩的特色。

第三节　酱卤肉类制品加工

一、肴肉

1. 工艺流程

其工艺流程如下。

原料选择 → 原料整理 → 腌制 → 清洗 → 煮制 → 压蹄 → 产品

2. 原料配方（按100只去爪猪蹄髈计）

绍酒0.25kg，盐13kg，葱段0.25kg，姜片0.12kg，花椒0.07kg，八角茴香0.07kg，硝水3kg（硝酸钠30g溶解于5kg水中），明矾0.03kg。

3. 操作要领

(1) 原料选择

选用皮薄的，活重在70kg左右冬季育肥猪的前蹄髈，也可以用其后蹄髈代替。

(2) 原料整理

将猪的前后蹄髈去除残毛，剔骨去筋，刮净污物并清洗干净。

(3) 腌制

将蹄髈平放于案板上，皮朝下，用铁钎在每只蹄髈的瘦肉上戳若干小孔，用精盐揉擦皮、肉各处。揉匀后，一层一层放在腌制缸中，皮面朝下，放时用3%的硝水溶液洒在每层肉面上，多余的精盐同时撒布在肉面上。夏天每只蹄髈用盐125g，腌制6～8h；冬天用盐90g，腌制7～10d；春秋季用盐110g，腌制3～4d。腌到中心部位肌肉变红为度。腌好出缸后在15～20℃的冷水中浸泡2～3h，适当减轻咸味并除去涩味，取出刮去皮上污物，用清水漂洗干净。

(4) 煮制

将葱段、姜片、花椒、八角茴香等分装在两只布袋内，扎紧袋口，制成香料袋。先在锅内放入清水50kg，盐4kg，明矾15g，用旺火烧开，撇去浮沫。然后放入猪蹄髈，皮朝上，逐层相叠，最上一层皮朝下，用旺火烧开，撇去浮沫。再放入香料袋，加入绍酒，在蹄髈上盖上竹箕一只，上放清洁重物压紧蹄髈，用小火煮制约1.5h（保持微沸，温度在95℃左右）。将蹄髈上下翻换，重新放入锅内再煮约3h至九成烂时出锅（用竹筷子很易插入肉中即可）。捞出香料袋，肉汤留下次继续使用。

（5）压蹄

取直径 40cm、边高 4.3cm 的平盘 50 只，每只盘内平放猪蹄髈 2 只，皮朝上，每 5 只盘叠压在一起，上面再盖空盘 1 只，20min 后，将盘逐只移至锅边，把盘内油卤倒入锅内，用旺火将汤卤烧开，撇去浮油，放入明矾 15g，清水 23kg，再烧开并撇去浮油，将汤卤舀入蹄盘内。淹满肉面，置于阴凉处冷却凝冻（天热时凉透后放入冰箱凝冻），即成水晶肴肉。煮开的余卤即为老卤，可供下次继续使用。

4. 产品特点

皮色洁白，光滑晶莹、卤冻透明，肉质细嫩，味道鲜美，有特殊香味，具有香、酥、鲜、嫩四大特色。最大的特点是表层的胶冻透明如琥珀状，瘦肉色红，食不塞牙；肥肉去膘，食而不腻。

二、苏州酱汁肉

1. 工艺流程

其工艺流程如下。

选料 → 配料 → 煮制 → 酱制 → 制卤

2. 原料配方

猪肋条肉 50kg，白糖 2.5kg，精盐 1.5～1.7kg，桂皮 0.1kg，绍酒 2.0kg，八角 0.1kg，红曲米 0.6kg，姜 0.1kg，葱 1.0kg。

3. 技术要领

（1）选料

选用新鲜、优质的肋条肉为原料（肥膘厚不超过 2cm），刮净残毛，割去奶头、奶脯。切成宽 4cm 的长方块（最好做到每 1kg 切 20 块左右），肉块切好后，把五花肉、硬膘分开。

（2）煮制

将原料肉先在清水中白煮。五花肉煮 10min，硬膘煮 15min。捞起后用清水洗净。然后在锅底放上骨头，上面依次放上猪头肉、香料袋、五花肉、硬膘，最后倒入肉汤，用大火煮制 1h。

（3）酱制

当锅内白汤沸腾时加入红曲米、绍酒和总量 4/5 的白糖，再用中火煮 40min。当肉呈深樱桃红色、汤将干、肉已酥烂时出锅，放于搪瓷盘内，不能堆叠。

（4）制卤

酱汁肉的质量关键是制卤，食用时还要在肉上浇汁。好的卤汁应黏稠、细腻，既可使肉色鲜艳，又可使产品以甜为主、甜中带咸。卤汁的制法是将留在锅内的酱汁再加入剩余的 1/5 白糖，用小火煎熬，并不断搅拌，使卤汁成糨糊状即可。

4. 产品特点

成品为小长方块，色泽鲜艳呈桃红色，肉质酥润，酱香味浓郁。

三、酱牛肉

1. 工艺流程

其工艺流程如下。

原料选择与整理 → 预煮 → 调酱 → 煮制、酱制 → 出锅 → 成品

2. 原料配方

牛肉100kg，八角茴香0.6kg，花椒0.15kg，丁香0.14kg，砂仁0.14kg，桂皮0.14kg，黄酱10kg，盐3kg，香油1.5kg。

3. 技术要领

（1）原料选择与整理

酱牛肉应选用不肥、不瘦的新鲜、优质牛肉，肉质不宜过嫩，否则煮后容易松散，不能保持形状。将原料肉用冷水浸泡清除余血，洗干净后进行剔骨，按部位分切肉，把肉再切成0.5～1kg的肉方块，然后把肉块倒入清水中洗涤干净，同时要把肉块上面覆盖的薄膜去除。

（2）预煮

把肉块放入100℃的沸水中煮1h，目的是除去腥膻味，同时可在水中加几块胡萝卜。煮好后把肉捞出，再放在清水中洗涤干净，洗至无血水为止。

（3）调酱

取一定量水与黄酱拌和，把酱渣捞出，煮沸1h，并将浮在汤面上酱沫撇净，盛入容器内备用。

（4）煮制

向煮锅内加水20～30kg，待煮沸之后将调料用纱布包好放入锅底。锅底和四周应预先垫以竹篾，使肉块不贴锅壁，避免烧焦。将选好的原料肉，按不同部位肉质老嫩分别放在锅内，通常将结缔组织较多肉质坚韧的部位放在底部，较嫩的、结缔组织较少的放在上层，用旺火煮制4h左右。为使肉块均匀煮烂，每隔1h左右倒锅一次，再加入适量老汤和食盐。必须使每块肉均浸入汤中，再用小火煮制约1h，使各种调味料均匀地渗入肉中。

（5）酱制

当浮油上升，汤汁减少时，倒入调好的酱液进行酱制，并将火力继续减少，最后封火煨焖。煨焖的火候掌握在汤汁沸动，但不能冲开汤面上浮油层的程度，全部煮制时间为6～7h。

（6）出锅

出锅应注意保持肉块完整，用特制的铁铲将肉逐一托出，并将香油淋在肉块上，使成品光亮油润。酱牛肉的出品率一般为60%左右。

4. 产品特点

成品金黄色，光亮，外焦里嫩，无膻味，食而不腻，瘦而不柴，味道鲜美，余味带香。

四、北京月盛斋烧羊肉

1. 工艺流程

其工艺流程如下。

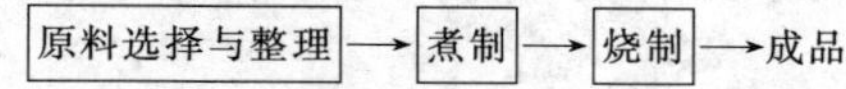

2. 原料配方

剔骨羊肉50kg，茴香0.1kg，花椒0.075kg，丁香0.07kg，砂仁0.07kg，桂皮0.07kg，黄酱5kg，盐1.5kg，花生油5kg，香油0.75kg。

3. 技术要领

（1）原料选择与整理

选用优质剔骨羊肉，以羊的前腿和腰窝肉为好。用水洗净后切块待用。

（2）煮制

煮制时，每锅调新汤，以新汤新料煮制，并随时加入事前配料熬好的花椒、大料水（用花椒、大料加清水 5kg 熬制而成），以达到宽汤，使肉质更鲜。羊肉煮好出锅时要注意方法，做到轻勾轻托，以保持肉块完整，出锅后，放入特制肉屉中，凉透后进行烧制。

（3）烧制

烧制时，按锅容量大小放入油后点火，使油温升高到 60～70℃时，放入香油，待香油散发出香味时，将肉放在锅内烹炸，待羊肉色泽已达鲜艳金黄色时出锅，即为烧羊肉成品。

4. 产品特点

成品金黄色、光亮、外焦里嫩、无膻味、食而不腻、瘦而不柴、脆嫩爽口，余味带香。

五、烧鸡加工

1. 工艺流程

其工艺流程如下。

原料鸡的选择和处理→腌制→整形→烫皮上色→煮制→冷却→包装

2. 原料配方

净膛鸡 50kg，砂仁 0.02kg，豆蔻 0.05kg，丁香 0.02kg，草果 0.05kg，肉蔻 0.05kg，良姜 0.07kg，陈皮 0.02kg，白芷 0.08kg，食盐 4.5kg，饴糖 0.05kg，味精 0.02kg，葱 0.8kg，姜 1kg，菜油 20kg。

3. 技术要领

（1）原料鸡的选择与处理

选择生长一年内，体重为 1～1.5kg 的健康母鸡为最佳。宰杀净膛后用清水将鸡体内外漂洗干净。

（2）腌制

将配方将香辛料捣碎后，用纱布包好入锅，加入一定量的水煮沸 1h，然后在料液中加食盐，使其浓度达 13°Bé，然后把漂洗好的鸡放入卤水中腌制。腌制时间 35～40min，中间翻动约 1～2 次。有老卤液的，在腌制时要加老卤液，腌浸完后，卤液要及时处理，即把卤液煮沸杀菌后加食盐保存。保存期间每隔 10～15d 要煮沸一次。

（3）整形

将腌制好的鸡取出，将其外表用清水冲洗干净。把鸡放在加工台上，腹部朝上，左手稳住鸡身，将两脚爪从腹部开口处插入鸡的腹腔中，然后使鸡腿的膝关节卡入另一鸡腿的膝关节内侧；然后使其背部朝上，把鸡右翅膀从颈部开口处插入鸡的口腔，另一翅膀翅尖后转紧靠翅根。整形后鸡似半月形，最后用清水漂洗一次，并晾干水分。

（4）烫皮涂糖

将整形后的鸡用铁钩，钩着鸡颈，用沸水淋烫 2～4 次，待鸡水分晾干后再涂糖液。糖液的配制是 1 份饴糖加 60℃的热水 3 份调配成上色液。糖液配制好后，用刷子将糖液在鸡全身均匀刷 3～4 次，刷糖液时，每刷一次要等晾干后，再刷第二次。

（5）油炸上色

将涂好糖液的鸡放入加热到 170～180℃的植物油中，使鸡体呈均匀的橘黄色时，即可捞出。油炸时，动作要轻，不要把鸡皮搞破。油炸过程中油温控制在160～170℃为宜。

（6）煮制

将原先配好的香辛料再加适量的水煮沸后，加盐使其具有较浓的咸味。然后再加适量的味精、葱、姜，把鸡放入，用文火慢慢煮2～5h，使其温度控制在75～85℃范围内，等熟后，捞鸡出锅。出锅时要眼疾手快，稳而准，确保鸡形完整，不破不裂。

4. 产品特点

形态别致，呈半月形，鸡形完整；肉色酱黄带红，味香肉烂，肥而不腻，有浓郁的五香佳味。鸡的出品率要求在60%～66%之间。

六、酱鸭加工

1. 工艺流程

其工艺流程如下。

选料及处理 → 腌制 → 熬制酱鸭卤汁 → 煮制

2. 原料配方

净膛鸭50kg，酱油1.7kg，食盐2.5kg，白糖1.7kg，桂皮0.1kg，大茴香0.1kg，陈皮0.25kg，丁香0.01kg，砂仁0.007kg，红曲米0.25kg，葱1kg，生姜0.1kg，硝（硝酸钠）0.02kg（用水溶解成1kg），黄酒1.7kg。

3. 技术要领

（1）选料及处理

选用体重在1.5kg以上的鸭体为原料鸭。宰杀净膛后，洗净血污，沥干水分。

（2）腌制

用盐擦遍鸭体，腹腔内撒少量盐，然后置于桶或缸中腌制。一般夏季腌1～2h；冬季腌2～3d。

（3）熬制卤汁

取25kg酱猪头老卤，用文火化开，然后用中火烧开，放入红曲米1.5kg，白糖20kg，黄酒0.8kg，生姜200g，用锅铲不断翻动，以防结锅。熬制时间随老卤浓稀而异，待熬至变稠即可。熬制一锅可供400只鸭坯涂用。

（4）煮制

煮制前先将老汤烧开，并将上述配料放入锅内，熬时在每只鸭坯腹内放入丁香1～2粒，砂仁少许，葱节20g，生姜2片，黄酒1～2汤勺。随即全部鸭坯放入沸汤中烧煮，并加黄酒1.8kg。先用旺火烧开后，改文火焖煮40～60min，即可起锅。捞出置于盘中冷却20min后，涂上一层酱鸭卤汁即为成品。

4. 产品特点

制品呈琥珀色，有光泽。香味浓郁，甜中带咸，肉嫩味鲜。

七、潮州卤鹅

1. 工艺流程

其工艺流程如下。

原料选择和整理 → 煮制 → 产品

2. 原料配方

潮汕鹅一只（约重 3.25kg），大蒜瓣 0.15kg，白醋 0.25kg，川椒 0.25kg，甘草 0.25kg，八角 0.25kg，丁香 0.25kg，苹果 0.25kg，桂皮 0.25kg，陈皮 0.25kg，红辣椒 0.2kg，蒜头 0.2kg，生姜 0.15kg，芫荽 0.05kg，酱油 0.75kg，味精 0.25kg，精盐 0.25kg，炝过姜葱的鹅油 0.12kg，玫瑰露酒 0.12kg，冰糖 0.25kg。

3. 技术要领

（1）制卤

将装 15kg 水的陶罐上火，下入用纱布袋包起的川椒、甘草、八角、丁香、苹果、桂皮、陈皮、红辣椒、蒜头、生姜、芫荽，再加入酱油、味精、冰糖、精盐、鹅油、玫瑰露酒，用大火烧开后转中火烧 1～1.5h。

（2）原料的整理

鹅宰杀后去净毛、掏出内脏，用开水清洗干净。

（3）卤煮

将洗净的鹅放入陶罐中，用慢火卤煮 1h 左右。卤煮时翻动一次，使整鹅在卤煮时受热均匀，色泽均匀。

（4）淋卤

鹅熟后捞出，按包装大小切块，上卤水即成。

4. 产品特点

潮州卤鹅色泽油亮，肥而不腻，肉质不韧不烂，香味浓厚，有回味。

第四节　糟制品加工

一、糟肉加工

糟肉属于上海风味制品，它香味可口，常年供家庭食用，夏季销售最多。

1. 工艺流程

其工艺流程如下。

原料整理 → 白煮 → 配料 → 糟制 → 产品 → 包装

2. 原料配方

原料肉 100kg，炒过的花椒 3～4kg，陈年香糟 3kg，上等绍酒 7kg，高粱酒 0.5kg，五香粉 0.03kg，盐 1.7kg，味精 0.1kg，上等酱油 0.5kg（最好用虾子酱油）。

3. 技术要领

（1）原料整理

以新鲜的皮薄而又细腻的方肉、前后腿肉为原料。方肉按肋骨横斩对半开，再顺肋骨直斩成规格为长 15cm、宽为 11cm 的长方肉块。前后腿肉亦斩成同样规格。

（2）白煮

肉坯倒入锅内烧煮，水要超过肉坯表面，用旺火将肉汤烧至沸腾后，撇清血沫，减小火力继续烧，直至骨头容易抽出时为止。用尖筷和铲刀把肉坯捞出，出锅后，一边拆骨，一边在肉坯两面敷盐。

（3）陈糟准备

香糟 50kg，用 1～2kg 炒过的花椒，加盐拌和后倒入缸内，用泥封口，待第二年使用时即为陈年香糟。

（4）糟酒混合

把每 50kg 糟肉用陈年香糟 1.5kg、五香粉 15g、盐 250g，放入缸内，再放入少许上等绍酒，用手边加边拌和，并徐徐加绍酒（共 2.5kg）和高粱酒 100g，直至糟酒完全拌和，没有结块便为糟酒混合物。

（5）制糟露

用白纱布置于搪瓷桶上，四周用绳扎牢，中间凹下，在纱布上放绢纱一张，把糟酒混合物倒在纱布上，上面加盖，使糟酒混合物通过绢纱、纱布过滤，徐徐将汁滴在桶内，称糟露。也可以用其他符合卫生食用标准的滤纸代替。

（6）制糟卤

将白煮肉汤撇去浮油，用纱布过滤倒入容器内，加盐 0.6kg，味精 50g，上等酱油 1kg，高粱酒 150g，拌和冷却，数量以掌握在 15kg 左右为宜。将拌和辅料后的白汤倒入糟露内，进一步拌匀，即为糟卤。

（7）糟制

将凉透的糟肉坯皮面朝外圈，圈砌在盛有糟卤的容器中，糟货桶需事先放在冰箱内，另用一盛冰的细长桶，置于糟货桶中间加速冷却，直至糟卤凝结成冻时为止。糟制后仍需放在冰箱中保存，才能保持其鲜嫩、爽口特色。

4. 产品特点

胶冻白净，清凉鲜嫩。爽口沁胃，具有糟香味。

二、糟鹅加工

1. 工艺流程

其工艺流程如下。

原料选择与整理 → 煮制 → 冷却 → 糟制 → 成品

2. 原料配方（按 125kg 健康鹅约 50 只为原料计）

陈年香糟 1.3kg，葱 1.5kg，黄酒 3kg，生姜 0.2kg，炒过的花椒 0.025kg，食盐 0.75kg，味精 0.01kg，五香粉 0.05kg，大曲酒 0.25kg。

3. 技术要领

（1）原料选择与整理

选择 2～2.5kg 健康鹅，将其宰杀净膛后洗净，白条鹅放入清水中浸泡 1h 后取出，沥干水分。

（2）煮制

将整理后的鹅坯放入锅内用旺火煮沸，除去浮沫，随即加葱 500g、生姜 50g、黄酒 500g，再用中火煮 40～50min 后起锅。

（3）冷却

鹅体出锅后，在每只鹅身上撒些精盐，然后从正中劈开成两片，斩下头、脚、翅，一起放入经过消毒的容器中约 1h，使其冷却。锅内原汤撇去浮油，再加酱油 750g，精盐 1.5kg，葱 1kg，生姜 150g，花椒 25g，倒入另一容器冷却。

（4）香糟制备

香糟 2.5kg，黄酒 2.5kg，倒入盛有原汤的另一容器中。拌和均匀即可。

（5）糟制

用大糟缸一只，将冷却的原汤倒入缸内，然后将鹅块放入，每放两层加些大曲酒（做到放满后所配的大曲酒正好用光），并在缸口盖上一只带汁香糟的双层布袋，袋口比缸口大一些，以便将布袋捆扎在缸口。袋内汤汁滤入糟缸内，浸卤鹅体。待糟液滤完，立即将糟缸盖紧，焖 4～5h，即为成品。

4. 产品特点

本品皮白肉嫩，香气浓郁，风味鲜美，独有特色。糟制鹅既可在 4℃条件下保藏，也可鲜销。

三、糟鸡加工

1. 工艺流程

其工艺流程如下。

原料整理→焖煮→切块擦盐→配料→糟制→成品

2. 原料配方

鸡 100kg，酒糟 100kg，盐 12.5kg（夏天 15kg），50°糟烧酒 15kg，黄酒 25kg，白糖 5kg，味精 0.5kg，葱 4kg，姜 0.3kg。

3. 技术要领

（1）原料整理

选用年内新鸡（阉鸡最好，每只大约 1kg），宰杀净膛后，入沸中浸 2min 取出，洗净血污。

（2）焖煮

将鸡再入锅，加水浸没，并加入白糖、味精、葱、姜（葱切段，姜切片，并用纱布包好。）用大火煮沸后，用微火焖煮 0.5h，将锅端离火口，待其冷却后，把鸡取出沥干。

（3）切块擦盐

将沥干后的鸡斩成块，即用利刀把鸡头、颈、翅和脚先切下，然后从尾部沿背脊骨斩开，剔去脊骨。左右横向一分为二切开即成四块。再用盐 7.5kg 和味精少许擦遍鸡的各部。

（4）配料

取酒糟 100kg，盐 5kg（夏天 7.5kg），50°糟烧酒 15kg，黄酒 25kg，混合拌匀，备用。

（5）糟制

取平底瓦罐（或坛）一只。将配料一半放入罐底，平面隔消毒纱布，放入鸡块。将鸡块叠成适当厚度，再把剩下一半配料用纱布袋装好，覆盖在鸡块上，密封罐口。视气温情况存放 1～2d 即为成品。

4. 产品特点

肉鲜嫩，味香甜，肥而不腻，糟香浓，是夏令佐餐佳品。

复习思考题

1. 叙述三种酱卤肉制品的共同点和不同点。

2. 加工酱卤肉制品的关键工序是什么？
3. 肉在煮制过程中发生哪些变化？
4. 叙述肴肉的加工过程
5. 叙述烧鸡的加工过程。
6. 叙述糟肉的加工过程。

第八章　熏烤肉制品加工技术

【学习目标】

1. 了解熏烤原理。

2. 掌握常见熏烤肉制品加工技术。

第一节　概　　述

熏烤是肉制品加工的主要手段。许多肉制品特别是西式肉制品如灌肠、火腿、培根等均需经过熏烤，肉制品经过烟熏，不仅获得特有的烟熏味，而且保存期延长。但随着冷藏技术的发展，熏烟防腐已降到次要位置，熏烤已成为特殊烟熏风味制品的一种加工技术。

一、熏烤制品种类

熏烤肉制品是指原料肉经腌制（有的还需煮制）后，再以烟气、高温空气、明火或高温固体为介质干热加工而成的肉制品。熏和烤是两种不同的加工方法，实际上熏烤制品应分为烟熏制品和烧烤制品两大类。

1. 烟熏制品

在肉品工业生产中，很多产品都要经过烟熏过程，特别是西式肉制品，差不多都要经过烟熏。

熏制品种类繁多，如国外的西式生熏肉、烟熏肠、培根和中国传统名吃——北京熏猪头肉、熏鸡、新疆熏马肉等。

2. 烧烤制品

烧烤制品是由原料肉经配料、腌制，再经热空气烘烤或明火直接烧烤成熟和形成独特风味的一大类肉制品，如北京烤鸭、广东脆皮烤乳猪。此外，以盐或泥等固体为加热介质，进行煨烤而成熟的制品也归为此类，如常熟叫化鸡、江东盐焗鸡等。

二、烟熏原理及方法

烟熏是利用木屑、茶叶、红糖等材料的不完全燃烧而产生的烟气来改变肉制品的风味，提高产品质量的一种加工方法。

1. 烟熏原理

（1）烟熏作用

① 形成烟熏风味。烟气中的许多有机化合物附在制品上，赋予特有的烟熏香味，如酚、芳香醛、酮、羰基化合物、酯、有机酸类物质。特别是酚类中的愈创木酚、4-甲基愈创木酚是最重要的风味物质，香气最强。其次，伴随着烟熏的加热，促进微生物或酶蛋白及脂肪的分解，通过生成氨基酸和低分子肽、碳酰化合物、脂肪酸等，使肉制品产生独特风味。

② 发色。烟熏和腌制经常相互紧密地结合在一起，在生产中烟熏肉必须预先腌制。烟

熏的同时对腌制肉进行加热，这时在热的影响下，有利于形成稳定的腌肉色泽。烟熏成分中的羰基化合物可以和肉蛋白质或其他含氮物中的游离氨基酸发生美拉德反应；烟熏加热促进硝酸盐还原菌增殖及蛋白质的热变性，游离出半胱氨酸，从而促进一氧化氮血素原形成稳定的颜色；此外，烟熏还将促使许多肉制品表面形成棕褐色，其色泽常随燃料种类、烟熏浓度、树脂含量以及温度和表面水分而不同；如用山毛榉做燃料，肉呈金黄色；如用赤杨、栎树，肉呈深黄或棕色。肉表面干燥时色淡，潮湿时色深；温度低时呈淡褐色；温度较高时则呈深褐色；如烟熏前先用高温加热则制品表面色彩均匀而鲜明。肉制品受热有脂肪外渗起到润色作用。

③ 防止腐败变质。由于烟气中含有抑菌物质，如有机酸、乙酸、醛类等。随着烟气成分在肉制品中沉积，使肉制品具有一定防腐特性。熏烟的杀菌作用较为明显的是在表层，产品表面的微生物经熏制后可减少10%。大肠杆菌、变性杆菌、葡萄球菌对烟最敏感，3h即死亡。同时，烟熏时制品表面干燥，即失去部分水分，能延缓细菌生长，降低细菌数。但霉菌及细菌芽孢对烟的作用较稳定。故烟熏制品仍存在长霉的问题。

④ 预防氧化。熏烟中许多成分具有抗氧化特性，故能防止酸败，最强的是酚类，其中以苯二酚、邻苯三酚及其衍生物作用尤为显著。试验表明，熏制品在温度15℃下保存30d，过氧化值无变化，而未经过烟熏的肉制品过氧化值增加8倍。另外，熏烟的抗氧作用还可以较好地保护脂溶性维生素不被破坏。

⑤ 改善制品质地。肉制品熏烟时，为了使烟气易于附着和渗透到肉制品中，一般制品要先经过脱水干燥。肉在脱水干燥和熏烟的过程中蛋白质凝固，使得制品组织结构致密，产生良好质地。同时合理地控制干燥和熏烟温度，可以促进组织酶活动，使制品保持一定风味。

(2) 熏烟材料选择与燃烧条件

① 熏烟材料。烟熏材料应选用树脂少、烟味好且防腐物质含量多的材料。一般多用硬木，如柞木、桦木、栎木、杨木等；日本多使用樱花木、青冈栎木、小橡子木等；欧美国家主要使用山核桃木、山毛榉木、白桦木、白杨木、表岗栎木等。树脂含量高的木材如松木、柏木、杉木、榆木、桃杏木等因燃烧时产生大量黑烟，使肉制品表面发黑，不适宜做熏烟材料；柿子树、桑树等树脂含量虽不高，但含有多萜烯类化合物，会产生不良气味也不适宜做熏烟材料；乙醛和石炭酸等防腐性物质含量少的材料，也不适于做烟熏材料，但这类材料不会直接给制品带来影响，可作为淡熏烟料使用。此外，稻壳和玉米秆也是很好的熏烟材料。

② 燃烧条件。木材在燃烧的不同阶段所产生的烟，其成分是不同的。木材燃烧的初期产生脱水现象，然后引起酸化和分解，变化从外界慢慢向中心部发展。当木材中心部还留有水分，而表面温度超过100℃时，表面进行酸化和分解，形成一氧化碳、二氧化碳、甲醇、蚁酸、乙酸等。随着中心部的脱水和水分的减少，木材温度逐渐上升，水分接近于零，温度基本达到300～400℃。在这期间，200～260℃的温度中，木材燃烧的气体、挥发性有机酸产生变化明显起来，到260～310℃时主要产生木醋液。达到310℃以上时，木质开始分解，产生石炭酸及其诱导体。

在以上的燃烧变化中，如果限制供氧，就会在烟的成分中出现差异。一般来说，如果明显地限制供氧，烟就会变成碳素粒子和羧酸含量多的物质。相反，如果供氧量多，酸和石炭酸的生成量就会增加，在供氧量是完全氧化的8倍量时，酸和石炭酸产生得最多，燃烧温度到 400℃时产生石炭酸最多。因此，烟熏燃烧温度保持在这个程度较为理想，但是，这个温度也是苯并芘等多环化合物的最大生成带。因而，从将致癌性物质限制在最小范围来说，这个温度不适宜，这是烟熏中的一个问题。目前作为带妥协性的控制温度是 343℃。不过这个温度也许会随着今后设备及烟熏方法的进步而产生变化。

(3) 熏烟的沉积和渗透

影响熏烟沉积量的因素有食品表面的含水量、熏烟的密度、熏烟室内的气流速和相对湿度。一般食品表面越干燥，沉积的越少（用酚的量表示）；熏烟的密度越大，熏烟的吸收量越大，和食品表面接触的熏烟也越多；然而气流速度太大，也难以形成高浓度的熏烟，因此实际操作中要求既能保证熏烟和食品的接触，又不致使密度明显下降，常采用 7.5～15m/min 的空气流速。相对湿度高有利于加速沉积，但不利于色泽的形成。

影响熏烟成分渗透的因素有熏烟的成分、浓度、温度、产品的组织结构、脂肪和肌肉的比例、水分的含量，熏烟的方法和时间等。熏烟过程中，熏烟成分最初在表面沉积，随后各种熏烟成分向内部渗透，使制品呈现特有的色、香、味。

2. 烟熏方法

烟熏方法分为常规法和特殊法两大类。特殊法又称速熏法，是用非烟的液熏和电熏。

(1) 常规烟熏法

常规法也称标准法，是直接用烟气熏制。此法又分直接烟熏法和间接烟熏法。

① 直接烟熏法。是在烟熏室内，用直火燃烧木材直接发烟熏制。根据烟熏温度不同分为以下几种。

a. 冷熏法：熏制温度为 15～30℃，在低温下进行较长时间（4～7d）的烟熏。用这种温度熏制，质量损失少，制成的产品风味好。熏制前物料需要盐渍、干燥成熟。熏后产品的含水量低于 40%，可长期储藏，并且增加了产品的风味。此法一般在冬季进行，而在夏季或温度较高地区，由于气温高，温度很难控制，特别当发烟少的情况下，容易发生酸败现象。常用于带骨火腿、培根、干燥香肠（如色拉米香肠、风干香肠）等的熏烟，主要用于烟熏不经过加热工序的制品。

b. 温熏法：熏制温度在 30～50℃，烟熏时间限制在 5～6h，最长不超过 2～3d，否则，由于这种熏烟法的温度范围又利于微生物繁殖，如果熏烟时间过长，很容易引起肉制品腐败变质。这种方法烟熏温度超过了脂肪熔点，所以很容易流出脂肪，而且使蛋白质开始受热凝固，因此肉质变得稍硬。此法通常采用橡木、樱木和锯木熏制，放在烟熏室的格架底部，在熏材上面放上锯末，点燃后慢慢燃烧，室内温度逐步上升。这种方法用于脱骨火腿和通脊火腿的熏烟，但熏制后还需进行蒸煮才能成为成品。

c. 热熏法：温度在 50～80℃，实际上常用 60℃熏制，是广泛应用的一种方法。烟熏时间不必太长，最长不超过 5～6h。因为在短时间内就会形成较好的烟熏色泽。在此温度范围内蛋白质几乎全部凝固，其表面硬化度较高，而内部仍含有较多水分，有较好弹性。但这种方法难以形成较好的烟熏香味，而且要注意不能升温过快，否则会有发色不匀的现象。一般用于灌肠产品的熏烟。

② 间接烟熏法。此法不是在熏烟室直接发烟，而是利用单独的烟雾发生装置发烟，然后将一定温度和湿度的烟导入烟熏室，对肉制品进行熏烤。这种方法不仅可以克服直接法烟气密度和温度不匀现象，而且可以将发烟温度控制在 400℃以下，减少有害物质的产生，因而间接法得到广泛的应用。间接烟熏法按烟的发生方法和烟熏室内的温度条件分为以下几种。

a. 燃烧法：燃烧法是将木屑放在燃烧器上燃烧发烟，然后通过送风机把烟气送入熏烟室。烟的生成温度与直接熏烟法相同，需通过减少空气量和通过控制木屑的湿度进行调节，但有时不能控制在400℃以内。熏烟室内温度基本上是由烟的温度及空气温度所决定的。为了防止由于空气流动将烟灰和焦油附着在制品上，可将烟道加长进行调整。

b. 湿热分解法：此法是将水蒸气与空气适当混合，加热300～400℃，使高温气体通过木屑分解而发烟，由于烟和蒸汽同时流动而成为湿的高温烟，为此事先将制品冷却，利于烟的凝结和附着，故也称凝缩法。送入熏烟室烟的温度一般为80℃。

c. 流动加热法：木屑通过压缩空气飞入反应室内，经300～400℃的热空气作用于浮动的木屑而热分解。产生的烟随气流送入熏烟室，为了防止灰随气流混入烟中，可用分离机将两者分开。

d. 炭化法：该法是将木屑装入管子容器内，利用电热炭化装置调温至300～400℃，使其炭化发烟。由于缺乏空气，在低氧情况下发生的烟的状态与干馏相同。

(2) 特殊熏烟法（速熏法）

① 焙熏法。此法是特殊的直接烟熏法，温度为90～120℃，熏烟的同时进行蒸煮或焙烤。由于温度高，熏制的同时即达到熟制目的，制品不必进行热加工就可以直接食用。但熏制时间短，制品不耐储藏，应迅速销售食用。此法常用于烤制品生产。

② 液熏法。液熏法是不用烟熏，而是将木材干馏去掉有害成分，保留有效成分的烟收集起来进行浓缩，制成水（油）溶性的液体或冻结成干燥粉末，作为熏制剂进行熏制。

a. 使用方法：使用商品液熏剂一般要先用水稀释，常加些醋或柠檬酸。20～30份液态烟熏剂加5份柠檬酸或醋、65～75份水，可以作为配料成分直接加入到食品（如肉乳胶体）中；或将制品浸入液熏剂中；或将液熏剂喷洒在制品上；或将液熏剂雾化后喷射到烟熏室内；或将液熏剂置于加热器上蒸发；或以上方法组合使用。

b. 液态烟熏剂优点：因为在液熏剂的制备过程中已除去微粒相，产品被致癌物污染的机会大大减少；不需要烟雾发生器，节省设备投资；液熏剂的成分一般是稳定的，产品的重现性好；短时间内可生产大量带有烟熏风味的制品，效率高；无空气污染，符合环境保护要求；液熏剂的使用十分方便安全，不会发生火灾，故而可在植物茂密地区使用。

c. 电熏法。应用静电吸附作用，将制品吊起，间隔5cm排列，相互连上正负电极，在送烟同时通上15～20kV高压直流电或交流电，使自体（制品）作为电极进行电晕放电。烟的粒子由于此电作用而带电荷则急速地吸附在制品表面并向内部渗透，比通常熏烟法缩短1/20时间。延长储存时间期限，制品内部甲醛含量较高，不易生霉。缺点是烟的粒子附着不均匀，制品尖端吸附较多，技术要求和成本较高等。目前尚未得到普及。

三、烤制原理及方法

利用热空气或明火对制品进行加热制熟称为烧烤，它是肉制品热加工的一种方法。烧烤能使肉制品增强表皮的酥脆性，产生诱人的香味和美观的色泽。

1. 原理

肉类经烧烤能产生香味，这是由于肉类中的蛋白质、糖、脂肪、盐和金属等物质，在加热过程中，经过降解、氧化、脱水、脱羧等一系列变化，生成醛类、酮类、醚类、内酯、呋喃、硫化物、低级脂肪酸等化合物，尤其是糖、氨基酸之间的美拉德反应，它不仅生成棕色物质，同时伴随着生成多种香味物质，从而赋予肉制品的香味。蛋白质分解产生谷氨酸，与盐结合生成谷氨酸钠，使肉制品带有鲜味。

此外，在加工过程中，腌制时加入的辅料，也有增香的作用。如五香粉含有醛、酮、醚、酚等成分，葱、蒜含有硫化物；在烤猪、烤鸭、烤鹅时，浇淋糖水所用的麦芽糖或糖，烧烤时这些糖与皮层蛋白质分解生成的氨基酸，发生美拉德反应，不仅起着美化外观的作用，而且产生香味物质。

烧烤前浇淋热水和晾皮，使皮层蛋白凝固、皮层变厚、干燥。烤制时，在热空气作用下，蛋白质变性而酥脆。

2. 烤制方法

烧烤的方法基本有两种，即明炉烧烤法和挂炉烧烤法。

(1) 明炉烧烤法

明炉烧烤法，是用铁制的、无关闭的长方形烤炉，在炉内烧红木炭，然后把腌制好的原料肉，用一根长（烧烤专用的）铁叉叉住，放在烤炉上进行烤制，在烧烤过程中，有专人将原料肉不断转动，使其受热均匀，成熟一致。这种烧烤法的优点是设备简单，比较灵活，火候均匀，成品质量较好，但费人工多。驰名全国的广东烤乳猪（又名脆皮乳猪），就是采用此种烧烤方法。此外，野外的烧烤肉制品，也属于此种烧烤方法。

(2) 挂炉烧烤法

挂炉烧烤法也称暗炉烧烤法，即是用一种特制的可以关闭的烧烤炉，如远红外线烤炉、家庭用电烤炉、缸炉等。前两种烤炉热源为电，缸炉的热源为木炭。在炉内通电或烧红木炭，然后将调制好的原料肉（鸭坯、鹅坯、鸡坯、猪坯或肉条）穿好挂在炉内，关上炉门进行烤制。烧烤温度和烤制时间视原料肉而定。一般烤炉温度为200～220℃，加工叉烧肉烤制时间为25～30min，加工鸭（鹅）烤制时间为30～40min，加工猪烤制时间为50～60min。挂炉烧烤法应用比较多，它的优点是花费人工少，对环境污染少，一次烧烤的量比较多，但火候不是十分均匀，成品质量比不上明炉烧烤好。

第二节　典型熏烤肉制品加工

一、培根加工

培根是英文（Bacon）的译音，意思是烟熏咸肋条或烟熏咸背脊肉。培根按原材料部位不同，可分为排培根、奶培根和大培根（也称丹麦式培根）三种。三种培根的制作工艺基本相同。

1. 工艺流程

其工艺流程如下。

选料→整形→冷藏腌制→出缸浸泡→剔骨修割→再整形→烟熏→成品

2. 原料配方

原料肉100kg，盐8kg，硝酸钠0.05kg。

3. 技术要领

(1) 选料

① 大培根。坯料取自整片带皮白条肉的中段（前至第三根胸骨，后至荐椎与尾椎骨交界处，割去奶脯）。肥膘厚度要求最厚处以3.5～4cm为宜。

② 排培根和奶培根（各有带皮、去皮两种）。取自白条肉前至第五根胸骨，后至荐椎骨末两节处斩下，去掉奶脯，沿距背脊 13～14cm 处斩成两部分，分别为排培根和奶培根坯料，排培根的肥膘最厚处以 2.5～3cm 为宜；奶培根肥膘最厚处约 2.5cm 左右。

（2）整形

用开片机或大刀开割下来的胚料往往不整齐，需用小刀修整，使肉坯四边基本成直线，并修去腰肌和横膈膜。

（3）腌料的配制

“盐硝”的配制：即将硝均匀拌和于盐中。方法是将硝溶于少量水中制成液体，再加盐拌和均匀即为盐硝。

“盐卤”的配制：即将盐、硝溶于水中。方法是用配料的另一半倒入缸中，加入适量清水，用木棒不断搅拌，至盐卤浓度为 15°Bé 时为止。

（4）腌制

腌制是培根加工的重要工序，它决定成品口味和质量；腌制要在 0～4℃的冷库中进行，以防止细菌生长繁殖，引起原料肉变质。培根腌制一般分干腌和湿腌两个过程。

干腌：干腌是腌制的第一阶段。按原料配方中盐、硝的一半量制成“盐硝”。将“盐硝”敷于肉坯上，轻轻搓擦。肉坯表面必须无遗漏地搓擦均匀，待盐粒与肉中水分结合开始溶化时，将肉坯逐块抖落盐粒，装缸置冷库内腌制 20～24h。

湿腌：湿腌是腌制的第二阶段。经过干腌的坯料随即进行湿腌。程序是缸内先倒入配制好“盐卤”少许，然后将肉坯一层一层叠入缸内，每叠 2～3 层，需再加入盐卤少许，直至装满。最后一层皮向上，用石块或其他重物压于肉上，加“盐卤”到淹没肉的顶层为止。“盐卤”总量和肉坯质量比约为 1∶3。因干腌后的坯料中带有盐料，入缸后盐卤浓度会增加。如浓度超过 16°Bé，需用水冲淡。在湿腌过程中，每隔 2～3d 翻缸一次，湿腌期一般为 6～7d。

腌制成熟度的掌握。用腌制成熟期来衡量坯料是否腌好是不准确的。因影响成熟期的因素很多，如硝的种类、操作方法、冷库湿度、管理好坏等。因此，坯料是否腌好应以色泽变化为衡量标准。鉴别色泽的方法是将坯料瘦肉割开观察肉色，如已呈鲜艳的玫瑰红色，手摸不粘，则表明腌制成熟；如瘦肉部分仍是原来的暗红色，或仅有局部的鲜红色，手摸有粘手之感，表明未腌制成熟。

（5）出缸浸泡、清洗

将腌制成熟的肉坯取出，浸泡在水温在 25℃左右水中，时间 3～4h。浸泡有三个作用：一是使肉胚温度升高，肉质还软，表面油污溶解，便于清洗和修割；二是洗去表面盐分，熏制后表面无“盐花”；三是软化后便于剔骨和整形。

（6）剔骨

培根的剔骨要求很高，只允许刀尖划破骨面上的薄膜，并在肋骨末端与软骨交界处，用刀尖轻轻拨开薄膜，然后用手慢慢扳出。刀尖不得刺破肌肉，否则侵入生水而不耐保藏；另一方面，若肌肉被划破，则烟熏干缩后，产生裂缝，影响保藏。

（7）修割整形

修割的要求，一是刮尽残毛，二是刮尽皮上的油污。由于在腌制和翻缸过程中，肉胚的形状往往会发生改变，故需再一次整形，使四边成直线。整形后即可穿绳、吊挂和沥去水分，6～8h 后即可进行烟熏。

（8）烟熏

烟熏须在密闭的熏房内进行。方法是根据熏房面积大小，先用木柴堆成若干堆，用火燃着，再覆盖锯屑，徐徐生烟，也可直接用锯屑分堆燃着。前者可提高熏房温度，使用广泛。木柴或锯屑分堆燃着后，将沥干水分的肉坯移入熏房，这样可使产品少沾灰尘。熏房温度保持在60～70℃，烟熏过程中须适时移动肉坯在熏房中的上下位置，以便烟熏均匀。烟熏时间一般为10h，待肉坯呈金黄色时，烟熏完成，即为成品。

(9) 保存

培根容易保管，挂在通风干燥处，数月不变质。

4. 产品特点

培根的风味，除带有适口的咸味外，还具有浓郁的烟熏香味。

(1) 排培根

成品为金黄色，带皮无硬骨，刀工整齐，不焦苦。每块重约2～4kg，成品率82%～83%左右。

(2) 奶培根

成品为金黄色，无硬骨，刀工整齐，不焦苦。带皮每块重约2～4.5kg，无皮每块重不低于1.5kg，成品率82%左右。

(3) 大培根

成品为金黄色，割开瘦肉色泽鲜艳，每块重约7～10kg。

二、熏鸡加工

1. 工艺流程

其工艺流程如下。

原料整理→紧缩定型→油炸→煮制→烟熏→涂油

2. 原料配方

鸡100kg，白酒0.25kg，鲜姜1kg，草果0.15kg，花椒0.25kg，桂皮0.15kg，山萘0.15kg，味精0.05kg，白糖0.5kg，精盐3.5kg，白芷0.1kg，陈皮0.1kg，大葱1kg，大蒜0.3kg，砂仁0.05kg，豆蔻0.05kg，八角1kg，丁香0.05kg。

3. 技术要领

(1) 原料整理

先用骨剪将胸部的软骨剪断，然后将右翅从宰杀刀口处插入口腔，从嘴里穿出，将翅转压翅膀下，同时将左翅转回。最后将两腿打断并把两交叉插入腹腔中。

(2) 紧缩定型

将处理好的鸡体投入沸水中，浸烫2～4min，使鸡皮紧缩，固定鸡形，捞出晾干。

(3) 油炸

先用毛刷将1∶8的蜂蜜水均匀刷在鸡体上，晾干。然后在150～200℃油中进行油炸，将鸡炸至柿黄色立即捞出，控油，晾凉。

(4) 煮制

先将调料全部放入锅内，然后将鸡并排放在锅内，加水75～100kg，点火将水煮沸，以后将水温控制在90～95℃，视鸡体大小和鸡的日龄煮制2～4h，煮好后捞出，晾干。

(5) 烟熏

煮好的鸡先在40～50℃条件下干燥2h，目的是使烟熏着色均匀。鸡的熏制一般有两种方法。

① 锅熏法。先在平锅上放上铁帘子，再将鸡胸部向下排放在铁帘上，待铁锅底微红时将糖按不同点撒入锅内迅速将锅盖盖上，2～3min（依铁锅红的情况决定时间长短，否则将出现鸡体烧煳或烟熏过轻）后，出锅，晾凉。

② 炉熏法。把煮好的鸡体用铁钩悬挂在熏炉内，采用直接或间接熏烟法进行熏制，通常熏20～30min，使鸡体变为棕黄色即可。

（6）涂油

将熏好的鸡用毛刷均匀地涂刷上香油（一般涂刷3次）即为成品。

4. 产品特点

外形完整，表皮呈光亮的棕红色，肌肉切面有光泽，微红色。脂肪呈浅黄色。无异味，具有特有的烟熏风味。

三、五香熏兔肉

1. 工艺流程

其工艺流程如下。

原料处理→预煮→煮制→熏烟→成品

2. 原料配方

肉用整兔10kg，白糖0.8kg，酱油0.6kg，玉果粉0.25kg，生姜0.25kg，五香粉0.25kg，食盐0.2kg，白酒适量。

3. 技术要领

（1）原料处理

将肉免洗净沥干，切成大肉块，放入锅内。

（2）预煮

往锅里加盐并加热水没过肉块，加热煮沸。去掉肉汤上的血沫，煮20min，待肉块发硬捞出。

（3）煮制

原汤里放入各种辅料后用旺火煮开，将肉块放入锅里，改用小火，并轻轻翻炒，到汤汁快烧干时、将肉出锅。

（4）熏烟

把肉块涂抹烟熏液后晾置一会儿，然后在180℃烘炉上熏烤40min即成。

4. 产品特点

色泽棕黄，油润光亮，肉香浓郁，鲜美可口。

四、烤肉

1. 工艺流程

其工艺流程如下。

原料处理→浸料→烧烤→成品

2. 原料配方

原料肉100kg，精盐2.5kg，白酱油2.5kg，五香粉0.2kg，50°白酒2kg，白糖1kg。

3. 技术要领

（1）原料处理

选用皮薄肉嫩猪肋条肉或夹心腿肉，刮去皮上余毛、杂质。切成长约 40cm、宽约 13cm 的长条。然后洗净，待水分稍干后备用。

（2）浸料

白糖加适量水在锅中熬成糖水待用。其他配料与原料肉拌匀，浸渍 30min 后取出，挂在铁钩上晾干，将糖水均匀地洒在肉和皮面上，约 30min 后，即可入炉烧烤。

（3）烧烤

将皮面向上，肉面向下，炉温在 200～300℃烧烤 1.5h 左右。待肉质基本烤熟后取出，用不锈钢针在皮面上戳孔，然后肉面向上，再入炉用猛火烧烤皮面。约 0.5h 待皮面烧至酥起小泡时即可出炉。

4. 产品特点

皮色金黄，油润光亮，皮脆肉香，味美可口。

五、烤乳猪

1. 工艺流程

其工艺流程如下。

原料选择与整理 → 腌制、晾挂 → 烤制 → 成品

2. 原料配方

乳猪 1 只（5～6kg），香料粉 7.5g，食盐 75g，白糖 150g，干酱 50g，芝麻酱 25g，南味豆腐乳 50g，蒜和酒适量，含量为 15%的麦芽糖溶液少许。

3. 技术要领

（1）原料选择与整理

选健康无病、5～6kg 重的乳猪一只，屠宰后，去毛，挖净内脏，刮洗干净备用。

（2）腌制、晾挂

取乳猪胴体（不劈半），将香料和食盐混匀涂于乳猪胸腹内腔，腌 10min，再在内腔加入其余配料。用长铁叉从猪后腿穿至嘴角，再用 70℃热水烫皮，将麦芽糖溶液浇身，挂在通风处吹干表皮。

（3）烘烤

① 明炉烤法。把腌好的猪胚用长铁叉叉住，放在炉上烧烤，先烤猪的胸腹部，约 20min。再用木条支撑腹腔，顺次烤头、尾、胸、腹的边缘部分和猪皮。猪的全身尤其是较厚的颈部和腰部，需进行针刺和扫油，使其迅速排除水分。在烧烤时要将猪频频转动，并不断刺针和扫油，以便受热均匀并且表皮酥脆。直至表皮呈红色为止。

② 挂炉烤法。将乳猪挂入烧烤鹅鸭的炉内（温度为 200～220℃），关上炉门烧烤 30min 左右。在猪皮开始变色时，取出针刺，并在猪身泄油时，用干净的棕帚将油刷匀，再入炉内烤制。当乳猪烤至皮脆肉熟、香味浓郁时，即成成品。

4. 产品特点

外形完整，色泽鲜艳，皮脆肉香，肌肉切面呈微红，有光泽，脂肪呈浅白色。产品无异味。

六、叉烧肉

叉烧肉是一种南方风味肉制品，起源于广东，一般称广东叉烧肉。

1. 工艺流程

其工艺流程如下。

原料选择与处理 → 腌制 → 烘烤 → 成品

2. 原料配方

猪瘦肉 100kg，精盐 20kg，酱油（原汁）50kg，白糖 65kg，五香粉 2.5kg，桂皮粉 5kg，砂仁面 2kg，绍兴酒 20kg，姜 10kg，麦芽糖 5kg。

3. 技术要领

（1）原料的选择和处理

选取去皮的瘦猪肉（最好选猪的前、后腿肉），洗净后切成长 35cm，宽 3cm，厚 1.5cm 的肉条。

（2）腌制

把调味料（除麦芽糖和绍兴酒外）放在拌料盆里搅拌均匀，然后倒入肉条一起拌匀。每 2h 搅拌一次，使肉条充分吸收配料。腌制 6h 后再加绍兴酒，充分搅拌，使酒和肉条混合后，将肉一条条穿在叉烧铁环上。每排穿十条左右，适当晾干。

（3）烤制

用木炭火把烤炉烧热，把穿好的肉条排环挂入炉内，盖好炉盖，进行烤制。炉温保持在 270℃左右烤 15min，打开炉盖，转动铁环，使肉面调换方向。然后再盖上炉盖，继续烤制 15min 后将炉温降至 220℃左右，再烤 15min 就可以出炉。待肉稍冷却后把肉放进麦芽糖溶液内，或用热麦芽糖溶液浇在肉条上，再放到炉内，烤制 3min，取出即为成品。

4. 产品特点

产品深红中略带黑色，块形整齐，不硬不软，香中渗甜，甜中透香，多吃不腻，久吃不厌。

七、烤鸡

1. 工艺流程

其工艺流程如下。

原料选择 → 整形 → 腌制 → 腔内涂料 → 腹内填料 → 浸烫 → 烤制 → 成品

2. 原料配方

（1）腌料

按每 50kg 腌制液计，生姜 100g，葱 150g，八角 150g，花椒 100g，香菇 50g，食盐 8.5kg。将八角、花椒包入纱布包内和香菇、葱、姜放入水中煮制，沸腾后将料水倒入腌制缸内，加盐溶解，冷却后备用。

（2）腹腔涂料

香油 100g，鲜辣粉 50g，味精 15g，拌匀后待用。上述涂料可涂 25～30 只鸡。

（3）腹腔填料

每只鸡放入生姜 2～3 片（10g），葱 2～3 根（15g），香菇 2 块（10g），姜切成片状，葱打成结，香菇预先用温水泡软。

（4）浸烫料

水 2.5kg，饴糖 500g，溶解加热至 100℃待用，此量够 100～150 只鸡用。

3. 技术要领

（1）原料选择

选用体重 1.5～2kg 的肉用仔鸡。这样的鸡肉质香嫩，净肉率高，制成烤鸡成品率高，风味佳。

（2）整形

将全净膛光鸡先去腿爪，再从放血处的颈部横切断，向下推脱颈皮，切断颈骨，去掉头颈，再将两翅反转成“8”字形。

（3）腌制

将整形后的光鸡逐只放入腌制缸中，用压盖将鸡压入液面以下，腌制时间根据鸡的大小、气温高低而定，一般腌制时间在 40～60min。腌制好后捞出晾干。不同腌制含量对成品烤鸡的滋味、气味和质地三大指标影响较大，高含量腌制液（17%）使得鸡体内的水分向外渗透，肉质相应老些，同时由于肌纤维的收缩，蛋白质发生聚合收缩，从而影响了芳香物质的挥发，导致鸡体香味不如腌制液含量 8%及 12%的好。另外，高浓度盐液渗透性强，因而短时间即可达到腌制效果。腌制含量为 12%的腌制液则较为理想，且咸度适中，色、香味俱全。

（4）腔内涂料

把腌制好的光鸡放在台上，用棒具挑约 5g 左右的涂料插入腹腔向四壁涂抹均匀。

（5）腹内填料

向每只鸡腹腔内填入生姜 2～3 片，葱 2～3 根，香菇 2 块，然后用钢针绞缝腹下开口，不让腹内汁液外流。

（6）浸烫

将填好料、缝好口的光鸡逐只放入加热到 100℃的浸烫液中浸烫，0.5min 左右，然后取出挂起，晾干待烤。

（7）烤制

一般用远红外线电烤炉，先将炉温升至 100℃，将鸡挂入炉内，不同规格的烤炉挂鸡数量不一样。当炉温升至 180℃时，恒温烤 15～20min，这时主要是烤熟鸡，然后再将炉温升高至 240℃烤 5～10min，此时主要是使鸡皮上色、发香。当鸡体全身上色均匀达到成品红色时立即出炉。出炉后趁热在鸡皮表面涂上一层香油，使皮更加红艳发亮，擦好香油后即为成品烤鸡。

4. 产品特点

色泽红润，皮脆肉香，肥而不腻，味美适口。

八、北京烤鸭

北京烤鸭是中国著名的特产，它以优异的品质和独有的风味闻名于国内外。

1. 工艺流程

其工艺流程如下。

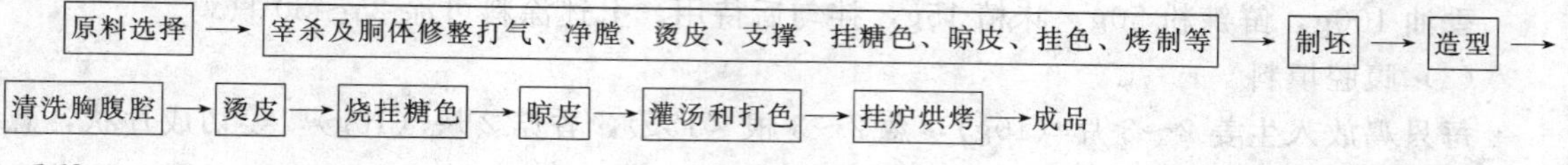

2. 技术要领

(1) 原料的选择

选用经过填肥的活重在2.5～3kg以上、饲养期约50～60d的北京填鸭。

(2) 宰杀及胴体修整

① 宰鸭。鸭倒挂，用刀在鸭脖处切一小口，相当于黄豆粒大小，以切断气管、食管、血管为准，随即用右手捏住鸭嘴，把脖颈拉成斜直，使血滴尽，待鸭只停止抖动，便可下池烫毛。

② 烫毛。水温不宜高，因填鸭皮薄，易于烫破皮，一般61～62℃即可，最高不要超过64℃。然后进行煺毛。

③ 剥离。将颈皮向上翻转，使食道露出，沿着食道向嗉囊剥离周围的结缔组织，然后再把脖颈伸直，以利于打气。

④ 打（充）气。用手紧握住鸭颈刀口部位，由刀口处插入气筒的打气嘴给鸭体充气，这时气体就可充满皮下脂肪和结缔组织之间，当气体充至八成满时，取下气筒，用手卡住鸭颈部，严防漏气。用左手握住鸭的右翅根部，右手拿住鸭的右腿，使鸭呈倒卧姿势，鸭脯向外，两手用力挤压，使充气均匀。

⑤ 拉直肠。打气以后，右手食指插入肛门，将直肠穿破，食指略向下一弯即将直肠拉断，并将直肠头取出体外，拉断直肠的作用在于便于开膛取出消化道。

⑥ 切口掏膛。在右翅下开一长4cm左右呈月牙形状的口子。随即取出内脏，保持内脏的完整性。取内脏的速度要快，以免污染切口。

⑦ 支撑。用一根7～8cm长的秸秆由刀口送入腔内，秸秆下端放置在脊柱上，呈立式，但向后倾斜，一定要放稳。支撑的目的在于支住胸膛，使鸭体造型漂亮。

⑧ 洗膛。将鸭坯浸入4～8℃清水中，反复清洗胸腹腔。

(3) 烫坯

用100℃沸水，采用淋浇法烫制鸭体。烫坯时用鸭钩钩在鸭的胸脯上端颈椎骨右侧，再从左侧穿出，使鸭体稳定地挂在鸭钩上，然后用水浇。先浇刀口及四肢皮肤，使之紧缩，严防从刀口跑气，然后再浇其他部位。一般情况下三勺水即可使鸭体烫好。烫坯的目的有三个，一是使毛孔紧缩，烤制时可减少从毛孔流出的皮下脂肪；二是使表皮蛋白质凝固；三是能使充在皮层下的气体尽量膨胀，表皮显出光亮，使之造型更加美观。

(4) 上糖色

以1份麦芽糖对6份水的比例调制成溶液，淋浇在鸭体上，三勺即可。上糖色的目的有二：一是能使烤鸭经过烤制后全身呈枣红色；二是能使烤制后的成品表皮酥脆，食之适口不腻。

(5) 晾皮

晾皮又称风干。将鸭坯放在阴凉、通风处，使肌肉和皮层内的水分蒸发，使表皮和皮下结缔组织紧密地结合在一起，经过烤制可增加皮层的厚度。

(6) 挂炉烤制

① 灌汤和打色。制好的鸭坯在进炉以前，向腔内注入100℃的沸汤水，这样强烈地蒸煮肌肉脂肪，促进快熟，即所谓“外烤里蒸”，以达到烤鸭“外焦内嫩”的特色。灌汤方法是用6～8cm高粱秸插入鸭体的肛门，以防灌入的汤水外流，然后从右翅刀口灌入100℃的汤水80～100mL，灌好后再向鸭体浇淋2～3勺糖液，目的是弥补第一次挂糖色不均匀的

部位。

② 烤制。鸭子进炉后，先挂在前梁上，先烤刀口这一边，促进鸭体内汤水汽化，使其快熟。当鸭体右侧呈橘黄色时，再转烤另一侧，直到两侧相同为止，然后鸭体用挑鸭杆挑起在火上反复烤几次，目的是使腿和下肢着色，烤 5～8min，再左右侧烤，使全身呈现橘黄色，便可送到炉的后梁，这时鸭体背向炉火，经 15～20min 即可出炉。

③ 烤制温度和时间。鸭体烤制的关键是温度。正常炉温应在230～250℃，如炉温过高，会使鸭烧焦变黑；如炉内温度过低，会使鸭皮收缩，胸脯塌陷。掌握合适的烤制时间很重要，一般 2kg 左右的鸭体烤制 30～50min。时间过长、火头太大，皮下脂肪流失过多，在皮下造成空洞，皮薄如纸，使鸭体失去了脆嫩的独特风味。母鸭肥度高，因此烤制时间比公鸭长。

④ 烤熟标志。鸭子是否烤熟有两个方面标志：一是鸭子全身呈枣红色，从皮层里面向外流白色油滴；二是鸭体变轻，一般鸭坯在烤制过程中失重 0.5kg 左右。

3. 产品特点

烤成后的鸭体甚为美观，表皮和皮下结缔组织以及脂肪混为一体，皮层变厚，色泽红润，鸭体丰满；具有香味纯正、浓郁，皮脂酥脆，肉质鲜嫩细致，肥而不腻的特点。

烤鸭最好现制现食，久藏会变味失色，在冬季室温 10℃时，不用特殊设备可保存 7d，若有冷藏设备可保存稍久，不致变质，吃前短时间回炉烤制或用热油浇淋，仍能保持原有风味。

九、烤鹅

烤鹅在中国各地都有制作，但以广东烧鹅较好。

1. 工艺流程

其工艺流程如下。

原料选择 → 制坯 → 烘烤 → 成品

2. 原料配方（按 50kg 鹅坯计）

五香粉和盐混合物（精盐 2kg，五香粉 0.2kg，拌匀），酱料（由豉酱、蒜头、油、盐、糖调制而成）1kg，白糖 0.2kg，芝麻酱 0.1kg，白酒 0.05kg，生抽 0.2kg，碎葱白 0.1kg。

3. 技术要领

(1) 原料选择

选择经过肥育的、活重在 2.3～3.0kg 的肉用仔鹅，最好是体肥肉嫩，骨细而柔适用于烧烤的品种。

(2) 制坯

将鹅放血宰杀、去毛后，在鹅体的尾部开直口，取出内脏，用水洗净鹅体，并在两关节处切除脚和翅膀，便成鹅坯。

(3) 烤前处理

在每只鹅坯腹腔内放五香粉和盐混合物 1 汤匙，或放进酱料 2 汤匙，并使其在体腔内分布均匀，再用针将刀口缝合好。用 70℃以上的热水烫洗鹅坯，稍干后再把麦芽糖水溶液涂抹在鹅体表面，放在阴凉、通风处晾干。

(4) 烤制

把已晾干的鹅坯送进烤炉，先以鹅背向火，用微火烤 20min，将鹅体烤干，然后把炉温升高至 200℃，转动鹅体，使胸部向火烤 25～30min，便可出炉。出炉后在烤熟的鹅身上涂一层花生油便为成品。

4. 产品特点

烤鹅色泽红润，皮脆肉香，肥而不腻，味美适口。出炉稍凉后食用最佳。放置时间过长，色、香、形均有变化，质量下降。

复习思考题

1. 烟熏的成分及其在食品生产中的作用是什么？
2. 烟熏对肉制品的作用是什么？
3. 肉制品烧烤的基本原理是什么？
4. 简述烟熏的方法及其优缺点。
5. 怎样选择烟熏材料？

第九章　肉干制品加工技术

【学习目标】

1. 了解肉干制品加工原理。
2. 掌握常见肉干制品加工技术。

第一节　概　　述

肉干制品是指将肉先经熟加工，再成型干燥或先成型再经热加工制成的干熟类肉制品。这类肉制品可直接食用，成品呈小的片状、条状、粒状、团粒状、絮状。

一、肉干制品种类

1. 肉干

肉干类制品是指瘦肉经预煮、切丁（条、片）、调味、浸煮、收汤、干燥等工艺制成的干、熟肉制品。由于原辅料、加工工艺、形状、产地等的不同，肉干的种类很多。按原料不同，肉干分为牛肉干、猪肉干、马肉干、兔肉干等；按风味有五香、麻辣、咖喱、果汁、蚝油等肉干；按形状分为肉粒、肉片、肉条、肉丝等；按产地分更是名目繁多。

2. 肉松

肉松是将肉煮烂，再经过炒制、揉搓而成的一种营养丰富、易消化、食用方便、易于储藏的脱水制品。除猪肉外，还可用牛肉、兔肉、鱼肉生产各种肉松。中国著名的传统产品有太仓肉松和福建肉松。

3. 肉脯

肉脯是指瘦肉经切片（或绞碎）、调味、腌制、摊筛、烘干、烤制等工艺制成的干、熟薄片型的肉制品。与肉干加工方法不同的是肉脯不经水煮，直接烘干而制成。随着原料、辅料、产地等的不同，肉脯的名称及品种不尽相同。

二、干制原理及方法

1. 常压干燥

鲜肉在空气中放置时，则其表面的水分开始蒸发，造成食品中内外水分密度差，导致内部水分向表面扩散。

常压干燥过程包括恒速干燥和降速干燥两个阶段，而降速干燥阶段又包括第一降速干燥阶段、第二降速干燥阶段。

在恒速干燥阶段，肉块内部水分扩散的速度要大于或等于表面蒸发速度，此时水分的蒸发是在肉块表面进行，蒸发速度是由蒸汽穿过周围空气膜的扩散速度所控制，其干燥速度取决于周围热空气与肉块之间的温度差，而肉块温度可近似认为与热空气湿球温度相同。在恒速干燥阶段将除去肉中绝大部分的游离水。

当肉块中水分的扩散速度不能再使表面水分保持饱和状态时，水分扩散速度便成为干燥速度的控制因素。此时，肉块温度上升，表面开始硬化，进入降速干燥阶段。在此阶段，表面蒸发速度大于内部水分扩散速度，致使肉块温度升高，极大的影响肉的品质，且表面形成硬膜，使内部水分扩散困难，降低了干燥速度，导致肉块中内部水分含量过高，使肉制品在储藏期间腐烂变质。在干燥初期，水分含量高，可适当提高干燥温度，随着水分减少应及时调整干燥工艺参数。

常压干燥时温度较高，且内部水分移动，易与组织酶作用，常导致成品品质变劣，挥发性芳香成分逸失等缺陷。但干燥肉制品特有的风味也在此过程中形成。

2. 减压干燥

食品置于真空中，随真空度的不同，在适当温度下，其所含水分则蒸发或升华。也就是说，只要对真空度做适当调节，即是在常温以下的低温，也可进行干燥。理论上水在真空度为613.18Pa以下的真空中，液体的水则成为固体的水，同时自冰直接变成水蒸气而蒸发，即所谓升华。就物理现象而言，采用减压干燥，随真空度的不同，无论是水的蒸发还是冰的升华，都可以制得干制品。因此肉品的减压干燥有真空干燥和冻结干燥两种。

(1) 真空干燥

真空干燥是指肉块在未达到结冰温度的真空状态（减压）下加速水分的蒸发而进行干燥。真空干燥时，在干燥初期，与常压干燥时相同，存在着水分的内部扩散和表面蒸发。但在整个干燥过程中，则主要为内部扩散与内部蒸发同时进行。因此，与常压干燥相比较，干燥时间缩短，表面硬化现象减小。真空干燥常采用的真空度为533～6666Pa，干燥中食品温度在常温至70℃以下。真空干燥虽使水分在较低温度下蒸发干燥，但因蒸发而芳香成分的逸失及轻微的热变性在所难免。

(2) 冻结干燥

冻结干燥是指将肉块冻结后，在真空状态下，使肉块中的水升华而进行干燥。这种干燥方法对色、香、味、形几乎无任何不良影响，是现代最理想的干燥方法。

冻结干燥是将肉块急速冷冻至－30～－40℃，将其置于可保持真空度13～133Pa的干燥室中，因冰的升华而进行干燥。冰的升华速度，因干燥室的真空度及升华所需要而给予的热量所决定，另外肉块的大小、薄厚均有影响。冻结干燥法虽需加热，但并不需要高温，只供给升华热并缩短其干燥时间即可。冻结干燥后的肉块组织为多孔质，未形成水不浸透性层，且其含水量少，故能迅速吸水复原，是方便面等速食食品的理想辅料。但在保藏过程中也非常容易吸水，且其多孔质与空气接触面积增大，在储藏期间易被氧化变质，特别是脂肪含量高时更是如此。

(3) 微波干燥

微波干燥是指用波长为厘米段的电磁波（微波），在透过被干燥食品时，使食品中的极性分子（水、糖、盐）随着微波极性变化而以极高频率振动，产生摩擦热，从而使被干燥食品内、外部同时升温，迅速放出水分，达到干燥的目的。这种效应在微波一旦接触到肉块时就会在肉块内外同时产生，无需热传导、辐射、对流，故干燥速度快，且肉块内外加热均匀，表面不易焦煳。但微波干燥设备投资费用较高，干肉制品的特征性风味和色泽不明显。

国际上规定915MHz和2450MHz为微波加热专用频率。微波干燥包括常规干燥法和与其他干燥方法组合的干燥法。后者在食品工业中广泛采用以提高干燥产品质量及降低成本。

如牛肉干生产中采用将肉原料经自然干燥（或烘房干燥），降低其初始含水量达 20%～25%，再行微波干燥，效果较好。

三、肉在干燥过程中的变化

脱水干燥的肉制品，在物理、化学、组织结构等方面都要发生变化，这些变化直接关系到肉制品的特性、质量和储藏性。干燥的方法不同，其变化的程度也有差异。

1. 物理变化

肉在干燥时常出现的物理变化有干缩、干裂、表面硬化和多孔性形成等。

（1）干缩和干裂

干缩是食品干燥时常见的、最显著的变化之一。弹性完好并呈饱满状态的物料全面均匀地失水时，物料将随着水分消失均衡地进行线性收缩，即物体大小（长度、面积和容积）均匀地按比例缩小。实际上干燥时肉内的水分难以均匀地排除，均匀干缩极为少见。干燥初期肉表面的干缩，继续脱水干燥时水分排除越向深层发展，最后至中心处，干缩也不断向肉中心发展。高温快速干燥时肉表面层远在肉中心干燥前已干硬。其后中心干燥和收缩时就会脱离干硬膜而出现干裂、孔隙和蜂窝状结构。

（2）表面硬化

表面硬化实际上是食品物料表面收缩和封闭的一种特殊现象。如肉表面温度很高，就会因为内部水分未能及时转移至肉表面使表面迅速形成一层干燥薄膜或干硬膜。它的渗透性极低，以致将大部分残留水分保留在肉内，同时还使干燥速度急剧下降。

肉内水分可因受热汽化而以蒸汽分子方式经微孔、裂缝或毛细管向外扩散，水分到肉表面蒸发掉，然而它的溶质残留在表面上。这些溶质就会将干制时正在收缩的微孔和裂缝加以封闭，从而使肉表面出现硬化。

（3）多孔性的形成

快速干燥时食品表面硬化及其内部蒸气压的迅速建立会促使食品成为多孔性制品。真空干燥时的高度真空也会促使水蒸气迅速蒸发并向外扩散，从而制成多孔性制品。多孔性食品能迅速复水或溶解，为其食用时具有的主要优越性。

（4）质量减轻，体积缩小

脱水干燥过程中，主要是占容积最大的水分被蒸发掉，其食品质量明显减轻，体积大大缩小。质量和容积的减少量，理论上应当等于其水分含量的减少，但实际上常常是前者略小于后者。

2. 化学变化

肉食品在脱水干燥过程中，除发生物理变化外，同时还会发生一系列化学变化。这些变化对肉类干制品的色泽、风味、质地、营养价值和储藏期会产生影响。这些变化还因各种食品而异，有它自已的特点，且变化程度随食品成分而有差异。

（1）营养成分的变化

脱水干燥的肉制品失去水分后，其营养成分含量，即每单位质量干制品中蛋白质、脂肪和碳水化合物的含量相应增加，大大高于新鲜肉类（见表 9-1）。

有些肉类干制品或半干制品（如肉干、肉松等）大都经过煮制、热干燥等加工处理，常常要损失 10%左右的含氮浸出物和大量水分，同时破坏了自溶酶的作用。

含油脂高的肉制品极易酸败，高温脱水干制时，脂肪氧化要比低温时严重得多。若事先

表 9-1　新鲜和脱水干燥牛肉营养成分比较

营养成分	新鲜	干制	营养成分	新鲜	干制
水分/%	68	10	碳水化合物/%	1	1
蛋白质/%	20	55	灰分/%	1	4
脂肪/%	10	30			

添加抗氧化剂就能有效地控制脂肪氧化。

另外，肉类干制品也常出现某些维生素的损耗，如硫胺素、维生素 C 等。部分水溶性维生素常会被氧化掉。预煮和酶钝化处理也使其含量下降。维生素损耗程度取决于干制前食品预处理时谨慎小心的程度、所选用的脱水干燥方法和干制操作严格程度，以及干制食品储藏条件等情况。

(2) 对色泽的影响

肉食品原来的色泽一般都比较鲜艳。干燥改变了它的物理和化学性质，使肉制品反射、散射、吸收和传递可见光的能力发生变化，从而改变了食品的色泽。

肉制品干燥过程中，随着水分的减少，相应增加了其他物质的浓度，以及酶性或非酶性褐变反应而使肉制品的色泽变深发暗或褐变。若干制前进行酶钝化处理以及真空包装和低温储藏干制品，可防止肉制品色泽变深发暗。

(3) 对风味的影响

肉制品脱水干燥时，随着水分的蒸发使挥发性风味成分，如低级脂肪酸等出现轻微的损耗而影响风味。

(4) 组织结构的变化

肉类进行脱水干燥后，其组织结构、复水性等要发生显著的变化。肉制品变得坚韧，口感较硬，复水后也难恢复到原来的新鲜状态，这是由于脱水干燥后的纤维空间排列紧密的缘故。为了解决这个问题，生产工艺上要求控制肉制品的含水量，以不使其脱水过多。另外可用机械方法使肌纤维松散和断裂，如中国传统生产的肉松就较松软且易咀嚼。

第二节　肉干加工

一、肉干加工传统技术

1. 工艺流程

其工艺流程如下。

原料 → 初煮 → 切坯 → 煮制汤料 → 复煮 → 收汁 → 脱水 → 冷却、包装

2. 配方

(1) 咖喱肉干配方

以上海产咖喱牛肉干为例，100kg 鲜牛肉所用辅料：精盐 3.0kg，酱油 3.1kg，白糖 12.0kg，白酒 2.0kg，咖喱粉 0.5kg。

(2) 麻辣肉干配方

以四川生产的麻辣猪肉干为例，每 100kg 鲜肉所用辅料：精盐 3.5kg，酱油 4.0kg，老姜 0.5kg，混合香料 0.2kg，白糖 2.0kg，酒 0.5kg，胡椒粉 0.2kg，味精 0.1kg，海椒粉

1.5kg，花椒粉 0.8kg，菜油 5.0kg。

（3）五香肉干配方

以新疆马肉干为例，每 100kg 鲜肉所用辅料：食盐 2.85kg，白糖 4.50kg，酱油 4.75kg，黄酒 0.75kg，花椒 0.15kg，大茴香 0.20kg，小茴香 0.15kg，丁香 0.05kg，桂皮 0.30kg，陈皮 0.75kg，甘草 0.10kg，姜 0.50kg。

（4）果汁肉干配方

以江苏靖江生产的果汁牛肉干为例，每 100kg 鲜肉所用辅料：食盐 2.50kg，酱油 0.37kg，白糖 10.00kg，姜 0.25kg，大茴香 0.19kg，果汁露 0.20kg，味精 0.30kg，鸡蛋 10 枚，辣酱 0.38kg，葡萄糖 1.00kg。

3. 技术要领

（1）原料预处理

肉干加工一般多用牛肉，但现在也用猪、羊、马等肉。无论选择什么肉，都要求新鲜，一般选用前后腿瘦肉为佳。将原料肉剔去皮、骨、筋腱、脂肪及肌膜后顺着肌纤维切成 1kg 左右的肉块，用清水浸泡 1h 左右除去血水、污物，沥干后备用。

（2）初煮

初煮的目的是通过煮制进一步挤出血水，并使肉块变硬以便切坯。初煮是将清洗、沥干的肉块放在沸水中煮制。煮制时以水盖过肉面为原则。一般初煮时不加任何辅料，但有时为了去除异味，可加 1%～2%的鲜姜。初煮时间水温保持在 90℃以上，并及时撇去汤面污物，初煮时间随肉的嫩度及肉块大小而异，以切面呈粉色、无血水为宜，通常初煮 1h 左右。肉块捞出后，汤汁过滤待用。

（3）切坯

肉块冷却后，可根据工艺要求放在切坯机中切成小片、条、丁等形状。不论什么形状，都要大小均匀一致。

（4）复煮、收汁

复煮是将切好的肉坯放在调味汤中煮制，其目的是进一步熟化和入味。复煮汤料配制时，取肉坯重的 20%～40%过滤初煮汤，将配方中不溶解的辅料装袋入锅煮沸后，加入其他辅料及肉坯，用大火煮制 30min 左右，随着剩余汤料的减少，应减小火力以防焦锅。用小火煨 1～2h，待卤汁基本收干，即可起锅。

复煮汤料配制时，盐的用量各地相差无几，但糖和各种香辛料的用量变化较大，无统一标准，以适合消费者的口味为原则。

（5）脱水

肉干常规的脱水方法有三种。

① 烘烤法。将收汁后的肉坯铺在竹筛或铁丝网上，放置于三用炉或远红外烘箱烘烤。烘烤温度前期可控制在 80～90℃，后期可控制在 50℃左右，一般需要 5～6h 则可使含水量下降到 20%以下。在烘烤过程中要注意定时翻动。

② 炒干法。收汁结束后，肉坯在原锅中文火加温，并不停搅翻，炒至肉块表面微微出现蓬松茸毛时，即可出锅，冷却后即为成品。

③ 油炸法。先将肉切条后，用 2/3 的辅料（其中白酒、白糖、味精后放）与肉条拌匀，腌渍 10～20min 后，投入 135～150℃的菜油锅中油炸。油炸时要控制好肉坯量与油温之间的关系。如油温高，火力大，应多投入肉坯；反之则少投入肉坯。油温过高容易炸焦，油温

过低，脱水不彻底，且色泽较差。可选用恒温油炸锅，成品质量易控制。炸到肉块呈微黄色后，捞出并滤净油，再将酒、白糖、味精和剩余的1/3辅料混入拌匀即可。

在实际生产中，亦可先烘干再上油衣。例如四川丰都产的麻辣牛肉干在烘干后用菜油或麻油炸酥起锅。

(6) 冷却、包装

冷却以在清洁室内摊晾、自然冷却较为常用。必要时可用机械排风，但不宜在冷库中冷却，否则易吸水返潮。包装以复合膜为好，尽量选用阻气、阻湿性能好的材料。最好选用PET-A1-PE等膜，但其费用较高；PET-PE，NY-PE效果次之，但较便宜。

二、肉干加工新技术

随着肉类加工业的发展和生活水平的提高，消费者要求干肉制品向着组织较软、色淡、低甜方向发展。在传统加工技术的基础上，通过改进生产工艺，生产的肉干（称为莎脯）既保持了传统肉干的特色，如无需冷冻保藏时细菌含量稳定、质轻、方便和富于地方风味。但感官品质如色泽、结构和风味又不完全与传统肉干相同。

1. 工艺流程

其工艺流程如下。

原料肉修整 → 切块 → 腌制 → 熟化 → 切条 → 脱水 → 包装

2. 配方

原料肉100kg，食盐3.00kg，蔗糖2.0kg，酱油2.00kg，黄酒1.50kg，味精0.2kg，抗坏血酸钠0.05kg，亚硝酸钠0.01kg，五香浸出液9.0kg，姜汁1.00kg。

3. 技术要领

莎脯的原料与传统肉干一样，可选用牛肉、羊肉、猪肉或其他肉。瘦肉最好有腰肌或后腿的热剔骨肉，冷却肉也可以。剔除脂肪和结缔组织，再切成4cm^{3}的块，每块约200g。然后按配方要求加入辅料，在4～8℃下腌制48～56h。腌制结束后，在100℃蒸汽下加热40～60min至中心温度80～85℃，再冷却至室温并切成3mm厚的肉条。然后将其置于85～95℃下脱水至肉表面呈褐色，含水量低于30%，成品的A_W低于0.79（通常为0.74～0.76）。最后用真空包装，成品无需冷藏。

三、质量控制

肉干感官指标见表9-2，肉干理化指标见表9-3，肉干生物指标见表9-4。

表9-2　肉干感官指标（摘自SB/T 10282—1997）

项目	指标	
	牛肉干	猪肉干
形态	呈块状(片、条、粒状)，同一品种的厚薄、长短、大小基本均匀，表面可带有细微绒毛或香辛料	呈块状(片、条、粒状)，同一品种的厚薄、长短、大小基本均匀，表面可带有细微绒毛或香辛料
色泽	呈棕黄色或褐色、黄褐色，色泽基本一致、均匀	呈棕黄色、棕红、枣红色，色泽基本一致、均匀
滋味与气味	具有该品种特有的香味(麻辣、五香、咖喱、果汁等味)，味鲜美醇厚，甜咸适中，回味浓郁	具有该品种特有的香味(麻辣、五香、咖喱、果汁等味)，味鲜美醇厚，甜咸适中，回味浓郁

表 9-3 肉干理化指标（摘自 SB/T 10282—1997）

项目		指标	
		牛肉干	猪肉干
水分/%	≤	20	20
脂肪/%	≤	10	12
蛋白质/%	≥	40	36
氯化物(以 NaCl 计)/%	≤	7	7
总糖(以蔗糖计)/%	≤	30	30

表 9-4 肉干微生物指标（摘自 SB/T 10282—1997）

项目		指标	
		牛肉干	猪肉干
细菌总数/(cfu/g)	≤	30000	
大肠菌群/(MPN/100g)	≤	40	
致病菌		不得检出	

第三节 肉松加工

一、肉松传统加工技术

1. 工艺流程

其工艺流程如下。

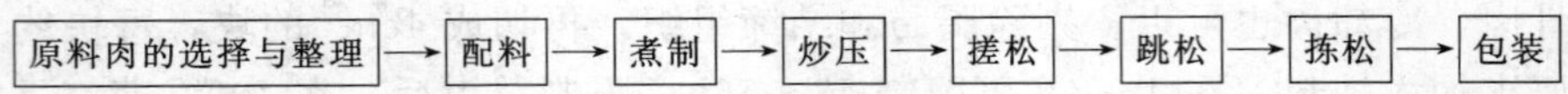

2. 配方

(1) 猪肉松配方

瘦肉 100kg，黄酒 4.00kg，糖 3kg，酱油 22kg，大茴香 0.12kg，姜 1kg。

(2) 牛肉松配方

牛肉 100kg，食盐 2.50kg，白糖 2.5kg，葱末 2kg，姜末 0.12kg，大茴香 1.0kg，绍兴酒 1kg，丁香 0.10kg，味精 0.2kg。

(3) 鸡肉松配方

带骨鸡 100kg，酱油 8.5kg，生姜 0.25kg，砂糖 3kg，精盐 1.5kg，味精 0.15kg，50°高粱酒 0.5kg。

3. 技术要领

(1) 原料肉及其整理

传统肉松是由猪瘦肉加工而成。现在除猪肉外，牛肉、鸡肉、兔肉等均可用来加工肉松。将原料肉剔除皮、骨、脂肪、筋腱等结缔组织。结缔组织的剔除一定要彻底，否则加热过程中胶原蛋白水解后，导致成品黏结成团块而不能呈良好的蓬松状。将修整好的原料肉切成 1.0～1.5kg 的肉块。切块时尽可能避免切断肌纤维，以免成品中短绒过多。

(2) 煮制

将香辛料用纱布包好后和肉一起入夹层锅，加与肉等量水，用蒸汽加热，常压煮制。煮沸后撇去油沫，煮制结束后起锅前需将油筋和浮油撇净，这对保证产品质量至关重要。若不除去浮油，肉松不易炒干，炒松时易焦锅，成品颜色发黑。煮制的时间和加水量应根据肉质老嫩决定。肉不能煮的过烂，否则成品绒丝短碎，若筷子稍用力夹肉块时，肌肉纤维能分散则肉已煮好。煮肉时间为2～3h。

(3) 炒压（打坯）

肉块煮烂后，改用中火，加入酱油、酒，一边炒一边压碎肉块。然后加入白糖、味精，减少火力，收干肉汤，并用小火炒压肉丝至肌纤维松散时即可进行炒松。

(4) 炒松

肉松由于糖较多，容易塌底起焦，要注意掌握炒松时的火力。炒松有人工炒和机炒两种。在实际生产中可人工炒和机炒结合使用。当汤汁全部收干后，用小火炒至肉略干，转入炒松机内继续炒至水分含量小于20%，颜色由灰棕色变为金黄色，具有特殊香味时即可结束炒松。在炒松过程中如有塌底起焦现象，应及时起锅，清洗锅巴后方可继续炒松。

(5) 擦松

为了使炒好的松更加蓬松，可利用滚筒式擦松机擦松，使肌纤维成绒丝松软状态即可。

(6) 跳松

利用机械跳动，使肉松从跳松机上面跳出，而肉粒则从下面落出，使肉松与肉粒分开。

(7) 拣松

将肉松中焦块、肉块、粉粒等拣出，提高成品质量。跳松后的肉松送入包装车间的木架上晾松。肉松凉透后便可拣松。拣松时要注意操作人员及环境的卫生。

(8) 包装

肉松吸水性很强，不宜散装。短期储藏可选用复合膜包装，储藏3个月左右；长期储藏多选用玻璃瓶或马口铁罐，可储藏6个月左右。

二、肉松加工新技术

传统技术加工肉松时存在着以下两个方面的缺陷。

① 复煮后的收汁费时，且工艺条件不易控制。若复煮汤不足则导致煮烧不透，给搓松带来困难；若复煮汤过多，收汁后煮烧过度，使成品纤维短碎。

② 炒松时肉直接与炒松锅接触，容易塌底起焦，影响风味和质量。因此，提出了肉松生产的改进措施及加工中的质量控制方法。现以鸡肉松加工为例介绍如下。

1. 工艺流程

其工艺流程如下。

2. 配方

同传统加工技术中鸡肉松配方。

3. 技术要领

(1) 初煮与精煮

初煮的目的是初步熟化以便剔骨，而精煮的目的是进一步熟制以利于搓松，并赋予产品风味。初煮和精煮的时间在很大程度上决定了成品的色泽、入味程度、搓松难易程度和形态。在加热煮制过程中鸡肉颜色会发生变化。新鲜鸡肉为浅粉红色。当加热至80℃左右时，肌纤维由浅粉红色变为白色。继续加热，肌纤维又由白色变为黄色。最后变成黄褐色。随着煮烧时间的延长，成品颜色变深、碎松增加。颜色变深是加热过久，非酶促褐变加剧所致；若煮烧时间过短，成品风味不足，颜色花白，且不易搓成松散绒状，成品中常出现干棍状肉棒。因此，初煮 2h，精煮 1.5h，则成品色泽金黄，味浓松长，且碎松少。

传统技术中精煮结束后要收汁，给生产带来极大不便。采用新技术只要添加的调味料和煮烧时间适宜，精煮后无需收汁即可将肉捞出，所剩肉汤可作为老汤供下次精煮时使用。这样既能达到简化工艺的目的，又能达到煮烧适宜和入味充分的目的。同时因精煮时加入部分老汤，还能丰富产品的风味。

(2) 烘烤

在传统技术中，精煮收汁结束后脱水完全靠炒松完成。为有利于机械化生产，新技术在炒松前增加了烘烤脱水工艺。

精煮后肉松坯的脱水是在红外线烘箱中进行。肉松坯在烘烤脱水前水分含量大，黏性很小，几乎无法搓松。随着烘烤时水分的减少，黏性逐渐增加，脱水率达到 30%左右时黏性最大，此时搓松最为困难。随着脱水率的增加，黏性又逐步减小，搓松变得易于进行。脱水率超过一定限度时，由于肉松坯变干，搓松又变得难以进行，甚至在成品中出现干肉棍。因此，精煮后的肉松坯 70℃烘烤 90min 或 80℃烘烤 60min，肉松坯的烘烤脱水率为 50%左右时搓松效果最好。

(3) 炒松

鸡肉经初煮和复煮后脱水率为 25%～30%，烘烤脱水率为 50%左右，搓松后含水量为 20%～25%，而肉松含水量要求在 20%以下。炒松可以进一步脱水，同时还具有改善风味、色泽及杀菌作用。因搓松后肌肉纤维松散，炒松仅 3～5min 即能达到要求。

三、质量控制

肉松感官指标见表 9-5，肉松理化指标见表 9-6，肉松微生物指标见表 9-7。

表 9-5 肉松感官指标（摘自 SB/T 10281-1997）

项目	指标		
	肉松	油酥肉松	肉粉松
形态	呈絮状，纤维柔软蓬松，允许有少量结头，无焦头	呈疏松颗粒状或短纤维状，无焦头、糖块	呈疏松颗粒状。颗粒细微均匀、无焦头、糖块
色泽	呈均匀金黄色或浅黄色，稍有光泽	呈棕褐色或黄褐色，色泽均匀，稍有光泽	呈金黄色或黄褐色，色泽均匀，稍有光泽
滋味与气味	味浓郁鲜美，甜咸适中，香味纯正，无其他不良气味	具有酥、甜特色，味浓郁鲜美，甜咸适中，油而不腻，香味纯正，无其他不良气味	具有酥、甜特色，味浓郁鲜美，甜咸适中，油而不腻，香味纯正，无其他不良气味
杂质	无杂质	无杂质	无杂质

表 9-6　肉松理化指标（摘自 SB/T 10281-1997）

项　目	指　标		
	肉　松	油 酥 肉 松	肉 粉 松
水分/%　≤	20	4	4
脂肪/%　≤	10	35	30
蛋白质/%　≥	36	25	14
氯化物(以 NaCl)/%　≤		7	
总糖(以蔗糖计)/%　≤	25	30	30
淀粉/%　≤	—	—	20

表 9-7　肉松微生物指标（摘自 SB/T 10281-1997）

项　目	指　标		
	肉　松	油 酥 肉 松	肉 粉 松
细菌总数/(cfu/g)　≤	30000	30000	30000
大肠菌群/(MPN/100g)　≤	40	40	40
致病菌	不得检出	不得检出	不得检出

第四节　肉脯加工

一、肉脯加工传统技术

1. 工艺流程

其工艺流程如下。

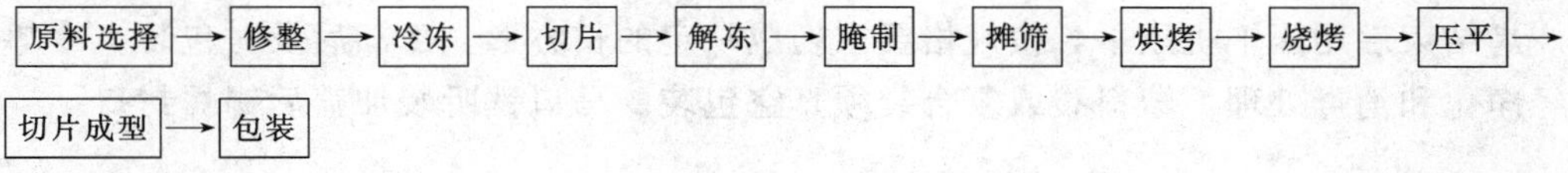

2. 配方

（1）上海猪肉脯

原料肉 100kg，食盐 2.5kg，硝酸钠 0.05kg，白糖 1kg，高粱酒 2.5kg，味精 0.30kg，白酱油 1.0kg，小苏打 0.01kg。

（2）靖江猪肉脯

原料肉 100kg，酱油 8.5kg，鸡蛋 3kg，白糖 13.5kg，胡椒 0.1kg，味精 0.25kg。

（3）天津牛肉脯

原料肉 100kg，白糖 12kg，白酒 2kg，酱油 5kg，山梨酸钾 0.02kg，精盐 1.5kg，味精 0.2kg，姜 2kg。

3. 技术要领

（1）原料预处理

传统肉脯一般是由猪、牛肉加工而成（但现在也选用其他肉）。选用新鲜的牛、猪后腿肉去掉脂肪、结缔组织，顺肌纤维切成 1kg 大小肉块。要求肉块外形规则，边缘整齐，无碎肉、淤血。

（2）冷冻

将修割整齐的肉块移入－10～－20℃的冷库中速冻，以便于切片。冷冻时间以肉块深层温度达－3～－5℃为宜。

（3）切片

将冻结后的肉块放入切片机中切片或手工切片。切片时须顺肌肉纤维切片，以保证成品不易破碎。切片厚度一般控制在1～3mm。但国外肉脯有向超薄型发展的趋势，最薄的肉脯只有0.05～0.08mm，一般在0.2mm左右。超薄肉脯透明度、柔软性、储藏性都很好，但加工技术难度较大，对原料肉及加工设备要求较高。

（4）拌肉、腌制

将粉状辅料混匀后，与切好的肉片拌匀，在不超过10℃的冷库中腌制2h左右。腌制的目的一是入味，二是使肉中盐溶性蛋白尽量溶出，便于在摊筛时使肉片之间粘连。

（5）摊筛

在竹筛上涂刷食用植物油，将腌制好的肉片平铺在竹筛上，肉片之间彼此靠溶出的蛋白粘连成片。

（6）烘烤

烘烤的主要目的是促进发色和脱水熟化。将摊放肉片的竹筛上架晾干水分后，进入三用炉或远红外烘箱中脱水、熟化。其烘烤温度控制在55～75℃，前期烘烤温度可稍高。肉片厚度为2～3mm时，烘烤时间为2～3h。

（7）烧烤

烧烤是将半成品放在高温下进一步熟化并使质地柔软，产生良好的烧烤味和油润的外观。烧烤时可把半成品放在远红外空心烘炉的转动铁网上，用200℃左右温度烧烤1～2min，至表面油润、色泽深红为止。成品中含水量小于20%，一般为13%～16%为宜。

（8）压平、成型、包装

烧烤结束后用压平机压平，按规格要求切成一定的长方形。冷却后及时包装。冷却包装间须经净化和消毒处理。塑料袋或复合袋须真空包装。马口铁听装加盖后锡焊封口。

二、肉脯加工新技术

用传统工艺加工肉脯时，存在着切片、摊筛困难，难以利用小块肉和小畜禽及鱼肉，无法进行机械化生产等缺点。因此提出了肉脯生产新工艺，并在生产实践中广泛推广使用。

1. 工艺流程

其工艺流程如下。

原料肉处理 → 斩拌配料 → 腌制 → 抹片 → 表面处理 → 烘烤 → 压平 → 烧烤 → 成型 → 包装

2. 配方

以鸡肉脯为例，鸡肉100kg，$NaNO_3$ 0.05kg，浅色酱油5.0kg，味精0.2kg，糖10kg，姜粉0.30kg，白胡椒粉0.3kg，食盐2.0kg，白酒1kg，维生素C 0.05kg，混合磷酸盐0.3kg。

3. 技术要领

将原料肉经预处理后，与辅料入斩拌机斩成肉糜，并置于10℃以下腌制1.5～2.0h。竹筛表面涂油后，将腌制好的肉糜涂摊于竹筛上，厚度以1.5～2.0mm为宜，在70～75℃；

下烘烤 2h，120～150℃下烧烤 2～5min，压平后按要求切片、包装。

三、质量控制

肉脯感官指标见表 9-8，肉脯理化指标见表 9-9，肉脯微生物指标见表 9-10。

表 9-8 肉脯感官指标（摘自 SB/T 10283-1997）

项目	指标	
	肉脯	肉糜脯
形态	片型规则整齐，厚薄基本均匀，厚度不超过 2mm，可见肌纹。允许有少量脂肪析出及微小空洞，无焦片、生片	片型规则整齐，厚薄基本均匀，厚度不超过 2mm，允许有少量脂肪析出，无焦片、生片
色泽	呈棕红、深红、暗红色，色泽均匀，油润有光泽及透明感	呈棕红、深红、暗红色，色泽均匀，油润有光泽及透明感
滋味与气味	滋味鲜美、醇厚、甜咸适中，香味纯正，具有肉脯特有的风味	滋味鲜美、醇厚、甜咸适中，香味纯正，具有肉脯特有的风味
杂质	无杂质	无杂质

表 9-9 肉脯理化指标（摘自 SB/T 10283-1997）

项目		指标	
		肉脯	肉糜脯
水分/%	≤	16	16
脂肪/%	≤	14	18
蛋白质/%	≥	40	28
氯化物（以 NaCl 计）/%	≤	7	7
总糖（以蔗糖计）/%	≤	30	40
亚硝酸盐/(mg/kg)	≤	30	

表 9-10 肉脯微生物指标（摘自 SB/T 10283-1997）

项目		指标	
		肉脯	肉糜脯
细菌总数/(cfu/g)	≤	30000	
大肠菌群/(MPN/100g)	≤	40	
致病菌		不得检出	

复习思考题

1. 试述肉干制品的干制原理、方法及优缺点。
2. 肉干制品的种类有哪些？
3. 肉干、肉松、肉脯加工传统技术和新技术有何显著不同？

第十章　灌肠类肉制品加工技术

【学习目标】

1. 了解灌肠类肉制品加工原理。

2. 掌握常见灌肠类肉制品加工技术。

第一节　概　　述

灌肠类肉制品是用鲜（冻）畜、禽、鱼肉经腌制（或不腌制），斩拌或绞碎而使肉成为块状、丁状或肉糜状态，再配上其他辅料，经搅拌或滚揉后充填入天然肠衣或人造肠衣中，经烘烤、烟熏、蒸煮、冷却或发酵等工序制成的产品。这类产品的特点是可以根据消费者的爱好，加入各种调味料，从而加工成不同风味的灌肠类肉制品。

一、灌肠类肉制品种类

灌肠类肉制品，品种繁多，口味不一，还没有一个统一的分类方法。根据目前中国各生产厂家的灌肠肉制品加工工艺特点，大体可分为以下几种类别。

1. 生鲜灌肠制品

用新鲜肉，不经腌制，不加发色剂，只经绞碎，加入调味料，搅拌均匀后灌入肠衣内，冷冻储藏。食用前需熟制。如新鲜猪肉香肠。

2. 烟熏生灌肠制品

用腌制或不腌制的原料肉，切碎，加入调味料后搅拌均匀灌入肠衣，然后烟熏，而不熟制。食用前熟制即可。如生色拉米香肠、广东香肠等。

3. 熟灌肠制品

用腌制或不腌制的肉类，绞碎或斩拌，加入调味料后，搅拌均匀灌入肠衣，熟制而成。有时稍微烟熏，一般无烟熏味。如泥肠、茶肠、法兰克福肠等。

4. 烟熏熟灌肠制品

肉经腌制、绞碎或斩拌、加入调味料后灌入肠衣，然后熟制和烟熏。如哈尔滨红肠、香雪肠。

5. 发酵灌肠制品

肉经腌制、绞碎，加入调味料后灌入肠衣内，可烟熏或不烟熏。然后干燥、发酵，除去大部分的水分。如色拉米香肠等。

6. 粉肚灌肠制品

原料肉取自边脚料、腌制、绞切成丁，加入大量的淀粉和水，充填入肠衣或猪膀胱中，再熟制和烟熏。如北京粉肠、小肚等。

7. 特殊制品

是用一些特殊原料，如肉皮，麦片，肝，淀粉等，经搅拌，加入调味料后制成的产品。

8. 混合制品

以畜肉为主要原料，再加上鱼肉、禽肉或其他动物肉等制成的产品。

二、肠衣种类

肠衣是灌肠制品的特殊包装物，是灌肠制品中和肉馅直接接触的一次性包装材料。每一种肠衣都有它特有的性能。在选用时，根据产品的要求，必须考虑它的可食性、安全性、透过性、收缩性、黏着性、密封性、开口性、耐老化性、耐油性、耐水性、耐热性和耐寒性等必要的性能和一定的强度。

1. 天然肠衣

天然肠衣是猪、牛、羊、马等动物的消化系统或泌尿系统的脏器加工而成。因加工方法不同，分干制和盐渍两类。天然肠衣弹性好，保水性强，具有较好的安全性、可食性、水汽透过性、烟熏味渗入性、热收缩性和对肉馅的黏着性，还有良好的韧性和坚实性，是传统的理想的肠衣。但天然肠衣规格和形状不整齐，数量有限，并且加工和保管不善，易遭虫蛀，出现孔洞和异味、哈味等。

2. 人造肠衣

人造肠衣包括以下几种。

(1) 纤维素肠衣

纤维素肠衣是用天然纤维如棉绒、木屑、亚麻和其他植物纤维制成。此肠衣的特点是具有很好的韧性和透气性，但不可食用，不能随肉馅收缩。纤维素肠衣在快速热处理时也很稳定，在湿润情况下也能进行熏烤。

(2) 胶原肠衣

胶原肠衣是用家畜的皮、腱等为原料制成的。此肠衣可食用，但是直径较粗的肠衣就比较厚，食用就不合适。胶原肠衣不同于纤维素肠衣，在热加工时要注意加热温度，否则胶原就会变软。

(3) 塑料肠衣

塑料肠衣通常用作外包装材料，为了保证产品的质量，阻隔外部环境给产品带来的影响，塑料肠衣具有阻隔空气和水透过的性质和较强的耐冲击性。这类肠衣品种规格较多，可以印刷，使用方便，光洁美观，适合于蒸煮类产品。此肠衣不能食用。

(4) 玻璃纸肠衣

玻璃纸肠衣是一种纤维素薄膜，纸质柔软而有伸缩性，由于它的纤维素微晶体呈纵向平行排列，故纵向强度大，横向强度小。使用不当易破裂。实践证明，使用玻璃纸肠衣，其肠衣成本比天然肠衣要低，而且在生产过程中，只要操作得当，几乎不出现破裂现象。

三、充填技术

充填主要是将制好的肉馅装入肠衣或容器内，成为定型的灌制品。这项工作包括肠衣选择、灌制品机械的操作、结扎串竿等。

1. 充填技术要领

(1) 装筒

肉馅装入灌筒时必须装得紧实无空隙，其方法是用双手将肉馅捧成一团高高举起，对准灌筒口用力掷进去。如此反复，装满为止，再在上面用手按实，盖上盖子。

（2）套肠衣

将浸泡后的肠衣套在钢制的小管口上。肠衣套好后，用左手在灌筒嘴上握住肠衣，必须掌握轻松适度。如果握得过松，烘烤后肉馅下垂，上部发空；握得过紧，则肉馅灌入太实，会使肠衣破裂，或者煮制时爆破。所以，操作时必须手眼并用，随时注意肠衣内肉馅的松紧情况。

（3）充填、打结

套好肠衣后，摇动灌筒或开放阀门，肉馅就灌入肠衣内。灌满肉馅后的制品，需用棉绳在肠衣的一端结紧结牢，以便于悬挂。捆绑方法根据灌制品的品种确定。捆绑要结紧结牢，不使松散。

2. 提高产品质量措施

灌制品在加工过程中必须注意以下几点。

① 灌馅用肉必须新鲜。如肉质不新鲜，或肉的 pH 偏低，都会影响产品质量。

② 使用绞肉机绞肉馅时，要加入适量冰，否则肉馅增温过高。如改用斩拌机效果会更好，灌出来的制品产生蜂窝现象较少。和肠馅时也要用冰水，肠馅要现和现用，和好的馅搁置时间不宜超过 0.5h，尤其是夏天更要注意。

③ 烤、蒸、煮过程中温度不能太低，如低于 50℃，在这种环境中停留时间过长，使肠馅变酸和产气。因此，灌制品成熟后，切面呈蜂窝状，蜂窝小而稀少的无异味；蜂窝大而多者疏松，口感酸涩，滋味不良。

④ 充填时，握肠衣的手要用力，否则会使所灌制品肉馅松散，肠衣内的空气没有挤压出来。

⑤ 如空肠衣内灌进了水，或没有将充填机装馅筒内的空气排出，使空气随馅灌进肠内，都会产生气泡。因此，洗肠衣时切忌往肠衣内灌水；用手捧馅或用工具铲馅，都不能蘸水，以免破坏肉馅的黏稠性。

⑥ 发现灌制品内有气泡时，在肠馅凝固前，速用钢针扎孔放气。刺孔时须特别注意灌制品的两端，因为顶端的肠衣折皱，容易滞留空气。经刺孔放气后的制品，悬挂竿上。再以挂竿为单位置于铁架上，均需保持一定的间距，不得紧靠。

四、烘烤技术

烘烤的作用是使肉馅的水分再蒸发掉一部分，保证最终成品的一定含水量，使肠衣干燥，缩水，紧贴肉馅，并和肉馅黏和在一起，增加牢度，防止或减少蒸煮时肠衣的破裂。另外，烘干的肠衣容易着色，且色调均匀。

1. 烘烤方法

灌制品经结扎串竿挂在烘烤架上，通过滑轮进入烘烤间。最佳烘烤温度为 65～70℃。在烘烤过程中要求按照灌制品品种的直径粗细、含淀粉量和产品要求等情况确定烘烤温度和时间。可参考灌制品烘烤所需时间和温度表 10-1 进行选择。

表 10-1　灌制品烘烤所需时间和温度

灌制品口径	所需时间/min	烘烤间温度/℃	灌制品中心温度/℃
细灌制品	20～25	50～60	43±2
中粗灌制品	40～50	70～85	
粗灌制品	60～90	70～85	

产品应在烘烤间上部烘烤，如果采用明火，产品至少距离明火1m以上，否则会烧焦产品或漏油过多。目前采用的有木材明火、煤气、蒸汽、远红外线等烘烤方法。

2. 烘烤成熟的标志

肠衣表面干燥、光滑，变为粉红色，手摸无黏湿感觉；肠衣呈半透明状，且紧紧包裹肉馅，肉馅的红润色泽显露出来；肠衣表面特别是靠火焰近的一端不出现“走油”现象。若有油流出，表明火力过旺、时间过长或烘烤过度。

第二节 生灌肠制品加工

一、生鲜灌肠制品

生鲜灌肠制品是使用新鲜、优质肉做原料，辅料有脂肪、填充料（面包细屑、面包、面粉等)、水和调味料等。制作时不腌制，原料肉经绞碎后加入调味料，充填入肠衣内，不加硝酸盐和亚硝酸盐。肠衣一般用羊肠衣或可食用的胶原肠衣。产品必须在冷藏条件下储藏，先在－30℃的结冻库中急速冷冻，然后储藏。短期的储藏温度可在－3.5～－5.5℃之间。这种香肠在销售时是生的，在食用前必须经过烹煮、烤炙或油炸等热加工。

下面介绍新鲜猪肉香肠加工技术

1. 工艺流程

其工艺流程如下。

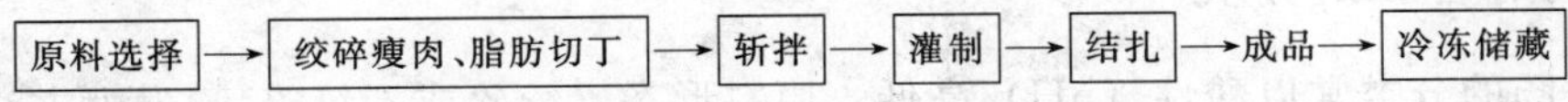

2. 配方

瘦猪肉12kg，肉豆蔻粉62g，猪背部脂肪3kg，鼠尾草粉31g，细面包屑3kg，姜粉31g，冷水4kg，白胡椒粉62g，食盐250g。

3. 技术要领

（1）原料选择

猪肉要求新鲜而富有弹性。最好选择大腿肉及臀部的肉，这些部位瘦肉多而结实，结缔组织少，颜色也较好。各种辅料应根据产品的配方要求进行选择。另外，还要准备好灌肠用的灌肠器具（铁管或塑料管）及结扎用的细绳等用品。

（2）绞碎瘦肉

将瘦猪肉通过绞肉机（5mm的孔板）绞碎。

（3）脂肪切丁

将肥肉（肥膘）按规格要求切成0.8～1cm^2 的肉丁，切好的瘦肉和肥肉丁应分别存放。

（4）斩拌

将瘦肉放入斩拌机，加入调味料斩拌，然后调入细面包屑，最后加入脂肪丁，搅拌均匀。

（5）灌制

充填入肠衣中，结扎，然后冷冻。

4. 质量控制

（1）感官指标

肠衣干燥且紧贴肉馅，无黏液，无霉点，无异味，无酸败味，坚实或有弹性。切面肉馅有光泽，具有香肠固有的风味。

(2) 微生物指标

细菌总数≤2×10^4cfu/g，大肠菌群≤30MPN/100g，致病菌不得检出。

二、烟熏生灌肠制品

生熏香肠是西式香肠中的一种，使用的原料与生鲜香肠完全相同，可使用所有的可食性动物食品做原料，还要添加调味料和填充料，属于乳糜型肠类制品。不同点是要经过腌制，然后再绞碎调味，之后充填入肠衣中，再经水洗烘烤，最后烟熏。烟熏的条件一般不超过75℃，时间为1～2h。若要求产品水分含量低，表面有皱褶，则需60～65℃熏6～8h。该类产品要冷藏，食前要蒸煮。

第三节 发酵灌肠制品加工

发酵灌肠制品也称之为发酵香肠。发酵香肠是指将绞碎的肉和动物脂肪同盐、糖、香辛料（接种或不接种发酵剂）等混合后灌入肠衣。经发酵、成熟干燥（或不经成熟干燥）而制成的具有稳定的微生物特性和典型的发酵香味的肉制品。

一、发酵香肠的分类

发酵香肠的分类常以酸性（pH）高低、原料形态（绞碎或不绞碎）、发酵方法（有无接种微生物或添加碳水化合物）、表面有无霉菌生长、香肠的直径、脱水的程度，以及以地名进行命名。但是，人们还是习惯按照产品在加工过程中失去水分的多少，将发酵香肠分成干香肠、半干香肠和不干香肠等，其相应的加工过程中的失重分别为30%以上、10%～30%和10%以下，发酵香肠的分类见表10-2。这种分类方法虽然不很科学，但却被业内人士和消费者普遍接受。

表10-2 发酵香肠的分类

产品类型	干燥失重	烟　熏	表面霉菌及酵母菌	例　子
风干肠	>30%	不熏	有	Salami肠，法国Saucisson肠
熏干肠	20%～30%	熏	无	德国Katenrauchwurst肠
半干肠	10%～20%	熏	无	美国Summer Sausage肠
不干肠	<10%	常熏	无	德国Teewurst肠，鲜Mettwurst肠

二、发酵原理

1. 肉发酵用微生物应满足的条件

(1) 乳酸菌应满足的条件

① 耐盐、耐亚硝酸盐性，在6%的食盐及80～100mg/kg的亚硝酸盐含量下能生长。

② 在15～40℃下能生长，低温下生长能力强，最适温度范围为30～37℃。

③ 必须是同型发酵，产适量的乳酸，不产气及异味。

④ 无毒性且不产生毒素。

⑤ 蛋白质及脂肪的分解能力应低或无。

⑥ 不能形成生物胺类物质。

⑦ 增殖力强，最好能产生细菌素，对致病菌及其他有害菌产生拮抗作用。

⑧ 如果用于冻干型的发酵剂，则需耐冻干。

(2) 球菌应满足的条件

用于肉发酵剂的微球菌和葡萄球菌等菌株除应满足上述八个条件外，还应注意不能和乳酸菌之间有拮抗作用。过氧化氢酶是阳性。

(3) 酵母和霉菌应满足的条件

对于酵母和霉菌，只是应用于个别的产品中。主要是要求它们不能有毒性或产生毒素，不产生异味，有利于风味的形成等。

2. 用于发酵的微生物

常用于肉发酵的微生物及主要作用见表 10-3。

表 10-3 常用于肉发酵的微生物及主要作用

微生物种类	菌 种	代谢能力	作 用
乳酸菌	植物乳杆菌 清酒乳杆菌 弯曲乳杆菌 干酪乳杆菌	产生乳酸	抑制病原菌和腐败菌的生长；促进发色；利于干燥
球菌	戊糖片球菌 乳酸片球菌 肉食葡萄球菌 木糖葡萄球菌 易变微球菌	硝酸盐还原 亚硝酸盐还原，消耗氧，破坏过氧化物生成羰基和酯类化合物	形成稳定的腌制色 减少亚硝酸盐残留，延迟腐败；稳定色泽形成香气和风味
酵母	汉逊德巴利酵母菌 法马塔假丝酵母菌	消耗氧	延迟腐败；稳定色泽，形成香气和风味
霉菌	产黄青霉 纳地青霉	在表面形成菌落，消耗氧，乳酸盐氧化，蛋白和氨基酸的降解	抑制有害霉菌的生长；利于干燥延迟腐败；稳定色泽；形成风味

3. 微生物发酵剂的制备

冻干型的发酵剂因有活力高、使用方便、易保存等优点，是生产发酵剂最常采用的形式。每一种发酵剂生产厂都有增强培养物活性的专用培养基配方和加工条件，但其中必须有氯化钠（最小 0.5%）以保持其耐盐性。

首先将需冻干的菌株按常规的接种扩培的方法，稍低于最适生长温度的条件下，在合适的培养基上，培养到对数生长期末期。

然后离心分离培养基中的细菌，与冻干保护剂混合，尽快冻结。各种保护剂如脱脂奶粉、谷氨酸钠、糊精、蔗糖、葡萄糖等常在冻结时与培养物混合，以提供保护作用。所得培养浓缩物通常每 1mL（g）中有 10^9～10^{11} 个细胞。为了能保证干燥后产品有一定的形状，干物质含量在 10%～15% 之间最佳。混合后分装到有一定的表面积与厚度之比的容器中。表面积要大，厚度要小，一般厚度不大于 10mm。

分装后应尽快用液氮或干冰冻结培养物，也可在冻干机的干燥箱内进行冻结，一般冷冻到 −40℃ 左右。再开始抽真空进行干燥，压力一般为 0.1mbar（1mbar = 10^2 Pa）。干燥结束时放入氮气等不活泼气体或抽真空，用铝铂袋包装。

4. 发酵过程关键因素控制

(1) 温度和pH的控制

香肠发酵到pH为5.3过程中，必须控制香肠肉馅暴露在15.6℃以上温度的时间。干香肠发酵的时间-温度-pH控制见表10-4。

表10-4 干香肠发酵的时间-温度-pH控制

指标[①]/(℃·h)	发酵温度/℃	法规允许的时间/h
1200	23.9	80
1200	26.7	60
1200	29.4	48
1000	32.2	33
1000	35.0	28
1000	37.8	25
900	40.4	20
900	43.0	18

① 是指(香肠的发酵温度－15)×(将pH降到5.3时所需的发酵时间)。

注：温度高于15.6℃时测定度数。

正确地控制发酵过程，可以将金黄色葡萄球菌生长的可能性降至最低限度，对这种病原菌来说，发酵就是一个关键控制点。

(2) 干燥和成熟过程各因素的控制

干香肠的干燥和成熟过程对于赋予产品特有的感官品质非常重要。在含猪肉的干香肠中，干燥是杀灭旋毛虫的关键因素。因此需要对干燥过程中空气的相对湿度、空气流速以及温度等进行监控。值得注意，低水分活度可以抑制许多病原微生物的生长，降低存活的数量，但却不可能杀灭它们。

半干香肠的干燥不足以杀死旋毛虫，因此为了保证猪肉制品的安全性还必须进行加热处理，加热温度应达到58.3℃以上，必须对加热后的产品中心温度进行严格监控以确保正确的热处理。不过，这时加热的目的不是为了杀灭病原微生物的营养细胞，如果使得微生物数量减少也只是附带的结果。在极少数只经过轻微干燥的发酵香肠加工中，需要采用完全蒸煮的方法，其目的是增加产品的稳定性，杀灭沙门菌等致病菌。在这种情况下，必须实施有效的监控措施以确保加热充分并防止交叉污染。

(3) 发酵香肠的检验

发酵香肠的检验项目包括含水量、脂肪含量、氯化钠含量和腌制剂其他组分的含量等。有时也测最终产品的pH，但不如发酵结束时的pH重要。有时需要测干燥和成熟结束后的水分活度值。微生物学检查通常只局限于保证不会发生金黄色葡萄球菌的生长。对终产品的检验是为了保证产品的组成符合有关标准。

三、发酵香肠加工的基本技术

1. 工艺流程

其工艺流程如下。

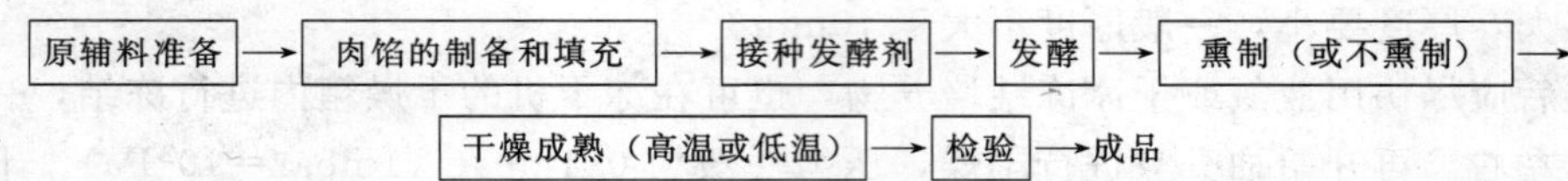

2. 技术要领

（1）原辅料准备

① 原料肉。用于制造发酵香肠的肉馅中瘦肉一般占50%～70%，几乎可以使用任何一种肉类原料，不过通常需根据各地的饮食传统做出选择。脂肪是发酵香肠中的重要组成成分，干燥后含量有时可以高达50%。所用脂肪应是熔点较高的，也就是说脂肪中不饱和脂肪酸含量应该很低。牛脂和羊脂因气味太大，不适于做发酵香肠的脂肪原料。一般认为色白而结实的猪背脂是生产发酵香肠的最好原料。

② 腌制剂。腌制剂中主要包括氯化钠、亚硝酸盐或硝酸盐、抗坏血酸钠等。这些腌制剂都必须符合国标质量要求。

③ 香辛料及其他组分。大多数发酵香肠的肉馅中均可加入多种香辛料，如黑胡椒、大蒜、辣椒、肉豆蔻和小豆蔻等。胡椒粒或粉是各种类型的发酵香肠中添加最普遍的香辛料，用量一般为0.2%～0.3%。一些国家还允许在发酵香肠中添加抗氧化剂和L-谷氨酸等，后者作为滋味助剂。另外有些国家还允许在发酵香肠中使用肉类填充剂，如大豆分离蛋白，添加量可达5%。

④ 发酵剂。在半干发酵香肠生产中几乎普遍使用微生物发酵剂。工业上使用的发酵剂一般都是冻干型的，在使用前需先使其复水活化，发酵香肠的接种量一般要达到10^6～10^8cfu/g。

（2）肉馅的制备和填充

发酵香肠所需的肉馅必须满足三个要求：一是保证香肠在干燥过程中易于失水；二是要保证肉馅具有较高的脂肪含量；三是要保证发酵香肠成品切片性好，有弹性。因此就要求正确处理原料肉和脂肪，防止肉馅的所谓“成泥”现象，阻碍干燥过程中的脱水。

一般原料在绞制或斩拌前应冷却或部分的冷冻，将瘦肉和脂肪在搅拌机或斩拌机中混匀，再加上食盐、发酵剂等辅料，注意发酵剂不能和其他辅料直接接触以免影响其活力。

肉馅在灌装前应尽可能地除净其中的空气，因为氧的存在会对产品最终的色泽和风味不利。这可以通过使用真空搅拌机或真空斩拌机及灌肠时使用真空灌肠机来实现。灌肠时肉馅的温度要求不要超过2℃。填充时要保证填充适当，在以后的加工过程中不至于引起产品质量缺陷。机械填充可以得到令人满意的结果，但是挤压式填充设备会造成脂肪“成泥”，最好选用真空叶片填充机。有些发酵香肠不是填充入肠衣中而是被挤入模具中。

（3）接种发酵剂

对于许多干发酵香肠来说，肠衣表面生长的霉菌或酵母菌对产品形成良好的感官特性（尤其是风味和香气）起着重要的作用。霉菌或酵母菌对抑制其他有害菌、保护香肠免受光和氧影响起到一定的作用，还能产生一定的过氧化氢酶。在发酵香肠的现代加工工艺中，经常采用在香肠表面接种不产真菌毒素的纯发酵菌株的办法。大多情况下，香肠在灌肠后直接接种，通常的做法是将霉菌或酵母菌培养液的分散体系喷洒在香肠表面。或者准备好霉菌发酵剂的悬浮液后将香肠在其中浸一下，这是一种既简单又有效的接种方法。但是与悬浮液接触的所有器具和设备必须经过严格的卫生处理，以防止环境中霉菌的污染。有时这种接种是在发酵后干燥开始前才进行。

商品霉菌发酵剂中最常见的是青霉属的种类，如纳地青霉、扩展青霉和产黄青霉。最常见的酵母菌种是德巴利酵母菌属和假丝酵母菌属的菌株。霉菌发酵剂一般应用的是其冻干孢子的悬浮液。而酵母菌发酵剂是冻干细胞。

(4) 发酵

在发酵过程中，一般影响最终香肠品质的主要因素是发酵室内的温度、湿度和空气流速。不同类型的发酵香肠，其发酵条件不同，要通过对发酵条件的控制，生产出优质的发酵香肠。一般干香肠和霉菌成熟的香肠，发酵温度都比较低，通常低于 22℃。高温下发酵速度较快，但如果没有严格的控制，很容易引起腐败菌的滋生。另外，发酵温度会影响到香肠蛋白质和脂肪的变化。

在发酵阶段，发酵室内的相对湿度（*Rh*）应该比发酵香肠的 *Rh* 低 5%～10%，大约控制在 85%～90%。*Rh* 过高发酵速度快，香肠表面出现凝结水，易引起霉菌的污染。*Rh* 过低会造成香肠表面出现“硬壳”，阻碍发酵香肠内部水分的脱除，延长干燥的时间，甚至会导致香肠内部腐败。发酵室内的空气流速也会影响香肠的品质，如果过快会使肠体表面干燥不均匀且有可能出现“硬壳”；如果过慢则肠体表面的水汽不能及时带走，易于霉菌的繁殖。一般空气的流速控制在 0.4m/s。如出现“硬壳”可将这些香肠浸在和香肠中含有相等含量的食盐溶液中，直至变“软”。

(5) 干燥和成熟

干燥和成熟在发酵香肠的生产过程中是关键的一个环节。这个阶段，水分活度降低，抑制病原菌生长，延长产品货架期。香肠通常在 12～15℃环境下进行干燥成熟，*Rh* 和空气流速应保持缓慢的下降，但是要保证发酵香肠表面不长出霉菌或表面形成“硬壳”。为了保持整个环境内的湿度均匀，干燥室内一定的空气流速是必需的，一般设定为 0.1m/s。

干燥成熟后的半干香肠的 A_w 值一般在 0.93，失重 18%左右。而干香肠成品的 A_w 值为 0.90 或更低，失重 30%～50%。

(6) 包装

发酵香肠一般经切片和预包装然后零售。广泛使用的包装方法是真空包装，这对保持成品的颜色和防止脂肪氧化是有益的。目前也有人采用气调包装，但从微生物稳定性的角度看这是不必要的。香肠的切片操作在低温下进行以防止脂肪“成泥”影响产品外观，同时低温还减轻了脂肪对包装用塑料薄膜的污染，避免热融封口时出现问题。最后，应注意多数产品在零售展示柜里受到高强度的光照时会出现退色现象。

四、典型发酵香肠加工

1. 黎巴嫩大香肠

(1) 工艺流程

其工艺流程如下。

原料肉→修整→绞碎→拌料→灌肠→熏制→发酵→产品

(2) 配方

母牛肉 100kg，食盐 0.5kg，糖 1kg，芥末 500g，白胡椒 125g，姜 63g，肉豆蔻种衣 63g，亚硝酸钠 16g，硝酸钠 172g。

(3) 技术要领

① 原料处理。牛肉用绞肉机通过 12mm 孔板绞碎，在搅拌机内与食盐、糖、调味料和亚硝酸盐一起搅拌均匀。

② 灌肠。混合料通过 3mm 孔板绞细，充填进 8 号纤维素肠衣。

③ 熏制、发酵。结扎后移到烟熏炉内冷熏。一般在夏天熏制 4d，秋季末和冬季冷熏制 7d。

(4) 质量控制

① 黎巴嫩大香肠是传统产品，不需冷藏储存。尽管香肠水分含量为 55%～58%，成品是极稳定的，成品中的食盐含量一般为 4.5%～5.5%，pH 为 4.7～5.0。香肠在烟熏炉内熏制和金属盘内烤制，烟熏炉顶部应有能开关的通风窗。

② 母牛肉用 2%的食盐在 1～4℃下发酵 4～10d。如添加发酵剂，发酵期能大大缩短。可使发酵结束后的肉 pH 达到 5 或更低。

2. 萨拉米香肠

(1) 工艺流程

其工艺流程如下。

原料肉整理 → 绞肉 → 拌料 → 装盘 → 一次发酵 → 灌肠 → 二次发酵、干燥 → 产品

(2) 配方

牛肩肉 40kg，白胡椒 19g，猪颊肉（修除腺体）40kg，猪修整碎肉 20kg，食盐 3.5kg，糖 1.5kg，硝酸盐 125g，大蒜粉 16g。

(3) 技术要领

① 原料处理。牛肉通过 3mm 孔板绞碎，猪肉通过 6mm 孔板绞碎。

② 拌料。在搅拌机内将所有配料搅拌均匀。

③ 装盘。将肠馅充放在深 20～22cm 的盘内，5～8℃储藏 2～4d。

④ 灌肠。将肠馅充填入 5 号纤维肠衣、猪直肠肠衣或胶原肠衣内。

⑤ 干燥。将香肠在 5℃、相对湿度 60%下晾挂 9～11d。如使用发酵剂，发酵和干燥时间将大大缩短。

(4) 质量控制

在干燥室内如果香肠发霉，应调整相对湿度，香肠上的霉菌可用带油的布擦掉，干燥室内应保持卫生。用动物肠衣灌制的香肠在干燥前期，应包在布袋内，干燥后期则去掉布袋，吊挂起来干燥。

3. 中式发酵香肠

(1) 工艺流程

其工艺流程如下。

原料肉 → 修整 → 腌制 → 绞碎 → 拌料 → 接种 → 灌肠 → 发酵 → 烘烤 → 真空包装 → 产品

(2) 配方

猪瘦肉 70kg，脂肪 30kg，食盐 2.8kg，蔗糖 1.2kg，葡萄糖 0.8kg，磷酸盐 300g，维生素 C 80g，硝酸钠 120g，亚硝酸钠 15g，味精 100g，白胡椒粉 250g，大蒜 100g，豆蔻 100g，冰水适量。

(3) 技术要领

① 原料肉处理。背脂微冻后切成 1～2mm 小肉丁，入冷藏室（6～8℃）微冻 24h。

② 腌制。将瘦肉修整后，加入上述配方中的食盐、葡萄糖、磷酸盐、亚硝酸钠等腌制剂，在 0～4℃下腌制 24h，使其充分发色。

③ 绞碎、拌料。腌好的瘦肉通过 6mm 孔板绞肉机绞碎，倒入搅拌盘内，加入冰水、调味料、香辛料等辅料进行搅拌，搅拌好后与微冻后的肥肉丁充分混合。

④ 接种。按植物乳杆菌与啤酒片球菌 1∶2 进行接种，接种量为 10^7cfu/g 以上。

⑤ 灌肠。接种后的肉料，充填于纤维素肠衣、猪肠衣或合适规格的胶原肠衣内。

⑥ 发酵。将香肠吊挂在 30～32℃、相对湿度 80%～90%环境中，至 pH 下降到 5.3 以下即可终止。发酵时间约 16～18h。

⑦ 烘烤。将发酵结束后的肠体移入烘烤室内进行烘烤，温度控制在 68℃左右。一般小直径肠衣加热 1h 即可。

⑧ 包装。香肠烘烤结束后，稍冷，进行真空包装。

(4) 质量控制

终止发酵后以 65～70℃，1～2h 烘烤为宜，成品 pH 控制在 4.7～4.9，水分含量 30%～40%，出品率 60%左右。

第四节　熟制灌肠肉制品加工

熟制灌肠制品包括熟香肠和烟熏熟香肠。这类香肠必须经热加工处理（蒸或煮），因而在食用前不再需要进一步蒸煮，但必须保证在热加工时的最低温度，以保证灭菌的要求。烟熏工艺可以在蒸煮以前，也可以在蒸煮以后进行。

这类香肠是目前世界上产量最大和品种最多的一类。例如：法兰克福香肠、维也纳香肠、热狗肠等。中国的大红肠、小红肠、蒜肠、蛋清肠等都属于熟制灌肠。

一、熟制灌肠加工的基本技术

1. 工艺流程

其工艺流程如下。

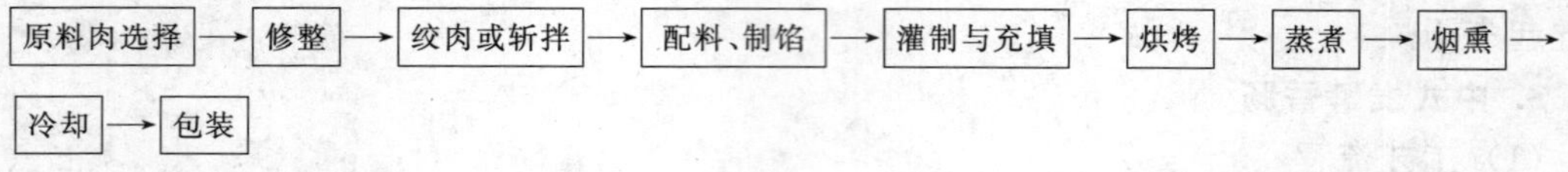

2. 技术要领

(1) 原料肉的选择与修整

灌肠的原料肉选择面较宽，经兽医卫生检验合格的动物肉均可用于加工灌肠，例如猪肉、牛肉、羊肉、兔肉、鸡肉、鱼肉及其他肉类。一般多采用猪肉，肥、瘦肉比例是 1∶1。瘦肉要除去筋腱、肌膜、淋巴、血管、病变及损伤部位。原料肉最好冷却至 0℃，以免斩拌中肉的温度升高，影响肉糜的质量。

(2) 绞肉或斩拌

原料肉可用绞肉机绞碎或用斩拌机斩拌。为了使肌肉纤维蛋白形成凝胶和溶胶状态，使脂肪均匀分布在蛋白质的水化系统中，提高肉馅的黏度和弹性，通常要用斩拌机对肉进行斩拌。原料经过斩拌后，从理论上讲激活了肌原纤维蛋白，使之结构改变，减少表面油脂，使成品具有鲜嫩细腻、极易消化吸收的特点，得率也大大提高。斩拌时肉吸水膨润，形成富有弹性的肉糜，因此斩拌时需加冰水。加入量为原料肉的 30%～40%。斩拌时间不宜过长，一般以 10～20min 为宜。斩拌温度最高不宜超过 10℃。

（3）配料与制馅

在斩拌后，通常把所有调料加入斩拌机内进行搅拌，直至均匀。

（4）灌制与充填

将斩拌好的肉馅，移入灌肠机内进行灌制和充填。如不是真空连续灌肠机灌制，应及时针刺放气。灌好的湿肠按要求打结后，悬挂在烘烤架上，用清水冲去表面的油污，然后送入烘烤房进行烘烤。

（5）烘烤

烘烤温度 65～80℃，维持 1h 左右，使肠的中心温度达 55～65℃。烘好的灌肠表面干燥光滑，无油流，肠衣半透明，肉色红润。

（6）蒸煮

水煮优于汽蒸，因前者质量损失少，表面无皱纹，但后者操作方便，节省能源，破损率低。水煮时，先将水加热到 90～95℃，把烘烤后的肠下锅，保持水温 78～80℃。当肉馅中心温度达到 70～72℃时为止。感官鉴定方法是用手轻捏肠体，挺直有弹性，肉馅切面平滑有光泽者表示煮熟。反之则未熟。

汽蒸时，只待肠中心温度达到 72～75℃时即可。蒸煮速度通常为 1mm/min，例如肠直径 70mm 时，则需要蒸煮 70min。

（7）烟熏

烟熏可促进肠表面干燥有光泽；形成特殊的烟熏色泽（茶褐色）；增强肠的韧性；使产品具有特殊的烟熏芳香味；提高防腐能力和耐储藏性。一般用三用炉烟熏，温度控制在 50～70℃，时间 2～6h。

（8）储藏

未包装的灌肠吊挂存放，储存时间依种类和条件而定。湿肠含水量高，如在 8℃条件下，相对湿度 75%～78%时可悬挂 3d。在 20℃条件下只能悬挂 1d。水分含量不超过 30%的灌肠，当温度在 12℃，相对湿度为 72%时，可悬挂存放 25～30d。

3. 质量控制

（1）感官指标

肠衣（肠皮）干燥完整，并与内容物密切结合，坚实而有弹力，无黏液及霉斑。切面坚实而湿润，肉呈均匀的蔷薇红色，脂肪为白色。无腐败臭，无酸败味。

（2）理化指标

亚硝酸盐（以 $NaNO_2$ 计）≤30mg/kg。

（3）微生物指标

细菌总数≤1×10^4 cfu/g，大肠菌群≤30MPN/100g，致病菌不得检出。

二、典型熟制灌肠的加工

1. 大红肠

大红肠又名茶肠，原料以牛肉为主，猪肉为辅。肠体粗大，红色，肉质细嫩，切片后可见膘丁，肥瘦分明，具有蒜味，是欧洲人喝茶时用的一种肉食品。

（1）工艺流程

其工艺流程如下。

原料修整 → 腌制 → 绞碎 → 斩拌 → 搅拌 → 灌制 → 烘烤 → 蒸煮 → 成品

（2）配方

牛肉 45kg，玉米粉 125g，猪肥膘 5kg，猪精肉 40kg，白胡椒粉 200g，硝酸钠 50g，鸡蛋 10kg，大蒜头 200g，淀粉 5kg，精盐 3.5kg，牛肠衣（口径 60～70mm）。

（3）工艺参数

烘烤温度 70～80℃，时间 45min 左右。

水煮温度 90℃，时间 1.5h。不熏烟。

（4）成品质量

成品外表呈红色，肉馅呈均匀一致的粉红色，肠衣无破损，无异斑，鲜嫩可口，成品长度 45cm，成品率为 120%。

2. 小红肠

小红肠又名维也纳香肠，味道鲜美，风行全球。首创于奥地利首都维也纳，口味鲜美。将小红肠夹在面包中就是著名的快餐食品。因其形状像夏天时狗吐出来的舌头，故得名热狗。

（1）配方

牛肉 55kg，猪精肉 20kg，猪奶脯肥肉 25kg，精盐 3.50kg，淀粉 5kg，胡椒粉 0.19kg，硝酸钠 50g，玉米粉 0.13kg，肠衣（18～20mm 的羊小肠衣）。

（2）工艺流程

其工艺流程如下。

原料肉修整 → 绞碎斩拌 → 配料 → 灌制 → 烘烤 → 蒸煮 → 熏烟或不熏烟 → 冷却 → 成品

（3）工艺参数

烘烤温度 70～80℃，时间 45min；蒸煮温度 90℃，时间 10min。

（4）成品质量

外观色红有光泽，肉质呈粉红色，肉质细嫩有弹性，成品长度 12～14cm，成品率为 115%～120%。

3. 天津火腿肠

（1）配方

猪精肉 85kg，味精 200g，白糖 1kg，肥膘丁 15kg，胡椒粉 200g，精盐 3kg，玉米淀粉 10kg，亚硝酸钠 6g。牛盲肠衣或人造肠衣。

（2）工艺参数

烘烤温度 70℃，时间 1.5h；蒸煮温度 90℃，时间 1h；烟熏温度 60～70℃，时间5～6h。

（3）成品质量

成品表面深红色，有皱纹。直径 45～55mm，长约 40～42cm。成品率 115%～120%。

复习思考题

1. 灌肠肉制品可分为哪几类？

2. 用于灌肠肉制品的肠衣有哪些？
3. 常用于发酵香肠的微生物有哪些？
4. 灌制品煮制的目的是什么？
5. 简述生鲜猪肉香肠的制作方法。
6. 简述发酵香肠的工艺流程及技术要领。
7. 发酵灌肠制品分为哪几种？
8. 简述中式发酵香肠的加工工艺及技术要领。
9. 简述熟制灌肠制品的制作方法。

第十一章 罐头肉制品加工技术

【学习目标】

1. 了解罐头肉制品加工原理。
2. 掌握常见罐头肉品加工技术。

第一节 概 述

罐头肉制品是指以畜禽肉为原料，调制后装入罐头容器或软包装，经排气、密封、杀菌、冷却等工艺加工而成的耐储藏食品。

一、罐头肉制品的种类

根据罐头内容物加工方法的不同罐头肉制品一般分为以下几类。

1. 清蒸类罐头

将处理后的原料直接装罐，按不同品种，仅加入食盐、胡椒、月桂叶等，经密封杀菌后制成。清蒸类罐头较好地保持了原料特有的风味。

2. 调味类罐头

调味类罐头是指将经过处理、预煮或烹调的肉块装罐后，加入调味汁液制成的罐头。有时同一种产品，因各地区消费者的口味要求不同，调味方法也有差异。成品应具有原料和配料的特有风味和香味，块形整齐，色泽较一致，汁液量和肉量保持一定比例。这类产品按调味方法不同又可分红烧、五香、浓汁、油炸、豉汁、茄汁、咖喱等类别。各种类别各自具有该产品的特有风味和香味。

3. 腌制类罐头

将处理后的原料肉经过以食盐、亚硝酸盐、砂糖等按一定配比组成的混合盐腌制后，再进行加工制成的罐头。如火腿、午餐肉、咸牛肉、咸羊肉等。

4. 烟熏类罐头

此类产品是指处理后的原料，经过腌制烟熏后制成的罐头。如火腿蛋和烟熏肋肉等。

5. 香肠类罐头

此类产品是指肉经腌制加香料斩拌后，制成肉糜直接装入肠衣中，经烟熏预煮制成的罐头。

二、空罐的种类

1. 硬质空罐

硬质空罐根据所使用材料不同分为金属罐和玻璃罐。

(1) 金属罐

① 镀锡板罐。镀锡板表面镀有纯锡，纯锡与食品接触没有毒性，而且有良好的耐腐蚀

性能，便于用锡焊合罐身接缝部位。焊接后能保持容器良好的密封性能。用镀锡板制成的容器质量轻，能承受一定的压力，具有一定的机械强度。镀锡板加工性能良好，可制成大小不一、形状各异的罐藏容器，适于连续化、自动化的工业生产要求。但镀锡板不经涂料、印刷，容易腐蚀和生锈；其容器不透明，也不能重复使用；由于表面镀锡，镀锡层外面还需加以涂料，生产成本较高。

② 铝罐。目前在啤酒、饮料和鱼类罐头生产方面已大量使用。铝罐卫生安全，铝合金薄板质轻，强度较高，导热性好，有利于食品的杀菌、冷却。铝罐的质量仅为同样大小铁罐的1/3。铝罐不会产生硫化污染，也不会使食品带有金属味。它有一定的耐腐蚀性能，但它对酸类、盐类等物质的耐蚀性较差，内壁一般需涂料后使用。其内外壁比较容易涂料、印刷，外观易于美化。铝罐可回收使用。所需能源较低，对防止废罐公害、节资节能都有良好效果。由于铝罐轻薄，在重力作用下易变形，所以在加工、储藏、运输过程中要加以防范。

③ 镀铬板罐。镀铬板表面是金属铬和水合氧化铬层，其耐蚀性比镀锡板差。经涂料后，则对内容物具有较好的耐腐蚀性能；其涂膜的牢度显著优于镀锡板，且其固化温度不受锡的熔点温度（232℃）的限制，利于提高涂料的生产效率；镀铬板的机械加工性能、强度与镀锡板罐几乎相同。但表面镀铬层薄，易擦伤，板易生锈。镀铬板罐（三片罐）生产时，不能用锡焊接罐身，而要用技术较高的电阻焊工艺或黏结剂粘接。

此外，按照罐型分类，金属罐可分为圆罐、方罐、椭圆罐、梯形罐、马蹄形罐等。除圆罐外，其他形状的罐藏容器，一般统称为异形罐。

（2）玻璃罐

玻璃罐（瓶）是以玻璃作为材料制成。它在肉制品罐头生产中占的比重不大。

玻璃罐的优点是安全卫生、化学稳定性好，不会与食品发生作用，能较好地保持食品原有风味；造型美观，透明可见，便于检查和商品挑选；玻璃原料充足，容器可回收重复使用，因而成本较低。

玻璃罐也有一定的缺点如机械性能很差，极易破碎，抗冷、热变化的性能也差，温差超过60℃时迅即发生碎裂。加热或冷却时温度变化宜缓慢均匀上升或下降，尤以冷却为甚，它比加热时更易出现破裂问题。玻璃的导热性差，它的导热性为铁的1/60，铜的1/1000，它的比热容较大，为铁皮的1.5倍。因此，在使用时要求温度变化均匀缓和，通常杀菌必须在水中进行；玻璃罐比同样体积的铁罐重四倍左右，因而它所需的运输费用较大；此外，由于玻璃罐能透过紫外线，会引起某些罐内食品有效成分的分解、破坏，不利于食品长期储藏。

2. 软质空罐（蒸煮袋）

目前，常用于肉制品罐头食品的蒸煮袋形式主要有两种，即透明蒸煮袋和铝箔蒸煮袋。并且随着高温蒸煮材料和包装技术的发展，高温蒸煮容器又有了新的发展，出现了新的高温蒸煮包装形式。

（1）透明蒸煮袋

透明蒸煮袋一般是用2～3层透明的塑料复合薄膜制成的，外层常用的材料主要有聚酯（PET）、聚丙烯（PP）或聚酰胺（即尼龙，PA），中间层（阻隔层）常用的材料主要有乙烯-乙烯醇共聚物（EVOH）、聚偏二氯乙烯（PVDC），作为热封层的内层，常用的材料主要是耐高温的未拉伸聚丙烯（CPP）和高密度聚乙烯（HDPE）。

由于上述几种材料的单层塑料薄膜均透明，复合后形成的复合薄膜一般也是透明的。用透明的复合薄膜制作的蒸煮袋包装肉制品，其产品的可视性强，有利于销售，消费者购买时能够直接看到内装产品的颜色和状态。但是，透明蒸煮袋本身不能有效避光，对于流通和销售过程中的光照条件要求严格，在强光下长时间照射时，内装肉制品很容易变质；同时，透明蒸煮袋对于氧气和水蒸气的阻隔性能与铝箔蒸煮袋相比较差，所包装的肉制品保存期也相应较短。此外，由于所选用材料的不同，尤其是阻隔层材料的不同，透明蒸煮袋的透氧度随着高温杀菌的变化程度也有很大差别，因此，在实际生产中应根据需要进行合理的和慎重的选择。

在中国，目前常用的透明蒸煮袋多为两层复合，外层多为 PA 或 PET，内层多为 CPP，其耐热温度约为 110℃，还不能够满足一般的高温杀菌（120℃）的要求，所应用的范围也大多是杀菌处理要求不高且保存期限较短的肉制品的包装。

(2) 铝箔蒸煮袋

铝箔蒸煮袋是由铝箔与塑料薄膜组成的复合薄膜材料制成的。铝箔蒸煮袋一般能够耐 120℃以上的高温杀菌环境，并且其透氧度随杀菌处理温度的提高变化不大。由于阻隔层是铝箔，只要没有因为铝箔折曲而产生的针孔或断裂现象的发生，其阻隔性能指标（如透气度、透湿度、透氧度等）基本接近于零。

铝箔蒸煮袋材料一般由 3～4 层组成，其中，铝箔层作为阻隔层，处于复合材料各层的中间；外层选择印刷适应性能较好的塑料材料，如 PET、PA 等；内层选择热封性和耐热性较好的塑料材料，如聚烯烃类塑料材料，其中使用较多的有高密度聚乙烯（HDPE）、未拉伸聚丙烯（CPP）、特殊的高密度聚丙烯（特殊 PP）等。通过三层或四层等多层材料的复合，可以充分发挥各层的优点，使形成的复合材料具有良好的综合性能，以保证肉制品罐头食品对包装材料和容器在各方面的要求。

目前，常用的三层铝箔蒸煮袋材料的典型组成是聚酯/铝箔/聚烯烃，可以耐 120℃的高温杀菌处理而不致发生较大性能的改变；较为典型的四层铝箔蒸煮袋结构是 PET-A1-PA-特殊 PP，这种结构的蒸煮袋可以耐 135℃的超高温杀菌。中国的铝箔蒸煮袋多为三层结构，即 PET-Al-特殊 PP，可以满足 120℃高温杀菌的要求。

第二节 罐头肉制品加工的基本技术

一、硬质罐肉制品

1. 工艺流程

其工艺流程如下。

空罐清洗消毒 → 原料预处理 → 装罐 → 预封 → 排气密封 → 杀菌 → 冷却 → 检验 → 成品

2. 技术要领

(1) 空罐清洗消毒

由于空罐上附着有微生物、污染油脂和污物、残留的焊药水等，有碍卫生，为此在装罐之前必须进行洗涤和消毒。基本方式都是先用热水冲洗空罐，然后用蒸汽进行消毒。

① 金属罐的清洗。金属罐的清洗有人工清洗和机械清洗两种。

人工清洗是将空罐放在沸水中浸泡0.5～1min，必要时可用毛刷刷去污物，取出后倒置盘中，沥干水分后消毒。人工洗罐劳动强度大，效率低。

机械清洗则多采用洗罐机喷射热水或蒸汽进行洗罐和消毒。洗罐机的种类很多，效率高的有旋转式洗罐机及直线型喷洗机等。

② 玻璃罐清洗。玻璃瓶的清洗也有人工清洗和机械清洗两种。

人工清洗的过程一般是先用热水浸泡玻璃瓶，对于回收的旧瓶子，由于瓶内壁常黏附着食品的碎屑、油脂等污物，瓶外壁常黏附着商标残片等，故需先用温度为40～50℃，用含量为2%～3%的NaOH溶液浸泡5～10min，以便使附着物润湿而易于洗净。然后用毛刷逐个刷洗空瓶的内外壁，再用清水冲净，沥水后消毒。

机械清洗则多用洗瓶机清洗。常用的有喷洗式洗瓶机、浸喷组合式洗瓶机等。喷洗式洗瓶机仅适用于新瓶的清洗。洗瓶时，瓶子先以具有一定压力的高压热水进行喷射冲洗，而后再以蒸汽消毒。浸洗和喷洗组合洗瓶机对于新瓶、旧瓶的清洗都适用。洗瓶时，瓶子先浸入碱液槽浸泡，然后送入喷淋区经两次高压热水冲洗，最后用低压、低温水冲洗即完成清洗。

(2) 原料预处理

见相关肉制品加工内容。

(3) 装罐

① 装罐的要求。

a. 原料经预处理后，应迅速装罐，不应堆积过多，保留时间过长易受微生物污染，则出现腐败变质现象而不宜装罐，造成损失，或影响成品质量及其保存时间。

b. 肉类罐头，因部位不同，质量也有差异。因此在装罐时，必须注意质量搭配。

c. 罐头食品的净重和固形物含量必须达到要求。每罐净重允许之差为±3%，但每批罐头其净重平均值不应低于净重。固形物含量一般为45%～65%，最常见的为55%～60%，也有的高达90%。

d. 装罐时还必须留有适当的顶隙。顶隙是指罐内食品表层或液面和罐盖间的空隙。顶隙大小将直接影响食品的装罐量、卷边密封性、铁罐变形或假膨胀（非腐败性膨胀）、铁皮腐蚀，甚至引起食品变色、变质等。通常装罐时食品表层和容器翻边或顶边应相距4～8mm。

② 装罐的方法。根据产品的性质、形状和要求，装罐可分为人工装罐和机械装罐两种。对于经不起机械摩擦，需要合理搭配和排列整齐的块、片状食品等目前仍用人工装罐。其主要过程有装料、称量、压紧、加汤汁和调味料等。通常在装罐台上进行，也可配置输送带输送物料、空罐和实罐。人工装罐的优点是简单，有广泛适应性，并能选料装罐。缺点是装量偏差较大，劳动生产率低，清洁卫生条件较差，而且生产过程的连续性较差。对于颗粒体、半固体和液体食品常采用机械装罐，如午餐肉、猪肉火腿等。机械装罐速度快、份量均匀，能保证食品卫生，因此除必须采用人工装罐的部分产品外，应尽可能采用机械装罐。

(4) 预封

所谓预封，就是用封口机将罐盖与罐身初步钩连上，其松紧程度以能使罐盖沿罐身旋转而又不会脱落为度。经预封的罐头在热排气或在真空封罐过程中，罐内的气体能自由逸出，而罐盖不会脱落。对于采用热力排气的罐头来说，预封还可以防止罐内食品因受热膨胀而落到罐外，防止排气箱盖上的冷凝水落入罐内而污染食品；可以避免表面食品直接受高温蒸汽的损伤；可以避免外界冷空气的侵入，保持罐内顶隙温度，以保证罐头的真空度。预封还可以防止因罐身和罐盖吻合不良而造成次品，有助于保证卷边的质量，特别是对于异形罐，这一作用更为明显。

(5) 排气

排气是食品装罐后密封前将罐内顶隙间的、装罐时带入的和原料组织细胞内的空气尽可能从罐内排除，从而使密封后罐头形成一定真空度的过程。目前，罐头食品厂常用的排气法有热力排气法，真空密封排气法和蒸汽密封排气法三种。

① 加热排气法。该方法是将装好食品的罐头（未密封）通过蒸汽或热水进行加热，或预先将食品加热后趁热装罐，利用罐内食品的膨胀和食品受热时产生的水蒸气，以及罐内存在的空气本身的受热膨胀，而排除空气，排出后立即封罐。目前常用的加热排气法有两种：热装罐法和排气箱加热法。

a. 热装罐法。该方法是将食品先加热至一定温度后，立即趁热装罐并密封的方法，或者先将食品装入罐内，另将配好的汤汁加热到预定的温度，趁热加入罐内，并立即封罐。

b. 排气箱加热法。该方法是在装罐后，将经过预封或不预封的罐头送入排气箱内，在预定的排气温度下，经过一定时间的加热，使罐头中心温度达到 70～90℃，使食品内部的空气充分外逸。排气温度应以罐头中心温度为依据。各种罐头的排气温度与时间，根据罐头食品的种类和罐型而定，一般为 90～100℃，6～15min；大型罐头或装填紧密、传热效果差的罐头，可延长到 20～25min。肉类罐头一般采用高温短时间排气，即 100℃/4min 排气，但要避免高温加热时可能出现脂肪熔化和析出的现象。

② 真空密封排气法。该方法是在封罐过程中，利用真空泵将密封室内的空气抽出，形成一定的真空度，当罐头进入封罐机的密封室时，罐内部分空气在真空条件下立即外逸，并立即卷边密封。这种方法可使罐内真空度达到 33.3～40kPa 以上。这种排气法主要是依靠真空封罐机来完成。封罐机密封室的真空度，可根据各类罐头的工艺要求、罐内食品的温度等进行调整。

③ 蒸汽密封排气法。该方法是向罐头顶隙喷射蒸汽，压除顶隙内的空气后立即封罐，依靠顶隙内蒸汽的冷凝而获得罐头的真空度。这种方法主要由蒸汽喷射装置来喷射蒸汽；一般是在封罐机六角转头内部或封罐压头顶隙内部喷射蒸汽，并在罐身和罐盖交接处周围维持规定压力的蒸汽，以防止外界空气侵入罐内。喷射蒸汽一直延续到卷封完毕。

(6) 密封

罐头的密封是采用封罐机将罐身和罐盖的边缘紧密卷合，这就是密封式封罐，或称封口。依靠罐头的密封，使罐内食品与外界完全隔绝，罐内食品不再受到外界空气和微生物的污染而产生腐败。由于罐藏容器的种类不同，罐头密封的方法也各不相同，罐头容器的密封性则依赖于封罐机和它们的操作正确性和可靠性。

(7) 杀菌

根据罐头食品原料品种的不同及所采用的包装容器的不同，其杀菌操作要求也不同。目前常用的有常压杀菌、加压蒸汽杀菌及加压水杀菌等几种。不管什么方法，都必须根据不同产品的要求采取相应的杀菌规程，明确杀菌的压力、温度、时间，以确保罐头产品达到商业无菌要求。

① 常压杀菌。该法是将罐头放在常压热水或沸水中进行杀菌，杀菌的温度不超过 100℃，大多数水果和部分蔬菜罐头采用这种杀菌方式。常压杀菌分为间歇式和连续式常压杀菌。

间歇式常压杀菌须注意，在将待杀菌的罐头放入杀菌锅内沸水（热水）中时，可将罐头预热到50℃后，再放入杀菌锅内杀菌，以免锅内水温的急速下降和玻璃罐的破裂。待锅内热水再次升至预定的杀菌温度时，才开始计算杀菌时间，并保持杀菌温度至终了。罐头应全部浸没在水中，最上层的罐头应在水面以下 10～15cm。水的杀菌温度以温度计的读数为准。

常压连续杀菌时，一般以水为加热介质。罐头从预热、杀菌至冷却全过程均在杀菌机内完成，杀菌时间可由调节输送带的速度来控制。自动化程度较高，罐头杀菌连续进行。

② 高压蒸汽杀菌。低酸性食品，如大多数蔬菜、肉类及水产类罐头食品，都需采用100℃以上的高温杀菌，一般使用高压蒸汽来达到高温。由于设备类型不同，杀菌操作方法也不同，现介绍常用的高压蒸汽杀菌方法：将装完罐头的杀菌篮放入杀菌锅，关闭杀菌锅的门或盖，并检查其密封性；关闭进、排水阀，开足排汽阀和泄汽阀，检查所有的仪表、调节器和控制装置；然后开大蒸汽阀使高压蒸汽迅速进入锅内，充分地排除锅内的全部空气，同时使锅内升温；在充分排汽后，需将排水阀打开，以排除锅内的冷凝水；排尽冷凝水后，关闭排水阀，随后再关闭排汽阀，泄汽阀仍开着，以调节锅内压力；待锅内压力达到规定值时，必须认真检查温度计读数是否与压力读数相对应；当锅内蒸汽压力与温度相对应，并达到规定的杀菌温度和压力时，开始计算杀菌时间，并通过调节进汽阀和泄汽阀，来保持锅内恒定的温度，直至杀菌结束。恒温杀菌延续到预定的杀菌时间后，关掉进汽阀，并缓慢打开排汽阀，排尽锅内蒸汽，使锅内压力降至大气压力。若在锅内常压冷却，即按锅内常压冷却法进行操作。或将罐取出放在水池内冷却。

③ 加压水杀菌。凡肉类、鱼类的大直径扁罐、玻璃罐以及蒸煮袋都可采用加压水杀菌或称高压水杀菌。此法的特点是能平衡罐内外压力，对于玻璃罐及蒸煮袋而言，可以保持罐盖及封口的稳定，同时能够提高水的沸点，促进传热。高压由通入的压缩空气来维持，不同压力，水的沸点就不同，高压锅压力与措施温度计温度的关系见表 11-1。必须注意，高压水杀菌时，压力必须大于该杀菌温度下相应的饱和蒸汽压力，一般大于 21～27kPa，否则可能产生玻璃罐的跳盖及蒸煮袋封口爆裂现象。高压水杀菌时，其杀菌温度应以温度计读数为准。

表 11-1 高压锅压力与相应温度计温度的关系

压力(表压)/kPa	相当于饱和水蒸气温度/℃	压力(表压)/kPa	相当于饱和水蒸气温度/℃	压力(表压)/kPa	相当于饱和水蒸气温度/℃
6.9	101.8	45.1	110.6	109.8	122.0
9.8	102.8	48.1	111.3	117.7	123.1
13.7	103.6	52.0	112.0	124.5	124.1
17.7	104.5	54.9	112.6	131.4	125.1
20.6	105.3	61.8	114.0	138.2	126.0
24.5	106.1	68.6	115.2	145.1	127.0
27.5	106.9	75.5	116.4	152.0	127.8
31.4	107.7	82.4	117.6	158.7	128.8
34.3	108.4	89.2	118.8	165.7	129.8
38.2	109.2	96.1	119.9		
41.2	109.9	103.0	120.9		

高压水杀菌的操作过程如下：将装好罐头的杀菌篮放入杀菌锅，关闭锅门或盖，保持密闭性。关闭排水阀，打开进水阀，向杀菌锅内注水，使水位高出最上层罐头 15cm 左右。对玻璃罐来说，为防止玻璃罐遇冷水破裂的现象，一般可先将水预热至 50℃左右，再通入锅

内。进水完毕后，关闭所有的排气阀和溢水阀，进压缩空气，使罐内压升至杀菌温度相应的饱和水蒸气压，为21～27kPa，并在整个杀菌过程中维持这个压力。进蒸汽，加热升温，使水温升到规定的杀菌温度，以插入水中的温度计来测量温度。升温时间一般是随蒸汽进入量的大小及产品要求等条件而定，一般为25～60min。当锅内水温达到规定的时间、温度时，开始恒温杀菌，按工艺规程维持规定的杀菌条件。杀菌结束，关闭进气阀，打开压缩空气阀，同时打开进水阀进行冷却。对于玻璃罐，冷却水需预热到40～50℃后再通入锅内，然后再通入冷却水进行冷却。冷却时，锅内压力由压缩空气来调节，必须保持压力的稳定。当冷却水灌满后，打开排水阀，并保持进水量与出水量的平衡，使锅内水温逐渐降低。当水温降至38℃左右，即可关闭进水阀、压缩空气阀，继续排出冷却水。冷却完毕，打开锅门取出罐头。降温冷却的全部时间可控制在25～60min之间。

(8) 冷却

罐头在加热杀菌结束后，需采用冷却水等方法迅速使罐头降温至38℃左右，罐头冷却可减少热量对罐内肉制品的继续作用，以便保持其良好的色香味，减少其组织的软化和罐内壁的腐蚀。同时可防止罐头发生凸角、瘪罐、生锈以及微生物的二次污染等。

罐头的冷却是靠热交换来实现的，冷却速度与冷却介质、冷却方式有关。下面介绍几种罐头的冷却方法。

① 水池冷却法。杀菌结束后，排除锅内蒸汽，逐步使杀菌锅内的压力降至大气压力。接着缓慢打开锅顶的进水阀，向罐头喷水约1min，然后取出杀菌篮，置于冷却池中冷却到38℃左右。这种方法适用于立式杀菌锅，优点是杀菌锅可以立即继续使用，提高了设备的利用率。

② 杀菌锅常压冷却法。杀菌结束，排除锅内蒸汽，使锅内压力降至大气压力。然后从锅顶喷淋冷水至锅内进满水，再关顶部进水阀，开启底部进水阀，水从溢水阀排出。经过几分钟后，使水反向流动，直至锅内罐头温度达38℃左右。

③ 水和水蒸气加压冷却法。将蒸汽通入杀菌锅的顶部来维持锅内压力，使杀菌锅内的压力比杀菌时的压力大14.7kPa左右。先从杀菌锅底部通入热水，形成热水层，然后再将冷却水缓慢地从热水层下面通入杀菌锅底部而进行冷却。

④ 空气和水的加压冷却法。杀菌结束后，关闭所有的泄气阀，打开压缩空气阀，使杀菌锅内的压力比恒温杀菌时的压力大14.7kPa，接着关闭进气阀，向锅顶部或底部缓慢进冷水，并通入压缩空气以维持锅内稳定的压力。当水位接近顶部时，缓慢打开溢水阀或排水阀，关闭压缩空气，调节进水阀以保持锅内压力的稳定，压力不得过大。适当平衡进水和排水量，保持压力稳定，直至全部罐头完全冷却为止。打开溢水阀或排水阀时，应缓慢减压。进、排水经过一段时间后，反向操作，继续冷却至结束。

二、软质罐肉制品（软罐头）

软罐头肉制品是将肉类原料加工处理后，装入蒸煮袋内，经热熔封口，经过适度的加热杀菌，能长期储藏而不变质且食用方便的食品。

1. 工艺流程

其工艺流程如下。

原辅料验收及选择 → 加工处理 → 装填 → 排气密封 → 杀菌冷却 → 包装 → 封口检查

2. 技术要领

软质罐肉制品与硬质罐肉制品的生产工艺流程基本相同，只是装填和密封、杀菌和冷却操作有所不同。

（1）装填和密封

经过预处理的肉制品及调味汁送至装填工序。装填封口机的类型根据内容物的不同而定。有以下三类。

① 卧式真空包装机。有移动式，也有固定式，采用脉冲封口，操作人员将内容物手工装入袋里进行封口。其缺点是效率较低（一般为 15～20 袋/min），装袋麻烦，易污染袋口，卧式包装最大倾角 30°，故只能包装汤汁较少（低于 15%）或完全固形物的食品。

② 自动给袋式真空包装机。有双转盘式和单转盘式。

双转盘式真空包装机，第一转盘动作为：自动上袋→打印日期→开启口袋→装料→灌汁→预封；第二转盘动作为：机械手将袋夹持、固定入真空室→第一级抽真空→第二级抽真空→封口→解除真空→放入输送带。全部动作为程序控制，一旦发现无料空袋，也无随后动作进行，夹持手便将空袋放落。该类机为立式装袋封口，可适于含有一定量汤汁的食品，但汤汁不能超过 30%，汤汁过多，真空封口时便会抽出，污染袋口，当半制品及调味料送至装填工序时，必须注意物料温度的控制，一般要在 40℃以下，以防止蒸汽对封口强度产生不良的影响。真空度的选择，要考虑到汤汁的多少，一般 15%含量，真空度 97.33kPa 以上；25%含量，93.33kPa 左右；30%含量，控制在 79.99kPa。该机包装速度为 25～40 袋/min，封口电压 15～18V，时间 0.25～0.27s。

单转盘式自动包装机，一般无真空装置，动作一周完成：自动上袋→开启→装固形物料→装汤汁→第一级封口→第二级封口→冷却→落入输送带。该类机的特点在于立式上袋，并可装液体含量高的食品，甚至饮料。其真空度控制主要在于利用热装液体（90℃以上）的蒸汽排气，密封后袋内冷凝形成真空，真空度可达 86.66kPa 以上。封口系采用电热板加热加压进行，封口温度根据包装材料性能而定。一般三层复合蒸煮袋控制在 180～220℃之间，该机包装速度为 20～25 袋/min。

③ 可制袋式自动包装机其设备较大，价格高，而且需要有适宜机器的包装材料。该机的特点是，从复合材料到制袋至装填封口，完全一条龙自动进行，包装速度可达 60 袋/min。

（2）杀菌和冷却

一般来讲，软罐头杀菌理论与杀菌值与金属罐头相同，其杀菌方法也类似，可以采用高温热水或高温蒸汽杀菌。但由于软罐头包装材料的机械强度、刚性等与金属罐相比较低，容器热封后的封口强度与金属罐的封口强度也不可同日而语，因此在高温杀菌过程中，包装容器的内外压力差过大时会造成包装容器的破裂或封口部位被撕开。因此，软罐头杀菌必须采取反压力杀菌方法。在应用反压力杀菌时，其反压力控制有两种方式，即定压反压力控制杀菌方式和定压差反压力控制杀菌方式。

① 定压反压力控制杀菌方式。此法在整个杀菌和冷却过程中，杀菌锅的内压始终保持一定的压力值。即在杀菌升温阶段就开始通入压缩空气，使杀菌锅的内压比杀菌温度所对应的饱和蒸气压力高 0.03～0.1MPa 的压差，并且此压差一直保持到冷却阶段结束。这种方式常用于蒸煮袋软罐头包装方式的杀菌（也可用于结扎灌肠的杀菌）。

② 定压差反压力控制杀菌方式。此法在整个杀菌过程中，杀菌锅内压与包装容器内压始终保持一定的压差。这种方式主要应用于耐高温蒸煮罐（盒）的软罐头包装形式的杀菌。

由于蒸煮罐（盒）在低真空度下加盖热封时，为了保证罐（盒）保持良好的外观形状，罐（盒）内要留有少量空气。而为了保证罐（盒）在灭菌时不发生破裂或严重变形现象，就必须使用这种杀菌方式进行高温杀菌。一般而言，这种高温杀菌设备配有专门的定压差程序控制仪表，通常定压差变化程序有5～10种，在实际的杀菌过程中应谨慎选择，例如，应当将蒸煮罐（盒）包装食品时顶隙状态以及食品固有的膨胀力等影响因素考虑到计算中去，以此为依据来选择合理的定压差杀菌程序。

第三节　罐头检验与储藏

一、检验

罐头成品的检验主要有三种方法：保温检验、理化检验和微生物检验。

1. 保温检验

保温检验是罐头的直接检验方法。通过保温检验，能了解罐头的杀菌效果，可及时除去胀罐败坏者（俗称“胖听”）和不合格产品。

保温检验一般是将罐头肉制品置于恒温室中，在（37±2）℃温度下保温7d。如罐头在高压灭菌器内取出冷却至40℃左右即送入保温室时，则保温时间可缩短为5d。罐头在食品保温后应及时进行检查，敲打时声音“清脆”者完好，声音“浊”者败坏。也可从罐盖（底）处观察，凹者正常，凸者即为细菌引起的胀罐败坏。

2. 理化检验

理化检验为罐头成品的质量和杀菌操作技术的功效提供依据。检验项目如下。

① 感官指标即产品的色泽、风味、形态、质地和汤汁状态，以及罐头外观等。

② 理化指标主要包括罐头净重、固形物重、汤汁重及其浓度、重金属含量、农药残含量、顶隙和真空度、pH和酸度测定、气体分析等。具体检测按国家标准方法。

3. 微生物学检验

微生物学检验不仅可以判定杀菌是否充分，而且也可了解是否仍有造成罐头败坏的活的微生物存在，特别是致病菌的存在。通常在每批产品中至少抽12～24罐进行检验，主要根据国家食品卫生标准检查活菌存在数及其种类。具体按GB 4789.26罐头食品商业无菌的检验方法。

二、储藏

罐头食品的储藏涉及的问题较多，如仓库位置选择，要求进出库方便，交通方便，便于操作管理，库内应具通风、光照、防火等安全和保管设施。

罐头储存一般可分为散堆和箱装两种形式。通常箱装比散堆费人工要少，操作较方便，不易损伤罐头。散堆节省包装材料，便于随时检查。

储存的罐头应编排号码标签，严格管理，详细记录。对储存的罐头应经常进行检查，以检出损坏漏罐，避免污染好罐头。

三、质量控制

罐头的质量要从食品和罐头容器的性质与状态来评定。罐头成品应符合相关技术条件的要求。

罐头内容物各组成部分的比例应符合配方标准，其中不得有杂质，不得有因微生物生长繁殖而引起的腐败变质现象。

罐头肉制品内容物应当保持原形，是烂软的、有弹性的、密实的，不应有纤维状；汤汁均匀，小骨变软，植物性原料保持整齐一致；内容物的滋味和气味应正常，不能有异味，稠度应符合罐头的种类和内容物应有的状态；罐头组成部分的颜色应当是食物的天然色泽；肉制品由粉红色到红色，汤汁加热后应是透明而稍带混浊，由黄色到棕色；肥膘色泽不黄。

第四节 典型罐头肉制品加工

一、原汁猪肉罐头

1. 工艺流程

其工艺流程如下。

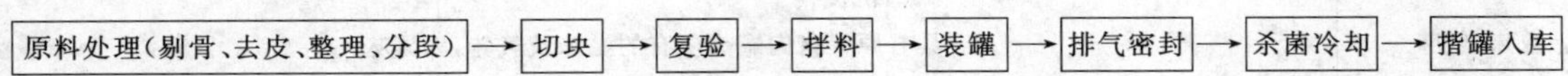

2. 技术要领

(1) 原料处理

采用检验合格的猪肉，肉肥膘不宜过厚。最好采用肥膘厚度为1～3cm即商品等级为一级或二级的猪肉。解冻后的肉应富有弹性，无肉汁析出，肉色鲜红，气味正常。

(2) 切块、复验

将整理后的肉按部位切成长宽各为3.5～5cm的小块，每块约重50～70g。切块后的肉逐块进行一次复验，除去一切杂物，并注意保持肉块的完整，较小的肉块应单独分放供作搭配添称用。

(3) 拌料

各部位肉块分别按以下比例进行拌料：肉块100kg，精盐1.3kg，白胡椒粉0.05kg，分别按比例拌匀后便可搭配装罐。

(4) 猪皮胶或猪皮粒制备

原料猪肉罐头装罐时需添加一定比例的猪皮胶或猪皮粒。

① 猪皮胶熬制：取新鲜猪皮（最好是背部猪皮）清洗干净后加水煮沸15min，取出，稍加冷却后用刀刮除皮下脂肪层及皮面污垢，并拔除毛根（毛根密集部位弃去）。然后用温水将碎脂肪屑全部洗净，切成条，按1∶2.5的皮水比例在微沸状态下熬煮，熬至胶液的可溶性固形物含量达15%，出锅以4层纱布过滤后备用。

② 猪皮粒制备：取新鲜猪皮，清洗干净后加水煮沸10min（时间不宜煮的过长，否则会影响凝胶能力)。取出在冷水中冷却后去除皮下脂肪及表面污垢，拔净毛根，然后切成5～7cm宽的长条，在－2～－5℃中冻结2h，取出后在孔径为2～3mm的绞肉机上绞碎。绞碎后置于冷藏库中备用。注意绞后的猪皮粒细度不宜超过3mm，否则装入罐内不能完全熔化成胶。

(5) 装罐

净重397g的962空罐，每罐装肉360g，猪皮胶液37g。为保证原汁猪肉罐头质量符合油加肥肉重不超过净重的30%的要求，除在原料处理时控制肥膘厚度在1cm左右外，在装罐时需进行合理搭配。一般后腿与肋条肉，前腿与背部大排肉搭配装罐。每罐内添称小块肉不宜过多，一般不允许超过两块。

(6) 排气密封

真空密封，真空度 53.3kPa；加热排气密封应先经预封，排气后罐内中心温度不低于65℃，密封后立即杀菌。

(7) 杀菌冷却

原汁猪肉需采用高温高压杀菌，杀菌温度为121℃，杀菌时间在90min左右。

3. 质量控制

(1) 感官指标

原汁猪肉罐头感官指标应符合表11-2的要求。

表11-2 原汁猪肉罐头感官指标

项目	优级品	一级品	合格品
色泽	肉色正常，在加热状态下，汤汁呈淡黄色至淡褐色，允许稍有沉淀	肉色较正常，在加热状态下，汤汁呈淡黄色至淡褐色，允许有少量沉淀	肉色尚正常，在加热状态下，汤汁呈淡褐色至褐色，允许有沉淀
滋味、气味	具有原汁猪肉罐头应有的滋味及气味，无异味		
组织形态	肉质软硬适度，每罐装5～7块，块形大小大致均匀，允许添称小块不超过2块	肉质软硬较适度，每罐装4～7块，块形大小较均匀，允许添称小块不超过2块	肉质软硬尚适度，块形大小尚均匀，允许有添称小块

(2) 理化指标

净重：原汁猪肉罐头净重应符合表11-3中有关净重的要求，每批产品平均净重应不低于标明质量。

固形物：原汁猪肉罐头固形物应符合表11-3中有关固形物含量的要求，每批产品平均固形物重应不低于规定质量。优级品和一级品肥膘肉加溶化油的量平均不超过净重的30%，合格品不超过35%。

表11-3 原汁猪肉罐头净重和固形物的要求

罐号	净重		固形物		
	标明质量/g	允许公差/%	含量/%	规定质量/g	允许公差/%
962	397	±3.0	65	258	±9.0

氯化钠含量：0.65%～1.2%。

卫生指标：应符合GB 13100的要求。

(3) 微生物指标

应符合罐头食品商业无菌要求。

二、午餐肉罐头

1. 工艺流程

其工艺流程如下。

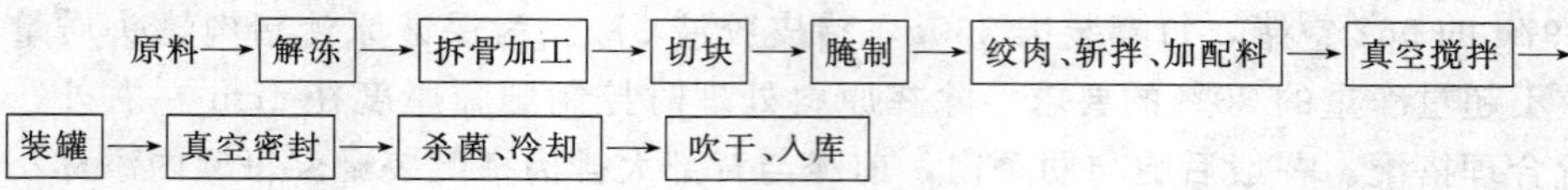

2. 技术要领

（1）拆骨加工

在拆骨加工过程中，前腿、后腿作为午餐肉的瘦肉原料。肋条、前夹心两者搭配作为午餐肉的肥瘦肉原料。将前、后腿完全去净肥膘，作为净瘦肉，严格控制肥膘，不超过10%。肋条、前夹心允存留0.5～1cm厚肥膘，多余的肥膘应去除。

（2）切块

经拆骨后加工的瘦肉分别切成3～5cm条块，送去腌制。

（3）腌制

腌制用混合盐配方：食盐98%，砂糖1.5%，亚硝酸钠0.5%。腌制方法：瘦肉和肥瘦肉分开腌制，100kg猪肉添加混合盐2kg，用拌和机均匀拌和，定量装入不锈钢桶或其他容器中，然后，送到0～4℃的冷藏库中，腌制时间为48～72h。

（4）绞肉、斩拌、加配料

腌制以后的肉进行绞碎，得到9～12mm的粗肉粒。瘦肉在斩拌机上斩成肉糜状，同时加入其他调味料，开动斩拌机后，先将肉均匀地放在斩拌机的圆盘中，然后放入冰屑、淀粉、香辛料。斩拌时间3～5min。斩拌后的肉糜要有弹性，抹涂后无肉粒状。

（5）真空搅拌

将粗绞肉和斩拌肉糜均匀混合，同时抽掉半成品的空气，防止成品产生气泡、氧化作用及物理性胀罐。真空搅拌，真空度控制在67～80kPa，真空搅拌时间为2min。

斩拌配比：瘦肉80kg，肥瘦肉80kg，玉米淀粉11.5kg，冰屑19kg，白胡椒粉0.192kg，玉果粉0.058kg，维生素C 0.032kg。

（6）装罐

搅拌均匀后，即可取出送往充填机进行装罐。按罐形定量装入肉糜。

（7）真空密封、杀菌冷却

装罐后立即进行真空密封，真空度为60kPa。密封后立即杀菌，杀菌温度121℃，杀菌时间按罐型不同，一般为50～150min。杀菌后立即冷却到40℃以下。

3. 质量控制

产品质量标准如下。

色泽：呈淡粉红色。

滋气味：具有午餐肉罐头应有的滋味及气味。

组织状态：肉质柔软、紧密、形态完整、可以切片，切面有明显的粗纹肉夹花现象，允许稍有脂肪析出和小气孔存在。

净重：340g、397g。

食盐含量：1.5%～2.5%。

应符合罐头食品商业无菌要求。

三、扒鸡软罐头

以山东德州扒鸡软罐头为例。

1. 工艺流程

其工艺流程如下。

选料 → 宰剖 → 油炸 → 焖煮 → 称量 → 装填封口 → 杀菌冷却 → 擦袋入库

2. 技术要领

(1) 选料、宰剖

选用当年鸡，在颈部宰杀放血后，注意把血倒净，保持鸡身色体鲜艳。除去内脏，用清水洗净，将两腿交叉盘至肛门内，将双翅向前颈部刀口处伸进，在喙内交叉盘出，形成卧体含翅状态。

(2) 配料（香料装入纱布袋，以 100 只鸡计）

食盐 1.5kg，白糖 1.5kg，酱油 1.0kg，黄酒 1.5kg，香油 1kg，花椒、肉桂、八角各 150g，砂仁、丁香、肉蔻各 50g，葱、姜各 250g。

(3) 油炸

在造型好的鸡身上刷上糖稀，再放入 180℃油锅中油炸 1～2min，以鸡全身为金黄透红为宜。

(4) 焖煮

炸好的鸡按顺序在锅内摆好，放入香料袋，然后加入一半老汤和一半水，汤量应与鸡齐，然后在鸡身上加箅子压实，用旺火煮 1～2h，改用微火焖煮 3h 后出锅。出锅时动作要轻，确保鸡身完整。

(5) 装填封口

采用自动包装机进行封口，封口不良者，拆开重装。

(6) 杀菌

采用高压杀菌釜，杀菌温度为 121℃。

(7) 入库

杀菌后冷却至 37℃以下，小心取出，擦干袋外水分，点数入库。袋子必须平整码放，不得折损。

3. 质量控制

产品色泽金黄，肉质粉白，皮透微红，鲜嫩如丝，油而不腻，熟烂异常。应符合罐头食品商业无菌要求。

四、红烧兔肉软罐头

兔肉肉质细嫩，味道鲜美，易于消化，营养丰富，不但组成其蛋白质的赖氨酸、色氨酸的含量比其他肉类高，而且肉中富含磷脂，胆固醇含量低，从而博得广大消费者的喜爱。

1. 工艺流程

其工艺流程如下。

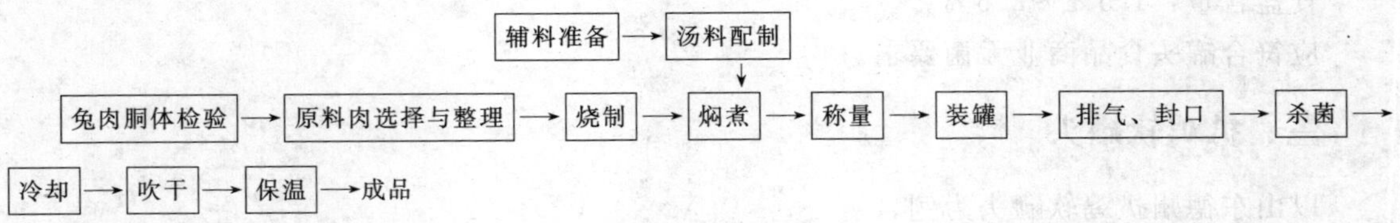

2. 技术要领

(1) 原料肉的选择与整理

制作红烧兔肉罐头的原料兔肉，必须选择健康无病、体重2kg以上的成兔，经刺杀放血、剥皮（去头、尾、四肢）、清除内脏、胴体冲洗沥干后，进行卫生检验与选择。凡符合国家GB 2724—81标准的原料肉，才能用于加工红烧兔肉罐头。对符合要求的兔胴体原料肉，首先沿脊椎将胴体分为两半，再切成3～4cm见方的肉块，肉块之间不得有互相粘连的现象。

(2) 汤料配制

骨汤准备：熬制骨汤可采用猪骨，也可采用兔骨。先将骨头清洗干净，剁成10cm以下的小段，放入锅中，按骨重200%的比例加入清水，旺火煮沸后文火熬制，待骨头与残肉自然分离时，即可捞出骨头。汤汁过滤，冷却备用。

汤料配方：原料肉100kg，生姜0.6kg，生葱0.6kg，八角0.2kg，桂皮汤0.2kg，花椒0.1kg，草果0.1kg，味精0.16kg，酱油适量，骨头汤100kg。

汤料配制方法：先将生姜、葱清洗干净，绞碎或切成细块，再将骨头汤按比例倒入锅中，加入生姜、葱，称量桂皮、八角、花椒、草果等。用纱布包好扎紧，放入骨头汤内，熬制30～40min。结束前加入味精和酱油，充分拌匀，出锅即为配好的汤料。

(3) 烧制

配方：原料肉100kg，猪油2～3kg，食盐2～2.5kg，砂糖2.5kg，料酒2～3kg，酱油2.5～4kg，陈皮丝0.3kg。

方法：先将猪油倒入锅中高温烧灼，加入陈皮丝，再放入切块的兔肉，用大火翻炒。炒至表面收缩变色时，先加入料酒用量的1/3，边炒边拌，然后分别加入食盐、砂糖和酱油。烧炒时间不能太长，也不可太短，火候要适宜，以免影响成品肉块的食用品质。一般烘制全过程控制在15～20min以内。

(4) 焖煮

将按兔肉与汤料比4∶(2～2.5)的比例，分别将肉块和汤料倒入锅内，加盖焖煮。当焖煮15min左右时，再加入剩余2/3的料酒翻拌均匀，再焖煮10～15min左右。当肉块基本上熟透时，便可出锅。切不可将兔肉块煮得太熟，以免影响杀菌后成品肉块的形状和口感。出锅时先捞出兔肉块，再将汤汁用铁丝漏瓢过滤。肉、汤分开放置。

(5) 装罐

采用玻璃瓶装，每瓶净重510g，其中肉块固形物291g，汤汁219g。也可采用听装。在装罐时，要求将同类型肉块相互搭配。装好称量，再配以汤料，以保持罐头内肉块的均匀一致。

(6) 抽气密封

真空度53～60kPa。

(7) 杀菌及冷却

杀菌公式为15min-45min-15min/118℃。杀菌后分段冷却。当温度降低至45℃以下时即可拿出揩瓶，待充分冷却后入库保温。要注意防止未充分冷却入库，以免影响产品风味和色泽。

3. 质量控制

(1) 感官指标

色泽：肉色正常，呈酱红色或橙红色。

滋味和气味：具有红烧兔肉罐头应有的滋味和气味，滋味可口，气味淡香，无异味。

组织状态：肉块大小均匀，长宽各3～4cm，块间不粘连。肉质软硬适宜，形态完整，搭配均匀。每瓶添加小块肉不超过3块。

净重：510g，每瓶允许上下误差3%，但兔肉固形物（带骨）不得低于净重的60%。

(2) 理化指标

食盐（以 NaCl 计）1.76%，亚硝酸钠（以 $NaNO_2$ 计）未检出；锡（以 Sn 计），玻瓶包装未检出；铜（以 Cu 计）0.43mg/kg；铅（以 Pb 计）0.31mg/kg。

(3) 微生物指标

符合罐头食品商业无菌要求。

五、油炸童子鸡软罐头

1. 工艺流程

其工艺流程如下。

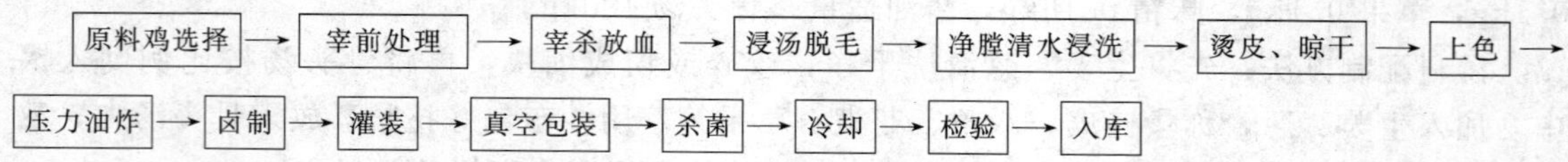

2. 技术要领

宰前处理、烫皮、晾干均同第六章高压油炸鸡。

(1) 上色

将晾好的光鸡全身涂匀蜂蜜水（比例为 60%水、≤40%蜂蜜），晾干。

(2) 压力油炸

将压力炸锅中的油温升到约 170℃，把上色好的鸡放入专用炸筐中，放入锅内，旋紧锅盖，开始定时、定温、定压炸制。一般 170℃，2min，压力小于额定工作压力。炸制完毕，马上关掉加热开关，开启排气阀，待压力完全排除后，开盖，提出炸筐。

(3) 卤制

煮锅内加入适量净水（以淹过 7～10cm 为度）烧开，将鸡脯向上码入锅内，葱、姜洗净切大片入锅预煮。香料装入纱布袋内扎好入锅，烧开后加入酱油、大盐、老汤，鸡身上压箅子等加重物防滚动，文火焖制 15min，入味，出锅。

(4) 包装

将焖制好的鸡经一皮套口装入包装袋内，这样可使鸡体不与袋口直接接触，袋口不沾上鸡汁，保证了袋口热封牢度。适量加汤，保持每袋重的均匀性。将包装袋放入真空封口机内，真空封口，控制真空度在 0.1MPa，抽气时间 40s，尽量使鸡骨中空气抽出，注意不得将汤汁抽出，检查袋口不得有漏。

(5) 杀菌、冷却

将封好的软包装置于立式杀菌锅中，加盖灭菌。当升温到 100℃后，应开始维持锅压 0.13～0.15MPa 在降温阶段，在锅内鸡体中心温度已降到 100℃以下，停止高压空气泵，在整个杀菌过程中，应注意防止胀破袋问题。

3. 质量控制

(1) 感官指标

色泽：肉色正常呈褐色或暗红色。

滋味及气味：鲜香味浓，外酥里嫩，爽口不腻，无异味。

组织形态：表皮酥脆，肉质细嫩，骨脆可嚼。

外观：袋形完整，无胀袋、破口，成品造型美观。

杂质：不允许存在。

(2) 理化指标

氯化钠含量：1.5％～3.0％。

真空度：不低于0.1MPa，重金属含量符合国家标准。

(3) 微生物指标

符合罐头食品商业无菌要求。

复习思考题

1. 罐头肉制品的种类有哪些?
2. 试述硬质肉制品罐头的一般加工过程。
3. 软质肉制品罐头与硬质肉制品罐头在加工过程中主要有哪些不同?
4. 保温试验有何意义?

实训指导

实训一　肉品质的评定

【目的要求】

通过评定或测定原料肉的颜色、酸度、保水性、嫩度、及熟肉率，对原料肉品质做出综合评定。

【材料及用具】

1. 原料

猪半胴体。

2. 用具

肉色评分标准图、大理石纹平分图、定性中速滤纸、酸碱度计、钢环允许膨胀压力、取样品、LM-嫩度计、书写用硬质塑料板、分析天平。

【方法步骤】

1. 肉色

猪宰后 2～3h 内取最后胸椎处背最长肌的新鲜切面，在室内正常光线下用目测评分法评定，评分标准见实训表 1。应避免在阳光直射或室内阴暗处评定。

实训表 1　肉色评分标准

肉　色	灰　白	微　红	正常鲜红	微暗红	暗　红
评分	1	2	3	4	5
结果	劣质肉	不正常肉	正常肉	正常肉	正常肉①

① 为美国《肉色评分标准图》，因中国的猪肉色较深，故评分 3～4 者为正常。

2. 肉的酸碱度

宰杀后在 45min 内直接用酸碱度计测定背最长肌的酸碱度。测定时先用金属棒在肌肉上刺一个孔，按国际惯例，用最后胸椎部背最长肌中心处的 pH 表示。正常肉的 pH 为 6.1～6.4，灰白水样肉（PSE）的 pH 一般为 5.1～5.5。

3. 肉的保水性

测定保水性使用最普遍的方法是压力法，既施加一定的质量或压力，测定被压出的水量与肉重之比或按压出水所湿面积之比。现行的测定方法是用 35kg 质量压力法度量肉样的失水率，失水率越高，系水力越低，保水性越差。

（1）取样

在第 1～2 腰椎背最长肌处切取 1.0mm 厚的薄片，平置于干净橡皮片上，再用直径 2.523cm 的圆形取样器（圆面积为 5cm）切取中心部肉样。

（2）测定

切取的肉样用感量为 0.001g 的天平称重后，将肉样置于两层纱布间，上下各垫 18 层定性中速滤纸，滤纸外各垫一块书写用硬质塑料板，然后放置于改装钢环允许膨胀压缩仪上，用均速摇动把加压至35kg，保持5min，解除压力后立即称量肉样重。

(3) 计算。

$$系水率=(肌肉总质量-肉样失水量)/肌肉总水分量\times100\%$$

4. 肉的嫩度

嫩度评定分为主观评定和客观评定两种方法。

(1) 主观评定

主观评定是依靠咀嚼和舌与颊对肌肉的软、硬与咀嚼的难易程度等方法进行综合评定。感官评定的优点是比较接近正常食用条件下对嫩度的评定。但评定人员须经专门训练。感官评定可从以下三个方面进行：

① 咬断肌纤维的难易程度；

② 咬碎肌纤维的难易程度或达到正常吞咽程度时的咀嚼次数；

③ 剩余残渣量。

(2) 客观评定

用肌肉嫩度计（LM-嫩度计）测定剪切力的大小来客观表示肌肉的嫩度。实验表明，剪切力与主观评定之间的相关系数达0.60～0.85，平均为0.75。测定时在一定温度下将肉样煮熟，用直径为1.27cm的取样器切取肉样，在室温条件下置于剪切仪上测量剪切肉样所需的力，用千克力表示，其数值越小，肉越嫩。重复三次计算其平均值。

5. 熟肉率

将完整腰大肌用感量为0.1g的天平称重后，置于蒸锅屉上蒸煮45min，取出后冷却30～40min或吊挂于室内无风阴凉处，30min后称重，用下列公式计算：

$$熟肉率=蒸煮后肉样重/蒸煮前肉样重\times100\%$$

实训二 腊肉加工

【目的要求】

通过实训，使学生熟悉腌腊肉制品的加工的方法，掌握腊肉加工的技术要领。

【材料及用具】

1. 原料

去骨五花肉。

2. 用具

切肉刀、线绳、案板、盆、烘烤和熏烟设备、真空包装机、秤等。

【方法步骤】

1. 原料验收

精选肥瘦层次分明的去骨五花肉或其他部位的肉，一般肥瘦比例为5∶5或4∶6，剔除硬骨或软骨，切成长方体形肉条，肉条长38～42cm，宽2～5cm，厚1.3～1.8cm，重约0.2～0.25kg。在肉条一端用尖刀穿一小孔，系绳吊挂。

2. 腌制

一般采用干腌法和湿腌法腌制。按实训表2配方用10%清水溶解配料，倒入容器中，然后放入肉条，搅拌均匀，每隔 30min 搅拌翻动 1 次，于 20℃下腌制 4～6h，腌制温度越低，腌制时间越长，使肉条充分吸收配料，取出肉条，沥干水分。

实训表 2　腌制配方

名　称	肉　品	精　盐	白砂糖	曲　酒	酱　油	亚硝酸钠	其　他
用量/kg	100	3	4	2.5	3	0.01	0.1

3. 烘烤或熏制

腊肉因肥膘肉较多，烘烤或熏制温度不宜过高，一般将温度控制在 45～55℃，烘烤时间为 1～3d，根据皮、肉颜色可判断，此时皮干瘦肉呈玫瑰红色，肥肉透明或呈乳白色。熏烤常用木炭、锯木粉、糠壳等作为烟熏燃料，在不完全燃烧条件下进行熏制，使肉制品具有独特的腊香。

4. 包装与保藏

冷却后的肉条即为腊肉成品。采用真空包装，即可在 20℃下保存 3～6 个月。

实训三　南京板鸭加工

【目的要求】

通过对板鸭的加工操作，能了解其加工特点及工艺要领，掌握加工技术。

【材料及用具】

活鸭、宰杀刀、接血盆、水桶、大盆、烫毛缸、净小毛镊子等，以及开水、食盐、生姜、八角、葱、盐卤缸、台秤、毛巾等。

【方法步骤】

1. 活鸭的选择

板鸭用的鸭子要健康、无损伤、活重在 1.5kg 以上的活鸭。

2. 煺毛

烫毛水温 65～68℃，鸭尸在水内搅烫均匀，至大毛易拔去为宜。脱大毛程序为：先拔翅羽毛，次拔背毛，再拔腹毛、尾毛、颈毛。大毛退去后，投入冷水中浸洗，并用镊子拔净小毛和绒毛。

3. 开口取内脏

(1) 下四件

两翅、两脚称为四件。从翅、腿中间关节处切断。小腿骨头须露出，并不抽筋，否则会造成腿部空虚而成次品。

(2) 开口子

将右翅提起，用刀在右翅肋后垂直向下切深约 3cm，并可听到一声“扑”的声音，再将刀向上划至翅根的中部，再向下划至腰窝，形成一月牙形的口子，长 7～8cm。注意一定要与鸭体平行围绕核桃肉，防止口子偏大。若遇公鸭，顺手用指头在泄殖腔口挤出生殖器后用刀割去。

(3) 挖心脏

用左手抵住胸部，用右手大拇指在月牙口子下部推断肋骨，右手食指由口子伸进胸腔抽出心脏，然后抠出食道和嗉囊。若遇公鸭，在取出心脏后，用右手食指挖出喉节（结）。

（4）取鸭肫（肌胃）

用右手指由月牙口子伸入腹腔，先将内脏与体壁相连的筋、膜搅断。握住鸭肫，用力拖至月牙口子边上，然后抓住所拿出的食道，用力轻轻向外抽，鸭肫、鸭肝就可拉出。再扯出肠子，到肠子拉紧时，用左手食指或中指顶入泄殖腔，用指头轻轻一搅，则肠子就在肛门处断掉。于是全部消化系统由月牙口子内拉出。最后取出鸭肺，鸭肝不能残留在内，以免影响板鸭质量。

4. 清膛水浸

① 将取出内脏后的鸭子，用清洁冷水洗净体腔内残留的破碎内脏和血液，从肛门内把肠子断头拉出剔除。注意切勿将腹膜内脂肪和油皮抠破，影响板鸭品质。

② 水浸（冷水拔血）。把洗净的鸭尸浸泡于冷洁水中（注意肚内灌满水），约浸 3～4h，以拔出体内血液，使肌肉洁白，成品口味鲜美，延长保存期。

③ 沥水。浸水拔血后，用手提起左翅，同时用右手食指或中指伸进泄殖腔，把腰部和腿膛两边膜撩出，挂起鸭子沥水晾干。

5. 腌制

（1）腌制前的准备

① 炒磨食盐。腌鸭用的食盐，一般用粗盐经过炒熟磨细，炒盐时按每 100kg 粗盐加 200～300g 茴香（八角）。

② 新卤的配制。用宰杀后的浸泡鸭尸的血水，加盐配成。每 100kg 血水，加粗盐 75kg，放锅内煮沸成饱和溶液，用勺撇出血沫与泥污，再用纱布滤去杂质，放进腌缸，每 200kg 卤水再放入大片生姜 100～150g，八角 50g，葱 150g，使卤具有香味，冷却后即成新卤。有老卤的不必制新卤。

（2）腌制过程

① 擦盐。用炒干并带茴香磨细的食盐抹擦。用盐量为净鸭重的 1/16，一般每只鸭子 150g 左右炒盐。方法是先取 50～100g 盐放进右翅下月牙口子内，用右食指、中指将盐放进嗉囊处，然后把鸭子放在案板上左右前后翻动，再用左食指、中指伸入泄殖腔，同时提起鸭子，使盐倒入膛部（腹部和泄殖腔处），这样处理后胸部腹腔全布满食盐，腌制均匀而透彻。其余食盐一部分抓在手掌中，在两鸭大腿下向上抹一抹，则大腿肌肉因抹盐的压力就离开了腿骨向上收缩，盐分由骨肉脱离处空隙入内，再将余盐放颈部刀口外，鸭嘴内亦撒一点盐，其余少量放在脑部两旁肌肉上，用手轻轻搓揉。然后叠放缸中，进行干腌。

② 抠卤。将擦好盐的鸭尸逐一叠入缸内，经过 12h 以上的盐腌（一般傍晚盐腌至次日晨即可），用左手提鸭翅，右手二指撑开泄殖腔，放出盐水。必要时再叠放 8h，进行第二次抠卤。抠出的血水经烧煮后，作新卤处理。

③ 复卤。抠卤后，由右翅刀口处灌入配制好的老卤，再逐一倒叠入老卤缸内（腿向上），用竹篾盖子盖住，压上石头，以防鸭尸上浮，使鸭尸全部淹在老卤中。复卤的时间随鸭子的大小和气候而定，一般 24h 即可全部腌透出缸。出缸时用手指伸入泄殖腔排出卤水，可挂起来使卤水滴净。

④ 叠坯。把流尽卤水的鸭尸放在案板上，背朝下，肚子向上，用手掌压放在鸭的胸部，

使颈向下压，使胸部人字骨随即压下，使鸭成扁平形。再把四肢排开盘入缸中，头在缸中心，以免刀口渗出血水污染鸭体。一般叠坯时间 2～4d，以后进行排胚。

⑤ 排胚。将叠胚鸭取出，用清水净体（注意不能使清水流入鸭体内），挂在木档钉上，用手将颈拉开，胸部拍平，挑起腹肌，整好外形。然后挂在通风处风干，等鸭子皮干水净后，再收回复排，加盖印章（一般在板鸭左侧面），送入仓库晾挂。晾挂的鸭体相互不接触，经 2 周后即成板鸭。

实训四　腊肠的加工

【目的要求】

通过对腊肠的加工操作，掌握其加工特点及工艺要领。

【材料及用具】

新鲜猪肉（包括瘦肉和肥膘）、肠衣、食盐、硝、酱油、白砂糖、白酒、混合香料、天平、盆、盘容器、砧板、刀、灌肠工具、烘烤设备。

【方法步骤】

1. 原料选择及处理

（1）猪肉

以新鲜猪后腿肉为主，夹心肉次之（冷冻肉不用）肉膘以背膘为主，腿膘次之。剥皮剔骨，除去结缔组织，各切成小于 $1cm^3$ 的肉丁，分开放置，硬膘用温水洗去浮油后沥干待用。

（2）配料

以广东香肠为例（100kg），瘦肉 70kg，白膘 30kg，60°大曲酒 2.5～3kg，硝酸钠 50g，白酱油 5kg，精盐 2kg，白砂糖 6～7kg。

（3）其他材料的准备

肠衣用新鲜猪或羊的小肠衣。干肠衣在用前要温水泡软洗净，沥干水后在肠衣一端打一死结待用，麻绳用于结扎香肠。一般加工 100kg 原料用麻绳 1.5kg。

2. 拌料

将瘦、肥 7∶3 比例的肉丁放入容器中，另将其余配料用少量温开水（50℃左右）溶化，中入肉馅中充分搅拌均匀，使肥、瘦肉丁均匀分开，不出现黏结现象，静置片刻即可用于灌肠。

3. 灌制

将上列配置好的肉馅用灌肠机灌入肠内，每灌到 12～15cm 时，即可用麻绳结扎，待肠衣全灌满后，用细针戳洞，以便于水分和空气排泄。

4. 漂洗

灌好结扎后的湿肠，放入温水中漂洗（大规模生产不洗），洗去肠衣表面附着的浮油盐汁等污着物。

5. 日晒、烘烤

水洗后的香肠分别挂在竹竿上，放到日光下晒 2～3d。有条件的应送进烘房烘烤，温度在 50～60℃，每烘烤 6h 左右，应上下进行调头换尾，以使烘烤均匀。烘烤 48h 后香肠色泽红白分明，鲜明光亮，没有发白现象，即烘制完成。

6. 成熟

日晒或烘烤后的腊肠，放到通风良好的场所晾挂成熟。一般一根麻绳 2 节香肠（一对）进行剪肠，穿挂好后晾挂 30d 左右，此时为最佳食用时期。瘦肉呈鲜红色或枣红色，肥膘呈乳白色，肉身干爽结实，有弹性，指压无明显凹痕，咸度适中，无肉腥味，略有甜香味。

在 10℃下可保藏 4 个月。

实训五　五香牛肉加工

【目的要求】

通过实训，基本掌握酱卤制品的调味与煮制方法，初步掌握五香牛肉的加工技术。

【材料及用具】

1. 原料

鲜牛肉。

2. 用具

刀、煮锅、盆、盘、秤、天平等。

【方法步骤】

1. 原料整理

去除较粗的筋腱或结缔组织，用 25℃左右温水洗除肉表面血液和杂物，按纤维纹路切成 0.5kg 左右的肉块。

2. 腌制

将食盐洒在肉坯上，反复推擦，放入盆内腌制 8～24h（夏季时间短）。腌制过程需翻动多次，使肉变硬。

3. 预煮

将腌制好的肉坯用清水冲洗干净，放入水锅中，用旺火烧沸，注意撇除浮沫和杂物，约煮 20min 左右，捞出牛肉块，放入清水中漂洗干净。

4. 烧煮

五香牛肉 1kg 用量：食盐 20g、酱油 25g、白糖 13g、白酒 6g、味精 2g、八角 5g、桂皮 4g、砂仁 2g、丁香 1g、花椒 1.5g、红曲粉、花生油适量。

把腌制好并清洗过的牛肉块放入锅内，加入清水 0.75kg，同时放入全部辅料及红曲粉，用旺火煮沸，再改用小火焖煮 2～3h 出锅。煮制过程需翻锅 3～4 次。

5. 油炸

将花生油温升高到 180℃左右，把烧煮好的牛肉块放入锅内炸制 2～3min 即成品。油炸后的五香牛肉有光泽，味更香。

6. 成品

成品表面色泽酱红，油润发亮，筋腱呈透明或黄色；切片不散，咸中带甜，美味可口，出品率 42%左右。

实训六 烧鸡加工

【目的要求】

通过实训，基本掌握酱卤制品的调味与煮制方法，初步掌握烧鸡的加工技术。

【材料及用具】

1. 原料

健康活鸡一只，体重1.5～2kg。

2. 用具

煤气炉灶、煮锅、盆、刀、盘、秤、天平等。

【方法步骤】

1. 屠宰煺毛

采用颈下“切断三管”宰杀，充分放血后，用60～65℃热水浸烫2～3min后去毛。

2. 去内脏

在离肛门前开3～4cm长的横切口，用两手指伸入剥离鸡油，取出鸡的全部内脏，用冷水清洗鸡体内部及全身。

3. 造型

将鸡两脚爪交叉插入腹腔内，把头别在左翅下。

4. 烫皮、上色

将整形后的鸡放入90℃左右的热水中浸烫1～2min捞出，待鸡身水分晾干后上糖色。糖液的配制是1份麦芽糖或蜜糖加60℃的热水3份调配成上色液。用刷子将糖液均匀擦于造型后的鸡体外表，晾干表面水分。

5. 油炸

将上好糖液的鸡放入加热至170～180℃的植物油中翻炸5～8min，待鸡体表面呈柿黄色时即可捞出，炸鸡时动作要轻，不要把鸡皮弄破。

6. 煮制

烧鸡（1只鸡用量）：食盐7g、白酒3g、酱油40g、味精3g、砂仁0.5g、豆蔻0.5g、丁香0.5g、草果1.5g、桂皮2g、陈皮1g、白芷1g、植物油适量。

将香辛料加适量的水煮沸5～10min，然后放入炸好的鸡体，并同时加入食盐、白酒、酱油等辅料，用大火烧开，后改用小火焖煮2～4h，待熟烂后，捞鸡出锅。

7. 成品

外形完整、造型美观、色泽酱黄带红，味香肉烂，成品率64%左右。

实训七 培根的加工

【目的要求】

通过本次实训，能够使学生了解培根的加工工艺，并能初步掌握培根的选料、剔骨、腌制及熏制技术。

【材料及用具】

熏烤箱、陶瓷缸、常用刀具、天平、冰柜、木棒、细绳、瓷盆、波美计、木柴、木屑、猪肉、食盐、硝酸钠。

【方法步骤】

1. 选料

原料 100kg，盐 8kg，硝酸钠 50g。

大培根原料：取自猪的白条肉中段，即前始于第 3～4 根肋内，后止于荐椎骨的中间部分，割去奶脯，保留大排，带皮去内。

排培根原料：取自猪的大排，有带皮、无皮两种，去硬骨。

奶培根原料：取自猪的方肉，即去掉大排的肋条肉，有带皮、无皮两种，去硬骨。

2. 剔骨

做到骨上不带肉，肉中无碎骨，肋骨脱离肉体。

3. 整形

经整形后，每块长方形原料肉的质量，大培根要求 8～11kg，排培根要求 2.5～4.5kg，奶培根要求 2.5～5kg。

4. 腌制

① 干腌。将配制好的盐硝敷于坯料上，并轻轻搓擦，坯料表面必须无遗漏地搓擦均匀，待盐粒与肉中水分结合开始溶化时，将坯料逐块抖落盐粒，装缸置冷库（0～4℃）内腌制 20～24h。

② 湿腌。缸内先倒入盐卤少许，然后将坯料一层一层叠入缸内，每叠 2～3 层，需再加入盐卤少许，直至装满。最后一层皮向上，用石块或其他重物压于肉上，加盐卤至淹没肉的顶层为止，所加盐卤总量和坯料质量为 1∶3 。在湿腌过程中，需每隔 2～3d 翻缸一次，湿腌期一般为 6～7d。

5. 浸泡

浸泡时间一般为 30min，如腌制后的坯料咸味过重，可适当延长浸泡时间。夏天用冷水，冬天用温水，可以割取瘦肉一小块，用舌尝味，也可煮熟后尝味评定。

6. 再整形

把不成直线的肉边修割整齐，刮去皮上的残毛和油污。然后在坯料靠近胸骨的一端距离边缘 2cm 处刺 3 个小孔（排培根刺 2 个小孔），穿上线绳，串挂于木棒或竹竿上，每棒4～5块，块与块之间保持一定距离，沥干水分，以待进入烘房熏制。

7. 烟熏

若没有熏烤箱，可设施熏房砖砌成，有门无窗，地面铺砖或水泥，熏房顶部设有 2～3 个孔洞，以便于排出余烟。在墙脚和后门的底部也需有 1～2 个孔洞，以防熄灭室内烟火。烟熏方法：根据熏房面积大小，先用木柴堆成若干堆，用火燃着，再覆盖锯木屑，徐徐升温，熏房温度一般保持在 60～70℃之间，以便烟熏均匀。烟熏时间一般需要 10h，待坯料肉皮呈金黄色，表明烟熏完成，即为成品。

实训八　烤鸭加工

【目的要求】

通过实训，基本掌握烤制品的烤制方法；初步掌握烤鸭制品的加工技术。

【材料及用具】

1. 原料

肉鸭（北京鸭或樱桃谷鸭）。

2. 用具

煤气炉灶、烤鸭钩、烤炉或烤箱、盆、刀、天平、秤等。

【方法步骤】

1. 选料

北京烤鸭要求必须是经过填肥的北京鸭，饲养期在55～65日龄，活重在2.5kg以上的为佳。

2. 宰杀造型

经过宰杀、放血、煺毛后，先剥离颈部食道周围的结缔组织，打开气门，向鸭体皮下脂肪与结缔组织之间充气，使鸭体保持膨大壮实的外形。然后从腋下开膛，取出全部内脏，用8～10cm长的秫秸（去穗高粱秆）由切口塞入膛内充实体腔，使鸭体造型美观。

3. 冲洗烫皮

通过腋下切口用清水（水温4～8℃）反复冲洗胸腹腔，直到洗净为止。拿钩钩住鸭胸部上端4～5cm处的颈椎骨（右侧下钩，左侧穿出），提起鸭坯用100℃的沸水淋烫表皮，淋烫时，第一勺水要先烫刀口处，使鸭皮紧缩，防止跑气，然后再烫其他部位。用3～4勺沸水即能把鸭坯烫好。

4. 浇挂糖色

浇挂糖色的方法与烫皮相似，先淋两肩，后淋两侧。一般只需3勺糖水即可淋遍鸭体。糖色的配制用1份麦芽糖和6份水，在锅内熬成棕红色即可。

5. 灌汤打色

鸭坯经过上色后，向体腔灌入100℃汤水70～100mL，为了弥补挂糖色时的不均匀，鸭坯灌汤后，要淋2～3勺糖水，称为打色。

6. 挂炉烤制

鸭坯进炉后，先挂在炉膛前梁上，使鸭体右侧刀口向火，让炉温首先进入体腔，促进体腔内的汤水汽化，使鸭肉快熟。等右侧鸭坯烤至橘黄色时，再使左侧向火，烤至与右侧同色为止。然后旋转鸭体，烘烤胸部、下肢等部位。反复烘烤，直到鸭体全身呈枣红色并熟透为止。

烘烤的时间为30～40min。炉内温度230～250℃。

实训九　肉松的加工

【目的要求】

通过本次实训，了解肉干制品加工工艺，掌握肉松的加工技术。

【材料及用具】

瘦肉、酱油、精盐、白糖、白酒、生姜、茴香、八角、味精，以及刀、深底锅、炒锅、炉灶、锅铲、砧板。

【方法步骤】

1. 原料肉的处理

选择瘦肉多的后腿为原料，除去腱、膜、脂肪和骨头。顺瘦肉纹路切成3～4cm的方块。

2. 配料

瘦肉 100kg、精盐 1.67kg、酱油 7.0kg、白糖 11.1kg、50°白酒 1.0kg、茴香 0.06kg、八角 0.06kg、生姜 0.28kg、味精 0.71kg。

3. 煮制

将切好的瘦肉块放进深底锅中，加水以淹盖肉面为度，将生姜、香料用纱布包起同时放入其中水煮，分以下三个阶段进行。

（1）煮肉期（大火期）

用大火煮，直到肉煮烂为止，大约需 4h 左右。煮肉期间要不断加水，以防煮干，并撇去上浮的油沫，检查肉是否煮烂，可用筷子夹住肉块，稍加压力，如果纤维自行分离，可认为肉已煮烂。这时可将其他的调味料全部加入，继续煮肉，直到汤煮干为止。

（2）炒压期（中火期）

取出纱布包，采用中等火力，用锅铲一边压散肉块，一边翻炒，注意炒压要适时，因为过早炒压工效最低，而炒压过迟肉太烂，容易粘锅炒煳，造成损失。

（3）成松期（小火期）

用小火勤炒翻，操作轻而均匀。当肉块全部炒松散和炒干时颜色即由灰棕色变为金黄色，用手指压挤肉松没有汁液渗出即成为具有特殊香味的肉松。

为了使炒好的肉松进一步蓬松，可利用滚筒式擦松机将肌肉纤维擦开，再用振动筛将长短不齐的纤维分开，使产品规格整齐一致。

4. 包装和储藏

肉松的吸水性很强，长期储藏最好装入玻璃瓶或马口铁罐中，短期储藏可装入食品塑料袋内。刚加工成的肉松趁热装入预先洗涤、消毒和干燥的玻璃瓶中，储藏于干燥处，可以半年不会变质。

实训十　灌肠加工

【目的要求】

通过本实训，了解肠类加工设备的使用方法，使学生掌握灌肠加工的基本方法。

【材料及用具】

1. 原料

猪瘦肉、猪肥肉（7∶3）。

2. 用具

剔骨刀、切肉刀、案板、搪瓷盆、绞肉机、斩拌机、灌肠机、台秤、天平、烘房、煮锅、熏烟室等。

【方法步骤】

1. 原料的整理

剔去大小骨头以及结缔组织等，最后将瘦肉切成 100～150g 的肉块，肥膘切成 $1cm^3$ 见方的膘丁，以备腌制。

2. 腌制

将肥、瘦肉分别按以上配比进行腌制，置于10℃以下的冷库中腌制约3d左右，肉块切面变成鲜红色，且较坚实有弹性，无黑心时腌制结束，脂肪坚硬，切面色泽一致即可。

3. 制馅

(1) 配料

按原料肉50kg用量：精盐1.75kg、味精50g、蒜0.9kg、干淀粉3kg、硝酸钠12.5g、胡椒粉36g。

(2) 绞碎

腌制后的肉块，需要用绞肉机绞碎，一般用2～3mm孔径粗眼的绞肉机绞碎，在绞肉时由于与机器摩擦而肉温升高，须加入冰屑进行冷却。

(3) 斩拌

将原料斩拌至肉浆状，使成品具有鲜嫩细腻特点。斩拌时，通常先将瘦肉和部分的肥肉剁碎至糨糊状，同时，根据原料的干湿度和肉馅的黏性，添加适量的水，一般每100kg原料加水30～40kg，根据配料，加入香料，淀粉需以清水调合，最后将肥膘丁加入，斩拌时间一般为5min，为了避免肉温升高，斩拌时间需要向肉中加7%～10%的冰屑，冰屑数量包括在加水总量内。斩拌结束时的温度最好能保持在8～10℃以下。

4. 灌制

将肠衣套在灌肠机的灌嘴上，使肉馅均匀地灌入肠衣中。要掌握松紧度，不能过紧或过松。每隔15～20cm打结。

5. 烘烤

烘烤温度为65～70℃，40min，表面干燥透明，肠馅显露淡红色即为烤好。

6. 煮制

锅内水温达到90～95℃，放入色素搅和均匀，随即将肠体放入，保持水温80～83℃，肠体中心部温度达到72℃，约恒温35～40min出锅，煮熟的标志是，用手掐肠体感到挺硬有弹性。

7. 烟熏

无熏烟室可用熏箱或大铁锅，放入红糖和锯末进行熏制。烟熏温度为120～150℃，时间为3～5min。

附　录

附录 1
GB 2707—2005

鲜（冻）畜肉卫生标准

1　范围

本标准规定了鲜（冻）畜肉的卫生指标和检验方法以及生产加工过程、标识、包装、运输、贮存的卫生要求。

2　规定性引用文件

下列文件中的条款通过本标准的引用而成本标准的条款。凡是注日期的引用文件，其随后所有的修改单（不包括勘误的内容）或修订版均不适用于本标准，然而，鼓励根据本标准达成协议的各方研究是否可使用这些文件的最新版本。凡是不注日期的引用文件，其最新版本的适用于本标准。

GB 2763　食品中农药最大残留限量
GB/T 5009.11　食品中总砷及无机砷的测定
GB/T 5009.12　食品中铅的测定
GB/T 5009.15　食品中镉的测定
GB/T 5009.17　食品中总汞及有机汞的测定
GB/T 5009.44　肉与肉制品卫生标准的分析方法
GB 7718　预包装食品标签通则
GB 12694　肉类加工厂卫生规范

3　指标要求

3.1　原料要求

牲畜应是来自非疫区的健康牲畜，并持有产地兽医检疫证明。

3.2　感官指标

无异味、无酸败味。

3.3　理化指标

理化指标应符合表 1 规定。

表 1　理化指标

项　目		指　标
挥发性盐基氰/(mg/100g)	≤	15
铅(Pb)/(mg/kg)	≤	0.2
无机砷/(mg/kg)	≤	0.05
镉(Cd)/(mg/kg)	≤	0.1
总汞(以 Hg 计)/(mg/kg)	≤	0.05

3.4 农药残留

农药残留按 GB 2763 执行。

3.5 兽药残留

兽药残留按有关国家标准及有关规定执行。

4 生产加工过程

鲜（冻）畜肉生产加工过程的卫生要求应符合 GB 12694 的规定。

5 包装

包装容器材料应符合相应的卫生标准和有关规定。

6 标识

定型包装的标识要求按 GB 7718 规定执行。

7 贮存及运输

7.1 贮存

产品应贮存在干燥、通风良好的场所，不得与有毒、有害、有异味、易挥发、易腐蚀的物品同处贮存。

7.2 运输

运输产品时应避免日晒、雨淋。不得与有毒、有害、有异味或影响产品质量的物品混装运输。

8 检验方法

8.1 感官指标

按 GB/T 5009.44 规定的方法检验。

8.2 理化指标

8.2.1 挥发性盐基氮：按 GB/T 5009.44 规定的方法测定。

8.2.2 铅：按 GB/T 5009.12 规定的方法测定。

8.2.3 无机砷：按 GB/T 5009.11 规定的方法测定。

8.2.4 镉：按 GB/T 5009.15 规定的方法测定。

8.2.5 总汞：按 GB/T 5009.17 规定的方法测定。

附录 2
GB 16869—2005

鲜、冻禽产品

1 范围

本标准规定了鲜、冻禽产品的技术要求、检验方法、检验规则和标签、标志、包装、贮存的要求。

本标准适用于健康活禽经屠宰、加工、包装的鲜禽产品或冻禽产品，也适用于未经包装的鲜禽产品或冻禽产品。

2 规范性引用文件

下列文件中的条款通过本标准的引用而成为本标准的条款。凡是注日期的引用文件，其随后所有的修改单（不包括勘误的内容）或修订版均不适用于本标准，然而，鼓励根据本标准达成协议的各方研究是否可使用这些文件的最新版本。凡是不注日期的引用文件，其最新版本适用于本标准。

GB/T 191　包装储运图示标志

GB/T 4789.2—2003　食品卫生微生物学检验　菌落总数测定

GD/T 4789.3—2003　食品卫生微生物学检验　大肠菌群测定

GB/T 4789.4—2003　食品卫生微生物学检验　沙门菌检验

GB/T 5009.11—2003　食品中总砷及无机砷的测定方法

GB/T 5009.12—2003　食品中铅的测定方法

GB/T 5009.17—2003　食品中总汞及有机汞的测定方法

G8/T 5009.19—2003　食品中六六六、滴滴涕残留量的测定

G13/T 5009.44—2003　肉与肉制品卫生标准的分析方法

GB/T 6388　运输包装收发货标志

GB 7718　预包装食品标签通则

GB/T 14931.1—1994　畜禽肉中土霉素、四环素、金霉素残留量测定方法（高效液相色谱法）

SN 0208—1993　出口肉中十种磺胺残留量检验方法

SN/T 0212.3—1993　出口禽肉中二氯二甲吡啶酚残留量检验方法　丙酰-化气相色谱法

SN 0672—1997　出口肉及肉制品中己烯雌酚残留量检验方法　放射免疫法

SN/T 0973—2000　进出口肉及肉制品中肠出血性大肠杆菌 O157：H7 检验方法

3 术语和定义

下列术语和定义适用于本标准。

3.1　鲜禽产品　fresh poultry product

将活禽屠宰、加工后，经预冷处理的冰鲜产品，包括净膛后的整只禽，整只禽的分割部位（禽肉、禽翅、禽腿等），禽的副产品［禽头、禽脖、禽内脏、禽脚（爪）等］。

3.2　冻禽产品　frozen poultry product

将活禽屠宰、加工后，经冻结处理的产品；包括净膛后的整只禽、整只禽的分割部位（禽肉、禽翅、禽腿等）、禽的副产品［禽头、禽脖，禽内脏、禽脚（爪）等］。

3.3 异物 impurity

正常视力可见的杂物或污染物，如禽的黄色表皮、禽粪、胆汁，其他异物（塑料、金属、残留饲料等）。

4 技术要求

4.1 原料

屠宰前的活禽应来自非疫区，并经检疫、检验合格。

4.2 加工

屠宰后的禽体应经检疫、检验合格后，再进行加工。

4.2.1 整修

应修除或割除禽体各部位的外伤、血点、血污、羽毛撮等。

4.2.2 分割

分割禽体时应先预冷后分割；从放血到包装、入冷库的时间不得超过 2h。

4.3 冻结

需冻结的产品，其中心温度应在 12h 内达到－18℃，或－18℃以下。

4.4 感官性状

应符合表 1 的规定。

表 1

项 目	鲜 禽 产 品	冻禽产品（解冻后）
组织状态	肌肉富有弹性，指压后凹陷部位立即恢复原状	肌肉指压后凹陷部位恢复较慢，不易完全恢复原状
色泽	表皮和肌肉切面有光泽，具有禽类品种应有的色泽	
气味	具有禽类品种应有的气味，无异味	
加热后肉汤	透明澄清，脂肪团聚于液面，具有禽类品种应有的滋味	
淤血［以淤血面积（S）计］/cm^2 $S>1$ $0.5<S\leqslant 1$ $S\leqslant 0.5$	 不得检出 片数不得超过抽样量的 2% 忽略不计	
硬杆毛（长度超过 12mm 的羽毛，或直径超过 2mm 的羽毛根）/（根/10kg） ≤	1	
异物	不得检出	

注：淤血面积指单一整禽，或单一分割禽的一片淤血面积。

4.5 理化指标

鲜禽产品和冻禽产品应符合表 2 的规定。

表 2

项 目	指 标
冻禽产品解冻失水率/% ≤	6
挥发性盐基氮/（mg/100g） ≤	15
汞（Hg）/（mg/kg） ≤	0.05

续表

项目		指标
铅(Pb)/(mg/kg) ≤		0.2
砷(As)/(mg/kg) ≤		0.5
六六六/(mg/kg)	脂肪含量低于10%时,以全样计 ≤	0.1
	脂肪含量不低于10%时,以脂肪计 ≤	1
滴滴涕/(mg/kg)	脂肪含量低于10%时,以全样计 ≤	0.2
	脂肪含量不低于10%时,以脂肪计 ≤	2
敌敌畏/(mg/kg) ≤		0.05
四环素/(mg/kg)	肌肉 ≤	0.25
	肝 ≤	0.3
	肾 ≤	0.6
金霉素/(mg/kg) ≤		1
土霉素/(mg/kg)	肌肉 <	0.1
	肝 ≤	0.3
	肾 ≤	0.6
磺胺二甲嘧啶/(mg/kg) ≤		0.1
二氯二甲吡啶酚(克球酚)/(mg/kg) ≤		0.01
己烯雌酚		不得检出

4.6 微生物指标

应符合表3的规定。

表3

项目	指标	
	鲜禽产品	冻禽产品
菌落总数/(cfu/g) ≤	1×10^{4}	5×10^{3}
大肠菌群/(MPN/100g) ≤	1×10^{4}	5×10^{3}
沙门菌	0/25g[a]	
出血性大肠埃希菌(O157：H7)	0/25g[a]	

注：a 取样个数为5。

5 检验方法

5.1 感官性状

冻禽产品应解冻后鉴别。

5.1.1 组织状态、色泽、气味。

将抽取微生物检验试样后的全部样品，置于自然光或相当于自然光的感官评定室。用触觉鉴别法鉴别组织状态；视觉鉴别法鉴别色泽；嗅觉鉴别法鉴别气味。

5.1.2 加热后肉汤

将试样（6.5.4）切碎，称取20g，置于200mL烧杯中，加水100mL，盖上表面皿，加热至50～60℃。取下表面皿，用嗅觉鉴别法鉴别气味。煮沸后鉴别肉汤性状、脂肪凝聚状况。降至室温后品尝肉汤滋味。

5.1.3 淤血

鉴别组织状态，色泽、气味后。用适当方法测量淤血面积。

一个基本箱中 $0.5\text{cm}^2 < S \leqslant 1\text{cm}^2$ 的淤血片数占同一基本箱中产品总数的比例，按式（1）计算：

$$X=\frac{A_1}{A}\times 100 \tag{1}$$

式中 X——一个基本箱中 $0.5\text{cm}^2 < S \leqslant 1\text{cm}^2$ 的淤血片数占同一基本箱中产品总数（整禽以只计，禽肉以块计，禽腿或禽翅以个计，下同）的比例，%；

A——一个基本箱中产品总数；

A_1——一个基本箱中 $0.5\text{cm}^2 < S \leqslant 1\text{cm}^2$ 的淤血片数。

5.1.4 硬杆毛

与鉴别组织状态、色泽、气味同时进行。用精度为 0.05mm 的游标卡尺测量。一个基本箱中每 10kg 硬杆毛数量按式（2）计算：

$$X_1=\frac{A_2}{m}\times 10 \tag{2}$$

式中 X_1——一个基本箱中每 10kg 硬杆毛数量；

A_2——一个基本箱中硬杆毛实际数量；

m——一个基本箱的实际质量，kg。

5.1.5 异物

用视觉鉴别法，与鉴别组织状态、色泽、气味同时进行。

5.2 解冻失水率

5.2.1 仪器和工具

电子秤：感量 1g；

温度计：－10～50℃，分度值 0.5℃；

搪瓷盘、铁丝网。

5.2.2 测定步骤

将铁丝网置于搪瓷盘内，使铁丝网与搪瓷盘底部的距离大于 2cm。从抽取的试样（6.5.2）中取 1000～2000g，用电子秤称量后置于铁丝网上。在试样上覆盖塑料膜，使试样在 15～25℃自然解冻。待试样中心温度达到 2～3℃时去掉塑料膜，用电子秤称量。再将试样置于铁丝网上放置 30min，称量。重复放置 30min 的操作，直至连续两次称量差不超过 2.0g。

5.2.3 测定结果的表述

试样解冻失水率按式（3）计算：

$$X_2=\frac{m-m_1}{m}\times 100 \tag{3}$$

式中 X_2——试样解冻失水率，%；

m——试样解冻前的质量，g；

m_1——试样解冻后的质量，g；

计算结果保留至整数。

5.3 挥发性盐基氮

按 GB/T 5009.44—2003 中 4.1 规定的方法测定。

5.4 汞

按 GB/T 5009.17—2003 规定的方法测定。

5.5 砷

按 GB/T 5009.11—2003 规定的方法测定。

5.6 铅

按 GB/T 5009.12—2003 规定的方法测定。

5.7 六六六、滴滴涕

按 GB/T 5009.19—2003 规定的方法测定。

5.8 敌敌畏

按附录 A 规定的方法测定。

5.9 四环素、金霉素、土霉素

按 GB/T 14931.1—1994 规定的方法测定。

5.10 磺胺二甲嘧啶

按 SN 0208—1993 规定的方法测定。

5.11 二氯二甲吡啶酚（克球酚）

按 SN/T 0212.3—1993 规定的方法测定。

5.12 己烯雌酚

按 SN 0672—1997 规定的方法测定。

5.13 菌落总数

按 GB/T 4789.3—2003 规定的方法检验。

5.14 大肠菌群

按 GB/T 4789.3—2003 规定的方法检验。

5.15 沙门菌

按 GB/T 4789.4—2003 规定的方法检验。

5.16 出血性大肠埃希菌 O157：H7

按 SN/T 0973—2000 规定的方法检验。

5.17 产品中心温度

5.17.1 温度计

−20～50℃的非汞柱玻璃温度计或其他温度测量仪。

5.17.2 测定步骤

用直径略大于温度计直径的钻头，钻至肌肉深层中心。拨出钻头，立即将非汞柱玻璃温度计（或其他温度测量仪）插入肌肉深层，待读数稳定后读取温度计所示温度。

6 检验规则

6.1 检验分类

6.1.1 例行检验

6.1.1.1 有下列情况之一时，应进行例行检验：

a. 一次提交检验的孤立批产品；

b. 活禽产地变动；

c. 新建厂首次加工；

d. 连续加工6个月，或停产后恢复加工；

e. 交收检验结果与上次例行检验结果有较大差异；

f. 质量监督机构或卫生监督机构提出要求。

6.1.1.2 例行检验项目包括表1、表2、表3规定的项目。

6.1.2 交收检验

6.1.2.1 所有产品出厂时应进行交收检验。

6.1.2.2 交收检验项目包括表1规定的项目、冻禽产品解冻失水率、挥发性盐基氮、菌落总数和大肠菌群。

6.2 组批

6.2.1 连续批

同加工条件、同部位（整禽、禽肉、禽翅、禽腿、禽头、禽脚、禽内脏）、同包装、一次交货的产品为一批。批量以基本包装箱（以下简称基本箱）计。

6.2.2 孤立批

同部位（整禽、禽肉、禽翅、禽腿、禽头、禽脚、禽内脏）、同包装、一次提交检验的产品为一批。批量以基本箱计。

6.3 抽样

6.3.1 例行检验抽样

根据组批量大小，按表4规定的样品量，随机抽取样品。

表4

批量(基本箱)	样品量(基本箱)	一般缺陷允许数(基本箱)
600或600以下	13	2
601～2000	21	3
2001～7200	29	4
7201～15000	48	6
15001～24000	84	9
24001～42000	126	13
42000以上	200	19

6.3.2 交收检验抽样

根据组批量大小，按表5规定的样品量，随机抽取样品。

表5

批量(基本箱)	样品量(基本箱)	一般缺陷允许数(基本箱)
600或600以下	6	1
601～2000	13	2
2001～7200	21	3
7201～15000	29	4
15001～24000	48	6
24001～42000	84	9
42000以上	126	13

6.4 试样抽取程度和检验程序

鲜禽产品和冻禽产品试样抽取程序和检验程序见图1。

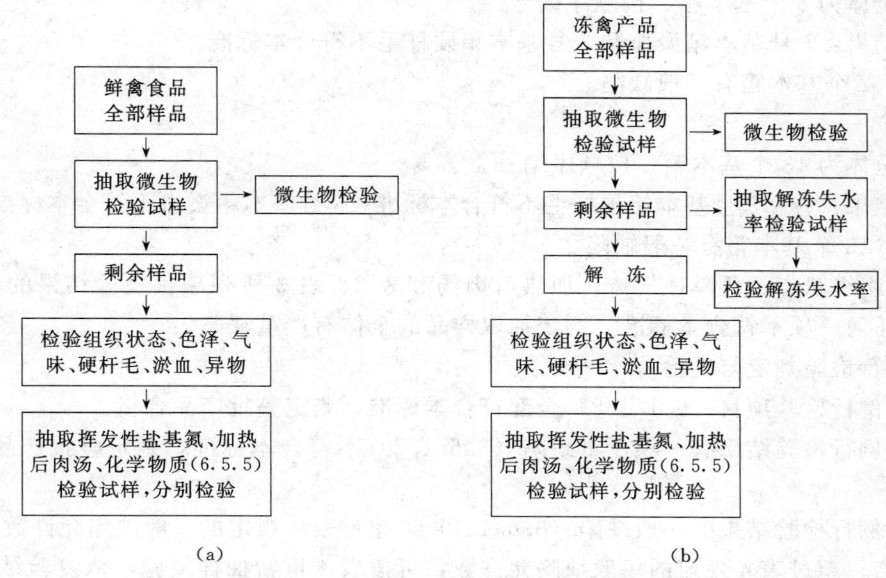

图1 鲜禽产品和冻禽产品试样抽取程序和检验程序

6.5 试样抽取方法

以下试样不应带有淤血、硬杆毛或异物。

6.5.1 微生物检验试样

从抽取的全部样品中随机选取（3～5）个基本箱，按无菌操作从每个基本箱中取试样约100g，混合。

注：在混合样品中取5份（每份25g）作为沙门菌检验试样；同样在混合样品中取5份（每份25g）作为大肠埃希菌检验试样。

6.5.2 解冻失水率检验试样

从抽取的冻禽产品样品全体随机选取（3～5）个基本箱，各取约500g，混合后置于保温容器内。

6.5.3 挥发性盐基氮检验试样

从抽取的样品全体随机选取3个基本箱，各取不带脂肪、禽骨的样品约100g,，混合。

6.5.4 加热后肉汤检验试样

从抽取的样品全体随机选取3个基本箱，各取可食部分约200g，混合。

6.5.5 化学物质（表2中汞，已烯雌酚等12种）检验试样

从抽取的样品全体随机选取3个基本箱，各取可食部分约200g，混合。

6.6 判定规则与复验

6.6.1 缺陷分类

6.6.1.1 一般缺陷：指淤血、硬杆毛不符合标准。

6.6.1.2 严重缺陷：指组织状态、色泽、气味、加热后肉汤和表2、表3所列项目不符合本标准，有正常视力可见异物。

6.6.2 各项检验结果的判定

6.6.2.1　淤血、硬杆毛检验结果的判定：淤血、硬杆毛检验结果以一个基本箱为判定单位。

示例1：

样品全体为6个基本箱、按顺序编号。

检验结果：1号基本箱淤血和3号基本箱硬杆毛不符合本标准。

判定：2个基本箱有一般缺陷。

示例2：

样品全体为13个基本箱，按顺序编号。

检验结果：1～13号基本箱硬杆毛不符合本标准。8号基本箱淤血不符合本标准。

判定：13个基本箱有一般缺陷。

6.6.2.2　组织状态、色泽、气味、加热后肉汤和表2、表3所列项目检验结果的判定；检验结果有任何一项不符合本标准，判定抽取样品的全体有严重缺陷。

6.6.3　例行检验判定与复验

6.6.3.1　例行检验项目（6.1.1.2）全部符合本标准，判定整批产品合格。

6.6.3.2　例行检验结果有一项严重缺陷（6.6.1.2）不符合本标准，判定整批产品不合格，不应复验。

6.6.3.3　例行检验结果的一般缺陷（6.6.1.1）未超过表4规定的一般缺陷允许数，判定整批产品合格；超过表4规定的一般缺陷允许数，可按表4重新抽样复验，依复验结果和表4（一般缺陷允许数）判定整批产品合格或不合格。

6.6.4　交收检验判定与复验

6.6.4.1　交收检验项目（6.1.2.2）全部符合本标准，判定整批产品合格。

6.6.4.2　交收检验结果有一项严重缺陷（6.6.1.1）不符合本标准，判定整批产品不合格，不应复验。

6.6.4.3　交收检验结果的一般缺陷（6.6.1.1）未超过表5规定的一般缺陷允许数，判定整批产品合格；超过表5规定的一般缺陷允许数，可按表4重新抽样复验，依复验结果和表4（一般缺陷允许数）判定整批产品合格或不合格。

7　标签、标志、包装、贮存

7.1　标签、标志

7.1.1　标签

直接销售给消费者的标签应符合GB 7718的规定。

7.1.2　运输包装标志

运输包装的图示和收发货标志应符合GB/T 191和GB/T 6388的规定。

7.2　包装

鲜禽产品或冻禽产品都应有包装。使用全新的、符合相应卫生标准的包装材料。

7.3　贮存

冻禽产品应贮存在－18℃以下的冷冻库，库温一昼夜升降幅度不得超过1℃。

附录 3
GB 2730—2005

腌腊肉制品卫生标准

1 范围

本标准规定了腌腊肉制品的卫生指标和检验方法以及食品添加剂、生产加工过程、标识、包装、运输、贮存的卫生要求。

本标准适用于以鲜（冻）畜食肉为主要原料制成（未经熟制）的各类肉制品。

2 规范性引用文件

下列文件中的条款通过本标准的引用而成为本标准的条款。凡是注日期的引用文件，其随后所有的修改单（不包括勘误的内容）或修订版均不适用于本标准，然而，鼓励根据本标准达成协议的各方研究是否可使用这些文件的最新版本。凡是不注日期的引用文件，其最新版本适用本标准。

GB 2760　食品添加剂使用卫生标准
GB/T 5009.11　食品中总砷及无机砷的测定
GB/T 5009.12　食品中铅的测定
GB/T 5009.15　食品中镉的测定
GB/T 5009.17　食品中总汞及有机汞的测定
GB/T 5009.27　食品中苯并［a］芘的测定
GB/T 5009.33　食品中亚硝酸盐和硝酸盐的测定
GB/T 5009.37　食用植物油卫生标准的分析方法
GB/T 5009.44　肉与肉制品卫生标准的分析方法
GB/T 5009.179　火腿中三甲胺氮的测定
GB 7718　预包装食品标签通则
GB 12694　肉类加工厂卫生规范
GB/T 19480　肉与肉制品术语

3 术语和定义

GB/T 19480 确立的术语和定义适用于本标准。

4 指标要求

4.1　原料要求

4.1.1　原料：应符合相应的国家标准和有关规定。

4.1.2　辅料：应符合相应的国家标准和有关规定。

4.2　感官要求

无黏液、无霉点、无异味、无酸败味。

4.3　理化指标

理化指标应符合表 1 的规定。

5 食品添加剂

5.1　食品添加剂质量应符合相应的标准和有关规定。

表 1　理化指标

项　　目		指　　标
过氧化值(以脂肪计)/(g/100g)		
火腿	≤	0.25
腊肉、咸肉、灌肠制品	≤	0.50
非烟熏、烟熏板鸭	≤	2.50
酸价(以脂肪计)(KOH)/(mg/g)		
灌肠制品、腊肉、咸肉	≤	4.0
非烟熏、烟熏板鸭	≤	1.6
三甲胺氮/(mg/100g)		
火腿	≤	2.5
苯并[a]芘①/(μg/kg)	≤	5
铅(Pb)/(mg/kg)	≤	0.2
无机砷/(mg/kg)	≤	0.05
镉(Cd)/(mg/kg)	≤	0.1
总汞(以 Hg 计)/(mg/kg)	≤	0.05
亚硝酸盐残留量		按 GB 2760 的规定执行

① 仅适用于经烟熏的腌腊肉制品

5.2　食品添加剂的品种和使用量应符合 GB 2760 的规定。

6　食品生产加工过程的卫生要求

腌腊肉制品生产加工过程的卫生要求应符合 GB 12694 的规定。

7　包装

包装容器与材料应符合相应卫生标准和有关规定。

8　标识

定型包装的标识要求按 GB 7718 的规定执行。

9　贮存与运输

9.1　贮存

产品应贮存在干燥、通风良好的场所。不得与有毒、有害、有异味、易挥发、易腐蚀的物品同处贮存。

9.2　运输

运输产品时应避免日晒、雨淋。不得与有毒、有害、有异味或影响产品质量的物品混装运输。

10　检验方法

10.1　感官要求

按 GB/T 5009.44 规定的方法检验。

10.2　理化指标

10.2.1　过氧化值：样品处理按 GB/T 5009.44 规定的方法操作，按 GB/T 5009.37 规定的方法测定。

10.2.2　酸价：按 GB/T 5009.44 中 14.3 规定的方法测定。

10.2.3　三甲胺氮：按 GB/T 5009.179 中规定的方法测定。

10.2.4　苯并［a］芘：按 GB/T 5009.27 规定的方法测定。

10.2.5　铅：按 GB/T 5009.12 规定的方法测定。

10.2.6 无机砷：按 GB/T 5009.11 规定的方法测定。

10.2.7 镉：按 GB/T 5009.15 规定的方法测定。

10.2.8 总汞：按 GB/T 5009.17 规定的方法测定。

10.2.9 亚硝酸盐：按 GB/T 5009.33 规定的方法测定。

附录 4
GB 2726—2005

熟肉制品卫生标准

1 范围

本标准规定了熟肉制品的卫生指标要求和检验方法以及食品添加剂、生产加工过程、包装、标识、运输、贮存的卫生要求。

本标准适用于以鲜（冻）畜、禽肉为主要原料制成的熟肉制品、包括熟肉干制品。

2 规范性引用文件

下列文件中的条款通过本标准的引用而成为本标准的条款。凡是注日期的引用文件，其随后所有的修改单（不包括勘误的内容）或修订版均不适用于本标准，然而，鼓励根据本标准达成协议的各方研究是否可使用这些文件的最新版本。凡是不注日期的引用文件，其最新版本适用于本标准。

GB 2760　食品添加剂使用卫生标准
GB/T 4789.17　食品卫生微生物学检验肉与肉制品检验
GB/T 5009.3　食品中水分的测定
GB/T 5009.11　食品中总砷及无机砷的测定
GB/T 5009.12　食品中铅的测定
GU/T 5009.15　食品中镉的测定
GB/T 5009.17　食品中总汞及有机汞的测定
GB/T 5009.27　食品中苯并［a］芘的测定
GB/T 5009.33　食品中亚硝酸盐与硝酸盐的测定
GB/T 5009.44　肉与肉制品卫生标准的分析方法
GB/T 5009.87　食品中磷的测定
GB 7718　预包装食品标签通则
GB 12694　肉类加工厂卫生规范
GB/T 19480　肉与肉制品术语

3 术语和定义

GB/T 19480 确立的术语和定义适用于本标准

4 指标要求

4.1　原料要求

原辅料应符合相应标准和有关规定

4.2　感官指标

无异味、无酸败味、无异物，熟肉干制品无焦斑和霉斑。

4.3　理化指标

理化指标应符合表 1 的规定。

4.4　微生物指标

微生物指标应符合表 2 的规定。

表 1　理化指标

项　目		指　标
水分/(g/100g)		
肉干、肉松、其他熟肉干制品	≤	20.0
肉脯、肉糜脯	≤	16.0
油酥肉松、肉粉松	≤	4.0
复合磷酸盐[①](以 PO_4^{3-} 计)/(g/kg)		
熏煮火腿	≤	8.0
其他熟肉制品	≤	5.0
苯并[*a*]芘[②]/(μg/kg)	≤	5.0
铅(Pb)/(mg/kg)	≤	0.5
无机砷/(mg/kg)	≤	0.05
镉(Cd)/(mg/kg)	≤	0.1
总汞/(mg/kg)	≤	0.05
亚硝酸盐		按 GB 2760 执行

① 复合磷酸盐残留量包括肉类本身所含磷及加入的磷酸盐，不包括干制品

② 限于烧烤和烟熏肉制品

表 2　微生物指标

项　目		指　标
菌落总数/(cfu/g)		
烧烤肉、肴肉、肉灌肠	≤	50000
酱卤肉	≤	80000
熏煮火腿、其他熟肉制品	≤	30000
肉松、油酥肉松、肉粉松	≤	30000
肉干、肉脯、肉糜脯、其他熟肉干制品	≤	10000
大肠菌群/(MPN/100g)		
肉灌肠	≤	30
烧烤肉、熏煮火腿、其他熟肉制品	≤	90
肴肉、酱卤肉	≤	150
肉松、油酥肉松、肉松粉	≤	40
肉干、肉脯、肉糜脯、其他熟肉干制品	≤	30
致病菌(沙门菌、金黄色葡萄球菌、志贺菌)		不得检出

5　食品添加剂

食品添加剂质量应符合相应的标准和有关规定。

附录5

GB 13100—2005

肉类罐头卫生标准

1 范围

本标准规定了肉类罐头的卫生指标要求和检验方法以及食品添加剂、生产加工过程、包装、标识、运输、贮存的卫生要求。

本标准适用于以畜、禽肉为主要原料，经处理、分选、修整、烹调（或不经烹调）、装罐（包括马口铁罐、玻璃罐、复合薄膜袋或其他包装材料容器）、密封、杀菌、冷却而制成的具有一定真空度的肉类罐装食品。

2 规范性引用文件

下列文件中的条款通过本标准的引用而成为本标准的条款。凡是注日期的引用文件，其随后所有的修改单（不包括勘误的内容）或修订版均不适用于本标准，然而，鼓励根据本标准达成协议的各方研究是否可使用这些文件的最新版本。凡是不注日期的引用文件，其最新版本适用于本标准。

GB 2760　食品添加剂使用卫生标准
GB/T 4789.26　食品卫生微生物学检验罐头食品商业无菌的检验
GB/T 5009.11　食品中总砷及无机砷的测定
GB/T 5009.12　食品中铅的测定
GB/T 5009.15　食品中镉的测定
GB/T 5009.16　食品中锡的测定
GB/T 5009.17　食品中总汞及有机汞的测定
GB/T 5009.27　食品中苯并［*a*］芘的测定
GB/T 5009.33　食品中亚硝酸盐与硝酸盐的测定
GB/T 5009.44　肉与肉制品卫生标准的分析方法
GB 7718　预包装食品标签通则
GB 8950　罐头厂卫生规范

3 指标要求

3.1 原料要求

应符合应相的标准和有关规定。

3.2 感官指标

无泄漏、胖听现象存在，容器内外表面无锈蚀，内壁涂料完整，无杂质。

3.3 理化指标

理化指标应符合表1的规定。

3.4 微生物指标

应符合罐头商业无菌的要求。

4 食品添加剂

4.1 食品添加剂质量应符合相应的标准和有关规定。

表1 理化指标

项目		指标
无机砷/(mg/kg)	≤	0.05
铅(Pb)/(mg/kg)	≤	0.5
锡(Sn)/(mg/kg) 镀锡罐头	≤	250
总汞(以Hg计)/(mg/kg)	≤	0.05
镉(Cd)/(mg/kg)	≤	0.1
锌(Zn)/(mg/kg)	≤	100
亚硝酸盐(以 $NaNO_2$ 计)/(mg/kg) 西式火腿罐头 其他腌制类罐头	 ≤ ≤	 70 50
苯并[a]芘①/(μg/kg)		5

① 苯并[a]芘仅适用于烧烤和烟熏肉罐头

4.2 食品添加剂品种及其使用量应符合 GB 2760 的规定。

5 生产加工过程的卫生要求

应符合 GB 8950 的规定。

6 包装

包装容器与材料应符合相应的卫生标准和有关规定，防止有毒、有害物质的污染。

7 标识

产品标识要求应符合 GB 37718 的规定。

8 贮存及运输

8.1 贮存

产品应贮存在干燥、通风良好的场所，不得与有毒、有害、有异味、易挥发、易腐蚀的物品混贮。

8.2 运输

运输工具应清洁无污染，运输产品时应避免日晒、雨淋。不得与有毒、有害、有异味或影响产品质量的物品混装运输。

9 检验方法

9.1 感官检验

在自然光线下，用感觉器官检查产品的外观，容器内壁以及产品的色泽、气味和滋味、组织形态。

9.2 理化指标

9.2.1 无机砷：按 GB/T 5009.11 规定的方法测定

9.2.2 铅：按 GB/T 5009.12 规定的方法测定

9.2.3 锡：按 GB/T 5009.16 规定的方法测定

9.2.4 总汞：按 GB/T 5009.17 规定的方法测定

9.2.5 镉：按 GB/T 5009.15 规定的方法测定

9.2.6 锌：按 GB/T 5009.14 规定的方法测定

9.2.7　亚硝酸盐：按 GB/T 5009.33 规定的方法测定

9.2.8　苯并［a］芘：按 GB/T 5009.27 规定的方法测定

9.3　微生物指标

按 GB/T 4789.26 规定的方法检验。

参考文献

1 孔保华，马丽珍．肉品科学与技术．北京：中国轻工业出版社，2003
2 周光宏．畜产品加工学．北京：中国农业大学出版社，2002
3 夏文水．肉制品加工原理与技术．北京：化学工业出版社，2003
4 徐幸莲．肉制品工艺学．南京：东南大学出版社，2000
5 张国治．油炸食品生产技术．北京：化学工业出版社，2005
6 葛长荣，马美湖．肉与肉制品工艺学．北京：中国轻工业出版社，2002
7 马长伟，曾名勇．食品工艺学导论．北京：中国农业大学出版社，2002
8 ［美］A. M. Pearson，T. A. Gillett 著，张才林等译．肉制品加工技术．北京：中国轻工业出版社，2004
9 马美湖，葛长荣等．动物性食品加工学．北京：中国轻工业出版社，2003
10 张彦明，佘锐萍．动物性食品卫生学．北京：中国农业大学出版社，2002
11 岑宁，葛正广．猪产品加工新技术．北京：中国农业出版社，2002
12 陈有亮．牛产品加工新技术．北京：中国农业出版社，2002
13 马俪珍，蒋福虎，刘会平．羊产品加工新技术．北京：中国农业出版社，2002
14 王丽哲．兔产品加工新技术．北京：中国农业出版社，2002
15 董开发，徐明生．禽产品加工新技术．北京：中国农业出版社，2002
16 马美湖，刘焱．无公害肉制品综合生产技术．北京：中国农业出版社，2003
17 南庆贤．肉类工业手册．北京：中国轻工业出版社，2003
18 天野庆之．肉制品加工手册．北京：中国轻工业出版社，2000
19 王卫．发酵香肠的加工工艺及微生物特性．肉类研究，2002（3）：10～13
20 程文新．我国肉食品市场的竞争趋势．肉类研究，2002（1）：5～7
21 黄鸿兵，徐幸莲．肉的色泽与嫩度．肉类研究，2003（3）：12～14
22 王锋，林如吉．烟熏风味肠的加工工艺．肉类工业，2003（2）：26～28
23 刘宏洋．烟熏炉的选择和设计要求．肉类工业，2001（6）：8～9
24 黄德智．肉制品添加物的性能与应用．北京：中国轻工业出版社，2000
25 国家屠宰技术鉴定中心编．屠宰加工行业标准汇编，第 2 版．北京：中国标准出版社，2004
26 中国标准出版社第一编辑室编．中国食品工业标准汇编一肉、禽、蛋及其制品卷，第 2 版．北京：中国标准出版社，2003